Karl-Ernst Wirth

Zirkulierende Wirbelschichten

Strömungsmechanische Grundlagen,
Anwendung in der Feuerungstechnik

Mit 86 Abbildungen

Springer-Verlag Berlin Heidelberg GmbH

Dr.-Ing. habil. Karl-Ernst Wirth
Wissenschaftlicher Mitarbeiter
Lehrstuhl für Mechanische Verfahrenstechnik
Universität Erlangen-Nürnberg

ISBN 978-3-540-53107-4   ISBN 978-3-642-52495-0 (eBook)
DOI 10.1007/978-3-642-52495-0

CIP-Titelaufnahme der Deutschen Bibliothek
Wirth, Karl-Ernst:
Zirkulierende Wirbelschichten : strömungsmechanische Grundlagen ;
Anwendung in der Feuerungstechnik / Karl-Ernst Wirth. -
Berlin ; Heidelberg ; New York ; London ; Paris ; Tokyo ; Hong Kong ; Barcelona : Springer, 1990

Dieses Werk ist urheberrechtlich geschützt. Die dadurch begründeten Rechte, insbesondere die der Übersetzung, des Nachdrucks, des Vortrags, der Entnahme von Abbildungen und Tabellen, der Funksendung, der Mikroverfilmung oder der Vervielfältigung auf anderen Wegen und der Speicherung in Datenverarbeitungsanlagen, bleiben, auch bei nur auszugsweiser Verwertung, vorbehalten. Eine Vervielfältigung dieses Werkes oder von Teilen dieses Werkes ist auch im Einzelfall nur in den Grenzen der gesetzlichen Bestimmungen des Urheberrechtsgesetzes der Bundesrepublik Deutschland vom 9. September 1965 in der jeweils geltenden Fassung zulässig. Sie ist grundsätzlich vergütungspflichtig. Zuwiderhandlungen unterliegen den Strafbestimmungen des Urheberrechtsgesetzes.

© Springer-Verlag Berlin Heidelberg 1990
Die Wiedergabe von Gebrauchsnamen, Handelsnamen, Warenbezeichnungen usw. in diesem Werk berechtigt auch ohne besondere Kennzeichnung nicht zu der Annahme, daß solche Namen im Sinne der Warenzeichen- und Markenschutz-Gesetzgebung als frei zu betrachten wären und daher von jedermann benutzt werden dürften.

Sollte in diesem Werk direkt oder indirekt auf Gesetze, Vorschriften oder Richtlinien (z.B. DIN, VDI, VDE) Bezug genommen oder aus ihnen zitiert worden sein, so kann der Verlag keine Gewähr für Richtigkeit, Vollständigkeit oder Aktualität übernehmen. Es empfiehlt sich, gegebenenfalls für die eigenen Arbeiten die vollständigen Vorschriften oder Richtlinien in der jeweils gültigen Fassung hinzuzuziehen.

2362/3020/543210

Vorwort

Obwohl zirkulierende Wirbelschichten seit 50 Jahren großtechnisch zum Einsatz kommen, steht die wissenschaftliche Durchdringung dieses Verfahrensprinzips erst am Anfang. Bisherige Anwendungen der zirkulierenden Wirbelschicht waren im wesentlichen auf Verfahren mit einem festen Betriebspunkt beschränkt. Erst die Verwendung als Feuerungssystem mit der Forderung nach Teillastfahrweise offenbarte das mangelnde Wissen über die Strömungsvorgänge in zirkulierenden Wirbelschichten. Das vorliegende Buch soll dazu beitragen, diese Wissenslücke zu schließen.

Das Buch gliedert sich in zwei Teile. Im ersten Teil wird ein strömungsmechanisches Modell der in zirkulierenden Wirbelschichten vorhandenen entmischten, vertikalen Gas-Feststoff-Strömung entwickelt (Kap. 2) mit dem es gelingt, Zustands- und Druckverlustdiagramme derartiger Strömungen zu berechnen (Kap. 4). Diese Diagramme können zum strömungsmechanischen Auslegen zirkulierender Wirbelschichten verwendet werden. Insbesondere gelingt es, das Betriebsverhalten unterschiedlicher Bauarten von zirkulierenden Wirbelschichten zu klären und vorauszuberechnen (Kap. 5). Mit dem Modell der entmischten, vertikalen Gas-Feststoff-Strömung kann ferner auch die bei zirkulierenden Wirbelschichten großer Bauhöhe vorhandene Falleitung strömungsmechanisch vorausberechnet werden (Kap. 8).

Im zweiten Teil des Buches werden die strömungsmechanischen Grundlagen auf die Auslegung von zirkulierenden Wirbelschichtfeuerungen angewandt. In Verbindung mit einfachen Annahmen das Betriebsverhalten zirkulierender Wirbelschichtfeuerungen vorausberechnet werden (Kap. 16).

Dem Lehrstuhlinhaber, Herrn Prof. Dr.-Ing. O. Molerus, bin ich für die Möglichkeit zur Durchführung der Untersuchungen, sowie für seine stete Förderung des Projektes zu Dank verpflichtet.

Der Deutschen Forschungsgemeinschaft (DFG) danke ich für die im Rahmen des Sonderforschungsbereiches 222 "Heterogene Systeme bei hohen Drücken - Apparative und meßtechnische Grundlagen, Transportphänomene, Gleichgewichte und Reaktionen" gewährte finanzielle Unterstützung.

Die bei den Untersuchungen eingesetzten Versuchsanlagen wurden von den Herren H. Fink und H. Drost unter schwierigen Bedingungen aufgebaut und betreut. Ihnen sei, wie auch allen anderen Mitarbeitern des Lehrstuhls für Mechanische Verfahrenstechnik, für die bei der Durchführung der Arbeit gewährte Unterstützung gedankt.

Frau Dipl.-Ing. I. Oehmichen und die Herren Dipl.-Ing. J. Böhm, G. Ettel und W. Mattmann haben im Rahmen ihrer Diplomarbeit und Frau cand.chem.-ing. M. Kronschnabel und die Herren cand.chem.-ing. H. Brünner, U. Eichenlaub, M. Mühling, R. Peil, R. Röthenbacher und Th. Schlegel im Rahmen ihrer Studienarbeit wesentliches zu diesem Buch beigetragen. Auch Ihnen sei an dieser Stelle gedankt.

Mein Dank gilt ferner Frau E. Dachlauer, die in mehreren Iterationsschritten die Reinschrift des Manuskripts besorgt hat, sowie Frau R. Scheffler-Kohler, die sämtliche Zeichnungen angefertigt hat.

Erlangen, im Oktober 1990   K.-E. Wirth

Inhaltsverzeichnis

1   **Einführung**   1

    1.1 Vertikale Gas-Feststoff-Strömungen in der Verfahrenstechnik   1

    1.2 Prinzip der zirkulierenden Wirbelschicht   2

    1.3 Problematik bei der Auslegung zirkulierender Wirbelschichten   3

I   **Strömungsmechanische Grundlagen**

2   **Vertikal-aufwärts gerichtete Gas-Feststoff-Strömungen**   5

    2.1 Strömungszustände vertikal-aufwärts gerichteter Gas-Feststoff-Strömungen   5

    2.2 Einordnung der Strömungszustände im Diagramm nach Reh   8

    2.3 Stand des Wissens hinsichtlich der strömungsmechanischen Auslegung zirkulierender Wirbelschichten   10

3   **Strömungsmechanische Modellierung der entmischten, vertikalen Gas-Feststoff-Strömung**   14

    3.1 Der Strömungszustand homogener und heterogener Wirbelschichten   14

    3.2 Beschreibung des strömungsmechanischen Modells der entmischten, vertikalen Gas-Feststoff-Strömung   15

    3.3 Formulierung der Strähnenantriebskraft   18

    3.4 Aufstellen der Kräfte- und Massenbilanzen   22

4 Zustands- und Druckverlustdiagramm der entmischten, vertikal-aufwärts gerichteten Gas-Feststoff-Strömung — 29

4.1 Berechnung des Druckverlustdiagramms — 29

4.2 Zustandsdiagramm der entmischten, vertikal-aufwärts gerichteten Gas-Feststoff-Strömung — 40

5 Strömungsmechanisches Verhalten der entmischten, vertikal-aufwärts gerichteten Gas-Feststoff-Strömung in der zirkulierenden Wirbelschicht — 52

5.1 Zustands- und Druckverlustdiagramm der entmischten, vertikal-aufwärts gerichteten Gas-Feststoff-Strömungen in der zirkulierenden Wirbelschicht — 52

5.2 Arbeitsbereiche verschiedener Bauarten von zirkulierenden Wirbelschichten — 55

    5.2.1 Zirkulierende Wirbelschicht mit Dosiereinrichtung und Druckschleuse — 55

    5.2.2 Zirkulierende Wirbelschicht mit Siphon — 58

    5.2.3 Zirkulierende Wirbelschicht mit Dosiereinrichtung und mit im Druckaufbau begrenzter Druckschleuse — 67

5.3 Druckgradienten in den Beharrungsstrecken der zirkulierenden Wirbelschicht — 69

5.4 Austragskurven — 72

    5.4.1 Austragskurven für zirkulierende Wirbelschichten mit zwei Beharrungsstrecken — 72

    5.4.2 Austragskurven für zirkulierende Wirbelschichten mit Siphon — 74

    5.4.3 Austragskurven für zirkulierende Wirbelschichten mit Dosiereinrichtung und mit im Druckaufbau begrenzter Druckschleuse — 77

    5.4.4 Austragskurve für zirkulierende Wirbelschichten mit Dosiereinrichtung und Druckschleuse — 79

5.5 Relativgeschwindigkeiten in der zirkulierenden Wirbelschicht — 81

5.6 Zustands- und Druckverlustdiagramm der zirkulierenden Wirbelschicht beim Vorliegen einer breiten Korngrößenverteilung des Wirbelbettmaterials — 86

    5.6.1 Modellvorstellung für die Überführung des Verhaltens einer breiten Korngrößenverteilung des Wirbelbettmaterials auf das Verhalten von Einkornfraktionen — 86

5.6.2 Praxisorientierte Kennzahlkombination für die Darstellung des Zustands- und Druckverlustdiagramms ... 87

5.6.3 Feststoffaustrag aus zirkulierenden Wirbelschichten beim Vorliegen einer breiten Korngrößenverteilung des Bettmaterials ... 92

5.6.4 Druckgradient in der oberen Beharrungsstrecke einer zirkulierenden Wirbelschicht beim Vorliegen einer breiten Korngrößenverteilung des Bettmaterials ... 97

6 Experimentelle Untersuchungen zum strömungsmechanischen Verhalten von zirkulierenden Wirbelschichten ... 100

6.1 Versuchsaufbau und verwendete Versuchsgüter ... 100

6.1.1 Versuchsaufbau ... 100

6.1.2 Versuchsgüter ... 104

6.2 Axiale Druckprofile ... 106

6.3 Einfluß des Auslaufes der zirkulierenden Wirbelschicht auf die Ausbildung von Wandsträhnen ... 112

6.4 Einfluß der Querschnittsform und der Querschnittsfläche der zirkulierenden Wirbelschicht auf das axiale Druckprofil ... 114

6.5 Feststoffaustrag ... 116

7 Experimentelle Überprüfung der berechneten Zustands- und Druckverlustdiagramme zirkulierender Wirbelschichten ... 118

7.1 Experimenteller Nachweis der Phasenentmischung ... 118

7.2 Vergleich der gemessenen mit den berechneten Druckgradienten in den Beharrungsstrecken ... 119

7.3 Vergleich der gemessenen Feststoffausträge mit den berechneten Austragskurven ... 124

7.3.1 Austragskurve beim Vorliegen von zwei Beharrungstrecken ... 124

7.3.2 Zirkulierende Wirbelschicht mit Dosiereinrichtung und Druckschleuse ... 125

7.3.2.1 Fahrweise mit konstanter Leerrohrgeschwindigkeit ... 126

7.3.2.2 Fahrweise mit konstantem Druckgradienten ... 128

7.3.3 Zirkulierende Wirbelschicht mit Siphon ... 130

7.4 Bestimmung des Strähnenantriebskoeffizienten ... 133

7.5 Einfluß der Korngrößenverteilung auf den Feststoffaustrag ... 134

8 Zustands- und Druckverlustdiagramm der entmischten, vertikalen Abwärtsförderung ... 140

8.1 Berechnung des Druckverlustdiagrammes ... 140

8.2 Zustandsdiagramm der entmischten, vertikalen Abwärtsförderung ... 147

8.3 Druckverlust und Strömungszustand in der Fallleitung der zirkulierenden Wirbelschicht ... 158

8.3.1 Druckverlust in der Falleitung ... 160

8.3.2 Relativgeschwindigkeit in der Falleitung ... 161

9 Experimentelle Überprüfung des für die Falleitung zirkulierender Wirbelschichten berechneten Druckverlustdiagrammes ... 163

9.1 Versuchsaufbau und verwendete Versuchsgüter ... 163

9.2 Druckprofile in der Rückführleitung der zirkulierenden Wirbelschicht ... 163

9.3 Vergleich der gemessenen mit den berechneten Druckgradienten in der Falleitung der zirkulierenden Wirbelschicht ohne Gasdurchsatz ... 166

10 Zustands- und Druckverlustdiagramm der entmischten, vertikalen Gas-Feststoff-Strömung ... 168

II Anwendung in der Feuerungstechnik

11 Feuerungsanlagen nach dem Prinzip der zirkulierenden Wirbelschicht ... 177

11.1 Verbreitung zirkulierender Wirbelschichtfeuerungen ... 177

11.2 Prinzip eines Dampferzeugers mit zirkulierender Wirbelschichtfeuerung ... 178

11.3 Einordnung in die Feuerungssysteme für Festbrennstoffe ... 179

11.4 Schadstoffemissionen zirkulierender Wirbelschichtfeuerungen ... 186

11.5 Zirkulierende Wirbelschichtfeuerungssysteme 186

    11.5.1 Bauart LURGI 187

    11.5.2 Bauart AHLSTRÖM 188

    11.5.3 Bauart BABCOCK 188

    11.5.4 Bauart STUDSVIK 189

    11.5.5 Zirkulierende Wirbelschichtfeuerungen mit speziellen Feststoffabscheidevorrichtungen 190

11.6 Problematik bei der Auslegung zirkulierender Wirbelschichtfeuerungen 191

12 Wärmetechnisches Modell der zirkulierenden Wirbelschichtfeuerung 193

12.1 Beschreibung des wärmetechnischen Modells der zirkulierenden Wirbelschichtfeuerung 193

12.2 Massenbilanzen 196

12.3 Wärmebilanzen 201

12.4 Wärmeübertragung in der Brennkammer und im Fließbettkühler 213

13 Wärmetechnisches Verhalten der zirkulierenden Wirbelschichtfeuerung 222

13.1 Randbedingungen 222

13.2 Einfluß des Heizwertes auf die Wärmeauskopplung 223

13.3 Einfluß der Temperaturdifferenz in der Brennkammer auf die notwendige Feststoffzirkulation 230

14 Wärmetechnisches Zustandsdiagramm von zirkulierenden Wirbelschichtfeuerungen 235

14.1 Einfluß der Apparatekennziffer der Wirbelbrennkammer 236

14.2 Einfluß des Luftüberschusses 240

14.3 Einfluß des Primärluftverhältnisses 242

14.4 Einfluß der Rauchgasrezirkulation 244

14.5 Einfluß der Temperatur im unteren Teil der Brennkammer 251

14.6 Einfluß des Fließbettkühlers 248

15 Strömungsmechanisches Zustandsdiagramm der zirkulierenden Wirbelschichtfeuerung — 251

15.1 Strömungszustand in zirkulierenden Wirbelschichtfeuerungen — 251

15.2 Feststoffaustrag aus zirkulierenden Wirbelschichtfeuerungen — 253

16 Betriebsverhalten von zirkulierenden Wirbelschichtfeuerungen — 259

16.1 Überprüfung des wärmetechnisches Modells zirkulierender Wirbelschichtfeuerungen — 259

16.2 Zirkulierende Wirbelschichtfeuerungen mit Fließbettkühler — 262

16.3 Zirkulierende Wirbelschichtfeuerungen ohne Fließbettkühler — 265

16.4 Einsatz von Brennstoffen mit unterschiedlichem Heizwert in einer zirkulierenden Wirbelschichtfeuerung ohne Fließbettkühler — 270

Literaturverzeichnis — 275

Symbolverzeichnis — 288

Sachverzeichnis — 297

1 Einführung

1.1 Vertikale Gas-Feststoff-Strömungen in der Verfahrenstechnik

Gas-Feststoff-Strömungen sind in der Technik weit verbreitet. Ursächlich hierfür ist die intensive Gas-Feststoff-Wechselwirkung, die sich für Wärme-, Stoff- und Impulsaustauschprozesse wie auch für chemische Reaktionen nutzen läßt. Aus der Vielzahl der zur technischen Anwendung entwickelten Gas-Feststoff-Strömungen seien der Hochofenprozeß, das Winklerverfahren zur Erzeugung von Wassergas [1] und die Stromtrockner zum Trocknen von Feststoffpartikeln [2] genannt. Diese Verfahren kommen seit mehr als zwanzig Jahren großtechnisch zum Einsatz.

Bei den Gas-Feststoff-Strömungen liegen unabhängig von der Strömungsrichtung im allgemeinen Phasenentmischungen vor [31, 33]. Eine Anwendung der vertikalen Gas-Feststoff-Strömungen mit Phasenentmischungen ist die zirkulierende Wirbelschicht. Sie wurde erstmals 1942 zum katalytischen Cracken großtechnisch eingesetzt [3]. Die Handhabung der zirkulierenden Wirbelschicht erwies sich jedoch im Vergleich zur klassischen, blasenbildenden Wirbelschicht als zu kompliziert, als daß sie einen größeren Anwendungsbereich gefunden hätte [40]. Erst in den sechziger Jahren wurde die zirkulierende Wirbelschicht so weit entwickelt, daß sie verstärkt als technischer Reaktor eingesetzt wurde. Ein großes Einsatzgebiet für diesen Reaktortyp war in den siebziger Jahren die Kalzinierung von Tonerdehydrat [4]. In jüngster Zeit wird die zirkulierende Wirbelschicht vor allem als Feuerungssystem in kleinen und mittelgroßen Kraftwerken eingesetzt [5, 6]. Tung und Kwauk geben in einer umfangreichen Literaturübersicht 22 unterschiedliche Verfahren an, bei denen die zirkulierende Wirbelschicht als Reaktor zum Einsatz kommt [40]. Die meisten Verfahren arbeiten im Temperaturbereich zwischen 300° C und 1000° C. Ein Großteil dieser Verfahren wird bereits kommerziell betrieben.

1.2 Prinzip der zirkulierenden Wirbelschicht

Bei der zirkulierenden Wirbelschicht wird eine Schicht aus Feststoffpartikeln entgegen der Richtung der Erdschwere von einem Gas durchströmt. Die eingestellte Gasgeschwindigkeit ist dabei so groß, daß die Feststoffpartikeln mit der Gasströmung aus der Schicht ausgetragen werden. Durch Einbau eines Zyklons am oberen Ende des Wirbelschichtraumes wird dafür gesorgt, daß die ausgetragenen Feststoffpartikeln nahezu vollständig vom Gas getrennt und durch eine außenliegende Rückführleitung der Wirbelschicht wieder zugeführt werden (Bild 1.1). Hierdurch ist es möglich, die zirkulierende Wirbelschicht stationär zu betreiben.

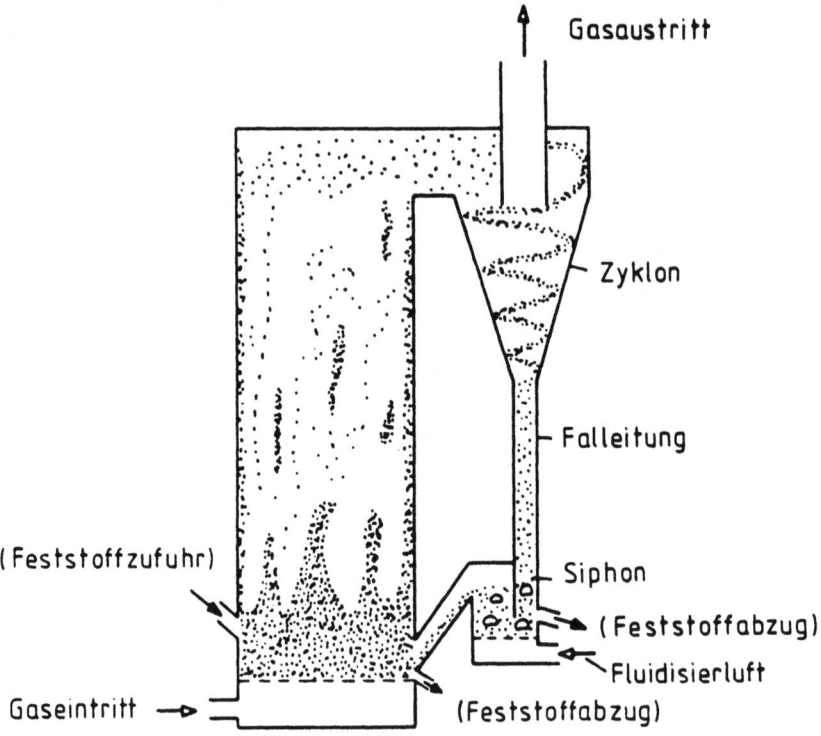

Bild 1.1: Prinzip der zirkulierenden Wirbelschicht

Bei technisch ausgeführten zirkulierenden Wirbelschichten wird vielfach der Wirbelschicht kontinuierlich Feststoff in gleichen Mengen zu- und abgeführt [7]. Die Feststoffzufuhr erfolgt vorzugsweise direkt in den unteren Teil des Wirbelschichtraumes. Das Ausschleusen der Feststoffpartikeln aus der zirkulierenden Wirbelschicht wird vielfach am unteren Ende der unterhalb des Zyklons befindlichen Falleitung vorgenommen. Hierzu wird im allgemeinen die Verbindung zwischen Falleitung und Wirbelschichtraum in Form eines Siphons ausgebildet, aus dem dann der Feststoff abgezogen wird [7].

1.3 Problematik bei der Auslegung zirkulierender Wirbelschichten

Für das Auslegen von zirkulierenden Wirbelschichten hinsichtlich des Stoff- und Wärmeaustausches, sowie hinsichtlich chemischer Reaktionen ist die Kenntnis der Strömungsmechanik von entscheidender Bedeutung. Die Feststoffkonzentration und die Relativgeschwindigkeit beeinflussen sehr stark die in zirkulierenden Wirbelschichten durchzuführenden Prozesse. Bislang wurden zirkulierende Wirbelschichten für einen festen, vorgegebenen Betriebspunkt ausgelegt. Die Auslegung erfolgt hierbei nach empirischen Gesichtspunkten mit Hilfe von aufwendigen und teuren Versuchen. Wird der Betriebspunkt geändert, so müssen erneut Versuche durchgeführt werden. Bei den ins Auge gefaßten, zukünftigen Einsatzgebieten von zirkulierenden Wirbelschichten (z.B. als Feuerungssystem) wird der Betriebspunkt der Anlagen häufig geändert. Dies ist zum einen dadurch bedingt, daß diese Anlagen im Teillastbetrieb laufen, zum anderen durch die verschiedenen Feststofffraktionen (z.B. verschiedene Kalksteinfraktionen), die eingesetzt werden sollen. Für einen wirtschaftlichen Einsatz von zirkulierenden Wirbelschichten ist deshalb die Vorausberechnung des strömungsmechanischen Verhaltens der Anlage von entscheidender Bedeutung.

Ziel des Buches ist daher die strömungsmechanische Berechnung von zirkulierenden Wirbelschichten in Abhängigkeit von den Einstellgrößen. Im zweiten Teil des Buches werden diese Berechnungen zum Auslegen von zirkulierenden Wirbelschichtfeuerungen herangezogen.

I Strömungsmechanische Grundlagen

2 Vertikal-aufwärts gerichtete Gas-Feststoff-Strömungen

2.1 Strömungszustände vertikal-aufwärts gerichteter Gas-Feststoff-Strömungen

Die zirkulierende Wirbelschicht ist ein Sonderfall der vertikal-aufwärts gerichteten Gas-Feststoff-Strömungen. Charakteristisches Merkmal dieser Gas-Feststoff-Strömungen ist, daß die Feststoffpartikeln entgegen der Richtung der Erdschwere von einem Gas angeströmt werden. Abhängig von den eingesetzten Feststoffpartikeln, der Gasart und der eingestellten Gasgeschwindigkeit treten unterschiedliche Strömungszustände auf (Bild 2.1).

Bei kleinen Gasgeschwindigkeiten befindet sich die auf dem Anströmboden liegende Feststoffschicht in Ruhe. Dieser Strömungszustand wird als Festbettdurchströmung bezeichnet oder kurz Festbett genannt. Der Druckverlust über der Feststoffschicht hängt bei diesem Strömungszustand u.a. von der eingestellten Gasgeschwindigkeit ab. Wird die Gasgeschwindigkeit gesteigert, so bewegen sich ab einer ganz bestimmten Gasgeschwindigkeit - der sogenannten Lockerungsgasgeschwindigkeit oder Minimalfluidisationsgeschwindigkeit - die Feststoffpartikeln relativ gegeneinander. Die vom Gas auf die Feststoffschicht ausgeübte Druckkraft steht im Gleichgewicht zu der um den Auftrieb reduzierten Gewichtskraft des Feststoffes. Der Druckverlust über der Feststoffschicht ist unabhängig von der eingestellten Gasgeschwindigkeit. Gas-Feststoff-Strömungen mit einem solchen Verhalten werden als Wirbelschichten bezeichnet.

Der Strömungszustand der Wirbelschicht hängt sehr stark von den verwendeten Feststoffpartikeln und dem Fluidisiergas ab. Einer Einteilung von Geldart [8] zufolge können vier verschiedene Erscheinungsformen der Wirbelschicht unterschieden werden. Allen Erscheinungsformen gemeinsam ist jedoch, daß ab einer bestimmten Gasgeschwindigkeit Blasenbildung auftritt. Neben einer Suspensionsphase, in der sich die Feststoffpartikeln relativ gegeneinander bewegen, liegt dann eine im wesentlichen feststofffreie Blasenphase vor. Man bezeichnet deshalb diese Wirbelschichten auch als blasenbildende Wirbelschichten.

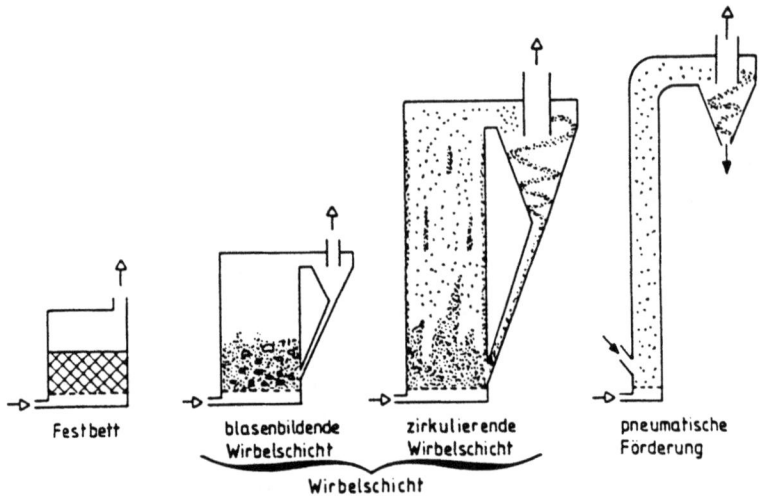

Bild 2.1: Strömungszustände bei vertikalen Gas-Feststoff-Strömungen (-▷ Gas, → Feststoff)

Bedingt durch die kleinen Gasgeschwindigkeiten wird bei diesen Wirbelschichten nur Abrieb und gegebenenfalls durch Blaseneruptionen hochgeschleuderter Feststoff ausgetragen. Die Feststoffmengen sind jedoch so gering, daß i.a. auch ohne Feststoffrückführung die blasenbildende Wirbelschicht stationär betrieben werden kann.

Wird die Gasgeschwindigkeit weiter gesteigert, so tritt beim Vorliegen von Feststoffpartikeln mit gleichem Durchmesser (Einkornfraktion) ab einer ganz bestimmten Gasgeschwindigkeit ein Feststoffaustrag auf. Diese Gasgeschwindigkeit entspricht der Einzelkornsinkgeschwindigkeit der Feststoffpartikeln. Die

Wirbelschicht kann nur dann stationär betrieben werden, wenn der ausgetragene Feststoff in einem Zyklon abgeschieden und der Wirbelschicht erneut zugeführt wird - oder wenn ständig genau so viel Feststoff in die Wirbelschicht zwangsweise eindosiert wird, wie aus ihr ausgetragen wird. Ohne Feststoffzuführung oder Feststoffrückführung wäre der auf dem Anströmboden befindliche Feststoff in kürzester Zeit ausgetragen. Diese Art von Wirbelschichten werden als zirkulierende Wirbelschichten bezeichnet.

In der Praxis liegt im allgemeinen eine breite Korngrößenverteilung der Feststoffpartikeln vor. Bei diesen Feststoffen findet bei der Gasgeschwindigkeit, die der Sinkgeschwindigkeit der kleinsten Partikeln entspricht, der Übergang von der blasenbildenden zur zirkulierenden Wirbelschicht statt.

Wegen der vergleichsweise großen Gasgeschwindigkeiten werden bei zirkulierenden Wirbelschichten große Zyklone eingesetzt. Wird zur Feststoffabscheidung nur ein Zyklon installiert, so ist dessen Querschnittsfläche etwa gleich der der Wirbelschicht. Der Druckabfall zwischen der Oberkante des Anströmbodens und dem Zykloneintritt ist - wie später noch zu zeigen sein wird - unabhängig von der Gasgeschwindigkeit. In zirkulierenden Wirbelschichten liegt im allgemeinen ein axiales Konzentrationsgefälle des Feststoffes vor. Im unteren Teil der Anlage, unmittelbar oberhalb des Anströmbodens, ist dabei die Feststoffkonzentration größer als vor dem Zykloneintritt.

Bei weiterer Erhöhung der Gasgeschwindigkeit stellt sich ein Strömungszustand ein, bei dem außerhalb des Beschleunigungsbereiches der Partikeln unmittelbar oberhalb des Anströmbodens kein Gradient der Feststoffkonzentration längs der Anlagenhöhe auftritt. Ein Anströmboden ist bei diesen Gasgeschwindigkeiten nicht mehr unbedingt erforderlich.

Wird - wie bei zirkulierenden Wirbelschichten - der Feststoff im Kreis geführt, so bezeichnet man diese Anlage im angelsächsischen Sprachraum als "fast fluidized bed" [23, 41]. Im deutschen Sprachraum spricht man wegen der Feststoffrückführung weiterhin von einer zirkulierenden Wirbelschicht, obwohl das charakteristische Merkmal einer Wirbelschicht - der Anströmboden – nicht mehr unbedingt erforderlich ist. Liegt hingegen ein offener Feststoffkreislauf vor, so wird Feststoff transportiert und man spricht von einer pneumatischen Förderanlage.

Bei diesem Strömungszustand, der vielfach auch als pneumatische Förderung bezeichnet wird, hängt der Druckabfall neben der Gasgeschwindigkeit auch noch vom Feststoffdurchsatz ab. Wird beim Strömungszustand der pneumatischen Förderung nur ein Zyklon zur Feststoffabscheidung eingesetzt, so ist dessen Durchmesser aufgrund des relativ großen Gasdurchsatzes i.a. deutlich größer als der Durchmesser des Förderrohres.

2.2 Einordnung der Strömungzustände im Diagramm nach Reh

In einer grundlegenden Arbeit hat sich Reh [9] intensiv mit den Strömungszuständen bei vertikal-aufwärts gerichteten Gas-Feststoff-Strömungen beschäftigt. Ihm gelang es, die einzelnen Gas-Feststoff-Strömungen in einer Strömungskarte, dem nach ihm benannten Reh-Diagramm, gegeneinander abzugrenzen (Bild 2.2). In diesem Diagramm ist auf der Ordinate eine mit der Leerrohrgasgeschwindigkeit gebildete Froude-Zahl multipliziert mit dem Verhältnis der Gasdichte zu der Dichtedifferenz zwischen den Feststoffpartikeln und dem Gas aufgetragen. Diese modifizierte Froude-Zahl entspricht dem Kehrwert des Widerstandsbeiwertes der Einzelkugelumströmung. Auf der Abszisse ist die mit dem Partikeldurchmesser gebildete Reynolds-Zahl aufgetragen. Parameter ist die Archimedes-Zahl, die nur Stoffdaten der Feststoffpartikeln und des Gases enthält und somit ein bestimmtes Gas-Feststoff-System charakterisiert. Zusätzlich ist in diesem Diagramm die Ω- Zahl als Parameter eingetragen. Diese Kennzahl enthält nicht den Partikeldurchmesser. Sie ist ein Maß für die Gasbelastung. Als weiterer Parameter tritt im Reh-Diagramm die Porosität ε des Gas-Feststoff-Systems auf.

Im Bereich zwischen der Abszisse und der Kurve $\varepsilon = 0,4$ befindet sich das Gebiet der Festbettdurchströmung. Die Kurve $\varepsilon = 0,4$ kennzeichnet den Übergang von der Festbettdurchströmung zur Wirbelschicht.

$$Re \equiv \frac{v \cdot d_p}{\nu} \quad Fr \equiv \frac{v^2}{d_p \cdot g} \quad Ar \equiv \frac{(\rho_s - \rho_f) \cdot d_p^3 \cdot g}{\nu^2 \, \rho_f} \quad \Omega \equiv \frac{\rho_f \cdot v^3}{(\rho_s - \rho_f) \cdot \nu \cdot g}$$

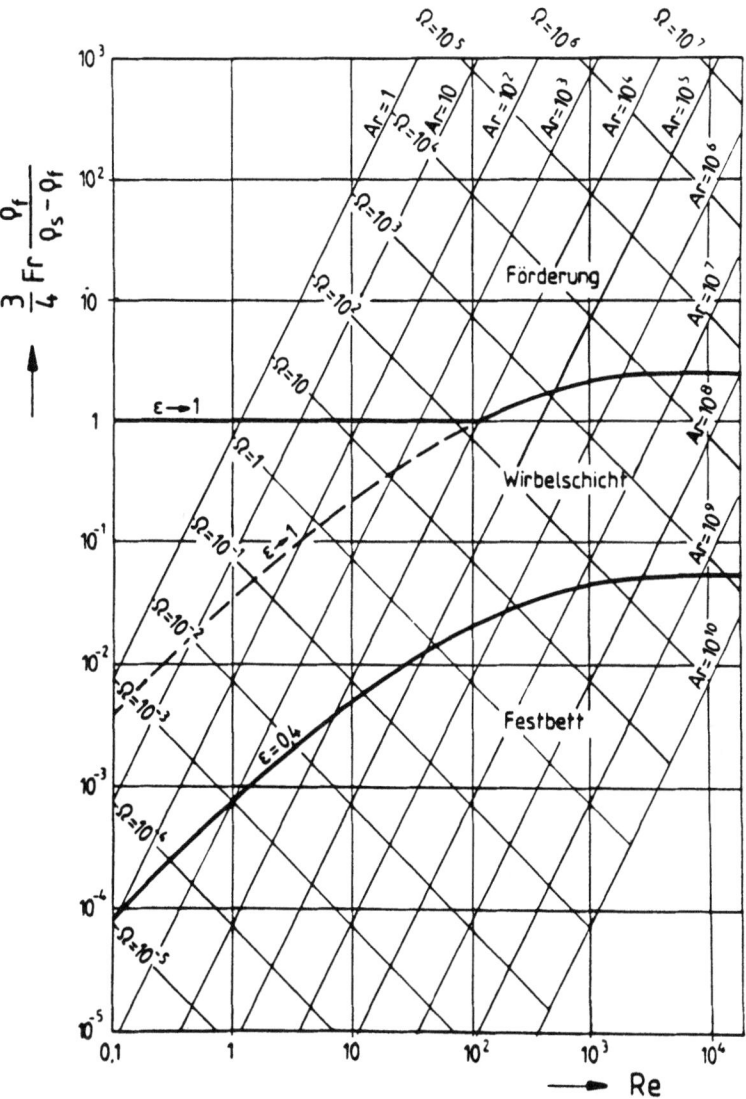

Bild 2.2: Vertikale Gas-Feststoff-Strömungen im Diagramm nach Reh [9]

Für Re-Zahlen kleiner als 120 liegt zwischen der Kurve $\varepsilon = 0,4$ und der gestrichelt eingezeichneten Kurve $\varepsilon \to 1$, sowie für Re-Zahlen größer als 120 zwischen der Kurve $\varepsilon = 0,4$ und der ausgezogenen Kurve $\varepsilon \to 1$ der Arbeitsbereich der blasenbildenden Wirbelschichten. Die gestrichelte Kurve $\varepsilon \to 1$ für Re-Zahlen kleiner als 120 und die ausgezogene Kurve $\varepsilon \to 1$ für Re-Zahlen größer als 120 gibt die Einzelkornsinkgeschwindigkeit der Feststoffpartikeln wieder. Oberhalb dieser Kurve würde beim Vorliegen einer homogenen Wirbelschicht, wie sie beispielsweise in vertikal-aufwärts gerichteten Flüssigkeits-Feststoff-Systemen im allgemeinen beobachtet wird [30], ein Totalaustrag der Feststoffpartikeln stattfinden. Bei Gas-Feststoff-Wirbelschichten befindet sich für Re-Zahlen kleiner als 120 zwischen der gestrichelten Kurve $\varepsilon \to 1$ und der ausgezogenen Kurve $\varepsilon \to 1$ das Arbeitsgebiet der zirkulierenden Wirbelschicht. Der Anwendungsbereich der zirkulierenden Wirbelschicht, d.h. das Verhältnis der an den beiden Grenzkurven $\varepsilon \to 1$ für Ar = konst. vorliegenden Reynolds-Zahlen, wird mit abnehmender Korngröße der Feststoffpartikeln, d.h. mit abnehmender Ar-Zahl, immer größer. Oberhalb der ausgezogenen Kurve $\varepsilon \to 1$ findet bei Gas-Feststoff-Strömungen der pneumatische Transport statt. Das Reh-Diagramm erlaubt eine grobe Abschätzung des Arbeitsbereiches der zirkulierenden Wirbelschicht. Mit diesem Diagramm kann jedoch keine strömungsmechanische Auslegung dieser Wirbelschichten durchgeführt werden.

2.3 Stand des Wissens hinsichtlich der strömungsmechanischen Auslegung zirkulierender Wirbelschichten

In einer Vielzahl von Veröffentlichungen [10 - 15] haben sich Yerushalmi und Mitarbeiter mit dem Verhalten von feinkörnigen Feststoffen in der zirkulierenden Wirbelschicht beschäftigt. Fast alle untersuchten Feststoffe gehörten entsprechend der Geldart-Klassifikation [8] der Gruppe A an. Yerushalmi und Mitarbeiter beschränkten sich bei ihren Untersuchungen fast ausschließlich auf das Beschreiben der in der zirkulierenden Wirbelschicht auftretenden Strömungsphänomene. Ihren Untersuchungen zufolge können bei Gasgeschwindigkeiten bis zur sog. "transport velocity" bei einem bestimmten Feststoffaustrag zwei Strömungszustände beobachtet werden. Die zirkulierende

Wirbelschicht kann dann sowohl mit einer großen wie auch mit einer kleinen Feststoffkonzentration betrieben werden. Diese Betriebszustände sind allerdings labil. Eine Änderung der Gasgeschwindigkeit oder des zugeführten Feststoffmassenstromes zieht unweigerlich eine plötzliche Änderung der Feststoffkonzentration in der Wirbelschicht nach sich. Bei Gasgeschwindigkeiten oberhalb der als kritisch bezeichneten "transport velocity" kann die zirkulierende Wirbelschicht nur bei einer ganz bestimmten Feststoffkonzentration betrieben werden. In diesem Gasgeschwindigkeitsbereich liegen nur noch stabile Betriebszustände vor.

Den Druckverlust in zirkulierenden Wirbelschichten berechnete Yerushalmi [11] mit Hilfe eines Cluster-Modells. Er ging dabei von der Vorstellung aus, daß die Feststoffpartikeln kugelförmige Anhäufungen, sog. Cluster, bilden, deren Porosität gleich der im Zustand der Minimalfluidisation ist. Mit Hilfe der Richardson-Zaki-Gleichung können bei Vorgabe eines Clusterdurchmessers die entsprechenden Druckverluste berechnet werden. Hierbei müssen Cluster mit einem Durchmesser im Zentimeterbereich vorausgesetzt werden. Diese Druckverlustberechnung setzt somit die Kenntnis der Clusterdurchmesser als Funktion der Betriebsgrößen voraus. Bislang ist es nicht gelungen, eine Korrelation für die Clusterdurchmesser anzugeben. Obwohl diese Vorgehensweise nicht zur Vorausberechnung von zirkulierenden Wirbelschichten geeignet ist, gibt sie doch einen guten Einblick in den in derartigen Anlagen vorhandenen Strömungszustand: Nicht die Einzelkugelumströmung ist für das Druckverlustverhalten von Bedeutung, sondern vielmehr die Umströmung der Cluster.

Weinstein [16] weist darauf hin, daß der Strömungszustand in der zirkulierenden Wirbelschicht, wie sie von Yerushalmi für seine Untersuchungen benutzt wurde, entscheidend vom Druckverlust in der Feststoffrückführleitung abhängt. Wegen der Nichtbeachtung dieses Einflusses in den Arbeiten von Yerushalmi können die von ihm mitgeteilten Meßergebnisse nicht zu einer Auslegung von zirkulierenden Wirbelschichten herangezogen werden.

Parallel zu den Arbeiten von Yerushalmi wurde in China von Kwauk und Li [17 - 21] der Strömungszustand in zirkulierenden Wirbelschichten untersucht. Als Versuchsgüter wurden ebenfalls Materialien eingesetzt, die der Geldart-A-Gruppe [8] zuzuordnen sind. Kwauk und Mitarbeiter beschäftigten sich besonders mit der Messung und der Beschreibung der axialen Feststoffkonzentrationsverteilung in der zirkulierenden Wirbelschicht. Sie bestätigten qualitativ die Ergebnisse von Yerushalmi. Basierend auf einem Modell, das von der Diffusion von Feststoffclustern ausgeht, leiteten Li und Kwauk [19] eine vierparametrige Gleichung zur Berechnung des axialen Feststoffkonzentrationsprofils in zirkulierenden Wirbelschichten ab. Wie von Hartge und Werther [22] gezeigt werden konnte, ergeben sich im oberen Bereich der zirkulierenden Wirbelschicht Abweichungen zwischen gemessenen und den nach Li und Kwauk berechneten Feststoffkonzentrationen. In einer neueren Arbeit haben Li, Tung und Kwauk [42] unter Berücksichtigung der Minimierung der potentiellen Energie von Gas-Feststoff-Strömungen die einzelnen Strömungszustände in einer mit Katalysator (FCC) betriebenen zirkulierenden Wirbelschicht gegeneinander abgegrenzt.

Matsen [29] entwickelte mit Hilfe einer Korrelation für die Sinkgeschwindigkeit von Partikelclustern ein sog. Phasendiagramm für Gas-Feststoff-Strömungen. Es hat formale Ähnlichkeit mit dem thermodynamischen Zustandsdiagramm für reine Stoffe. Mit diesem Diagramm können qualitativ die von Yerushalmi mitgeteilten Druckverlustmessungen wiedergegeben werden.

In einer Vielzahl von Arbeiten - z.B. [35, 43, 44] - wird über Messungen lokaler strömungsmechanischer Größen berichtet. Hierbei werden jedoch häufig die spezifischen Eigenheiten der verwendeten Versuchsanlagen gemessen. Eine Verallgemeinerung dieser Meßergebnisse ist deshalb nur bedingt möglich. Auf eine eingehende Diskussion dieser Arbeiten wird deshalb verzichtet. Die Arbeiten bestätigen im wesentlichen den durch visuelle Beobachtung festzustellenden Strömungszustand. Im Kernbereich des Aufstromteils der zirkulierenden Wirbelschicht liegt eine entmischte, vertikal-aufwärts gerichtete Gas-Feststoff-Strömung vor, wobei Zonen mit niedriger Feststoffkonzentration neben Zonen mit hoher Feststoffkonzentration, den sog. Clustern und Strähnen, vorliegen. An der Wirbelschichtwand hingegen liegt eine Zone geringer Tiefe vor, in der der Feststoff im wesentlichen gardinenartig herabfällt - ähnlich einem Fallfilm. Hierdurch kann im Wandbereich eine Gasrückvermischung vorliegen.

Eine umfangreiche Zusammenfassung des bisherigen Wissensstandes auf dem Gebiet des Strömungszustandes zirkulierender Wirbelschichten wird von Yerushalmi und Avidan [23], Schnitzlein [35] und Tung/Kwauk [40] gegeben.

Neben dem Strömungszustand in der zirkulierenden Wirbelschicht ist für die Auslegung solcher Anlagen die Kenntnis des ausgetragenen Feststoffmassenstromes von Bedeutung.

Zenz und Weil [24] weisen darauf hin, daß die Höhe der zirkulierenden Wirbelschicht einen erheblichen Einfluß auf den ausgetragenen Feststoffmassenstrom ausübt. Ab einer bestimmten Anlagenhöhe ist der ausgetragene Feststoffmassenstrom unabhängig von der Wirbelschichthöhe. Diese kritische Anlagenhöhe wird als "Transport-Disengaging Height" (T.D.H.) bezeichnet. Für zirkulierende Wirbelschichten, die höher als die T.D.H. sind, geben Zenz und Weil ein aus Meßergebnissen erhaltenes Austragsdiagramm an.

Viele Untersuchungen zum Austragsverhalten wurden an Wirbelschichten mit kleinen Anlagenhöhen durchgeführt. So berichten z.B. Levis, Gilliland und Lang [25] über Austragsmessungen an bis zu 2 m hohen Wirbelschichten, Geldart, Harnby und Wong [26] geben Messungen an einer 2,6 m hohen Anlage an und Jianghong/Schügerl [27] berichten von Meßergebnissen an einer zirkulierenden Wirbelschicht von 1,08 m Höhe.

Die bisher veröffentlichten Gleichungen zur Berechnung des ausgetragenen Feststoffmassenstromes wurden von Matsen [28] kritisch miteinander verglichen. Er weist darauf hin, daß die einzelnen Gleichungen nur einen eng begrenzten Gültigkeitsbereich aufweisen und für die Vorausberechnung des Feststoffaustrages keine Gleichung empfohlen werden kann.

3 Strömungsmechanische Modellierung der entmischten, vertikalen Gas-Feststoff-Strömung

3.1 Der Strömungszustand homogener und heterogener Wirbelschichten

Aufgrund experimenteller Erfahrung ist bekannt, daß sich Flüssigkeits-Feststoff-Wirbelschichten im allgemeinen homogen fluidisieren lassen [30]. Eine Erhöhung des Flüssigkeitsdurchsatzes über die Lockerungsgeschwindigkeit hinaus hat eine gleichmäßige Expansion der Feststoffschicht zur Folge. Die Feststoffpartikeln ordnen sich fast äquidistant an, so daß jedes Feststoffpartikel voll angeströmt wird. Die strömungsmechanische Beschreibung von Flüssigkeits-Feststoff-Wirbelschichten geht deshalb von der Umströmung einer einzelnen Feststoffpartikel aus [30].

Bei Gas-Feststoff-Wirbelschichten tritt bei Erhöhung der Gasgeschwindigkeit über die Lockerungsgeschwindigkeit hinaus i.a. eine Entmischung der Zweiphasenströmung ein, es liegt eine heterogene Wirbelschicht vor. Der über die Minimalfluidisation hinausgehende Gasanteil durchströmt in Form von feststofffreien Blasen die Wirbelschicht. Bei Gas-Feststoff-Wirbelschichten liegt deshalb neben einer feststoffreichen Phase (Suspensionsphase) eine praktisch von Feststoffpartikeln freie Gasphase vor [31]. Bei größeren Gasgeschwindigkeiten, d.h. beim Vorliegen einer zirkulierenden Wirbelschicht, verschwinden die Gasblasen, es bilden sich Gaskanäle aus. Die bei kleinen Gasgeschwindigkeiten als kontinuierliche Phase vorliegende Suspensionsphase wird bei größeren Gasgeschwindigkeiten aufgerissen. Es bilden sich Feststoffsträhnen und Cluster [9]. Somit liegt auch bei diesen Gasgeschwindigkeiten eine entmischte, vertikale Gas-Feststoff-Strömung vor. Die strömungsmechanische Beschreibung der zirkulierenden Wirbelschicht kann deshalb nicht mehr von der Einzelkugelumströmung allein ausgehen. Es muß vielmehr die Wechselwirkung zwischen der Gasphase und den Feststoffsträhnen bzw. Clustern in adäquater Weise berücksichtigt werden. Hierzu wird im folgenden ein strömungsmechanisches Modell der entmischten, vertikalen Gas-Feststoff-Strömung entwickelt.

3.2 Beschreibung des strömungsmechanischen Modells der entmischten, vertikalen Gas-Feststoff-Strömung

Wie einschlägige, negative Erfahrungen aus der Praxis zeigen, ist das Verhalten zirkulierender Wirbelschichten sehr komplex. Es ist deshalb nahezu aussichtslos, die Bewegungsbahnen von einzelnen Partikeln zu berechnen. Ziel der strömungsmechanischen Auslegung von zirkulierenden Wirbelschichten ist i.a. die Berechnung der mittleren Daten der in diesen Anlagen vorhandenen entmischten, verikal-aufwärts gerichteten Gas-Feststoff-Strömung. Es wird deshalb zunächst ein Modell der vertikalen, entmischten Gas-Feststoff-Strömung entwickelt, mit dem die mittleren Daten derartiger Strömungen berechnet werden können. Zu einem späteren Zeitpunkt werden die mit dem Modell erhaltenen Ergebnisse zur Auslegung von zirkulierenden Wirbelschichten herangezogen.

Um frei von der Geometrie des Strömungsraumes, d.h. der Geometrie der zirkulierenden Wirbelschicht, zu bleiben, wird das Modell der entmischten, vertikalen Gas-Feststoff-Strömung in einem Strömungsraum mit konstanter Querschnittsfläche und offenbleibender Querschnittsgestalt - also in einem Rohr - erstellt.

Das Modell geht von einer Entmischung der Strömung aus. Es ist dabei unerheblich, in welcher Richtung der Gas- bzw. Feststofftransport erfolgt. Das Modell soll deshalb sowohl auf die vertikal-aufwärts gerichtete Gleichströmung von Gas und Feststoff, als auch auf den vertikal-abwärts gerichteten Feststofftransport mit Gleich- bzw. Gegenströmung des Gases anwendbar sein. Eine Vorzugsrichtung der Gas- bzw. Feststoffströmung wird deshalb nicht vorausgesetzt.

Aufgrund der Entmischung der Gas-Feststoff-Strömung liegt in Wirbelschichten neben einer feststoffreichen Phase, die aus einer Vielzahl von Feststoffsträhnen und Clustern besteht, eine feststoffarme Gasphase vor (Bild 3.1). Ein Teil des von der Gasströmung getragenen Feststoffmassenstromes $\dot{M}_S$ wird somit in Form von Strähnen und Clustern transportiert $\dot{M}_{S\ St}$, während der restliche Teil $\dot{M}_{S\ G}$ mit der feststoffarmen Gasphase die Anlage verläßt.

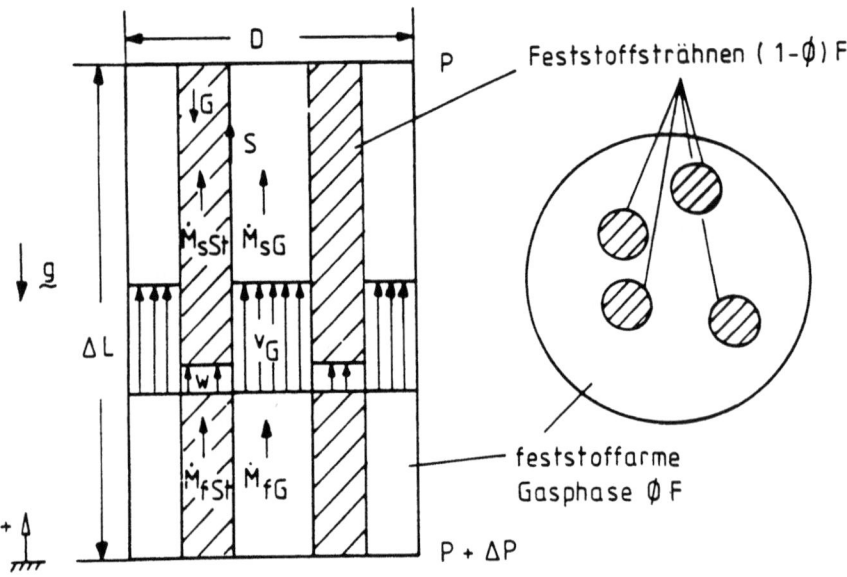

Bild 3.1: Strähnen im Rohrelement

Im weiteren wird davon ausgegangen, daß die feststoffreiche Phase nur aus Feststoffsträhnen besteht. Die einzelnen Feststoffsträhnen, im folgenden kurz Strähnen genannt, werden als zylinderförmige Feststoffanreicherungen mit offenbleibender Querschnittsgestalt angesehen. Die Porosität der Strähnen ε_L soll gleich der im Zustand der Minimalfluidisation sein. Die Symmetrieachsen der Feststoffsträhnen sind parallel zur Richtung der Erdschwere ausgerichtet. Der relative Anteil des Querschnitts aller Feststoffsträhnen am Gesamtquerschnitt des Förderrohres beträgt $(1 - \Phi)$. Die Querschnittsfläche aller Strähnen beträgt somit $(1 - \Phi)\ F$. Der relative Anteil Φ der

Rohrquerschnittsfläche wird von der feststoffarmen Gasphase eingenommen. Es wird angenommen, daß die Strähnen ein kolbenförmiges Geschwindigkeitsprofil aufweisen und die in den Strähnen befindlichen Feststoffpartikeln ihre relative Lage nicht verändern. Die Strähnen haben alle die gleiche Geschwindigkeit w, es liegt kein Rohrwandeinfluß vor. Die Relativgeschwindigkeit des sich im Strähnenhohlraum befindlichen Gases ist in erster Näherung proportional zum vorliegenden Druckgradienten und kann maximal gleich dem Quotienten aus der auf das leere Rohr bezogenen Lockerungsgeschwindigkeit u_{mf} und der Porosität der Strähnen ε_L, d.h. u_{mf}/ε_L, werden.

In der feststoffarmen Gasphase liegt eine verdünnte Gas-Feststoff-Strömung vor. Der Schlupf (Relativgeschwindigkeit) zwischen den Feststoffpartikeln und der Gasströmung kann deshalb in erster Näherung der Einzelkornsinkgeschwindigkeit w_f gleichgesetzt werden. Die Gasströmung in der Gasphase $\dot{M}_{f\,G}$ hat die Geschwindigkeit v_G. Für die Feststoffgeschwindigkeit in der feststoffarmen Gasphase erhält man somit

$$v_s = v_G - w_f \,. \tag{3.1}$$

Die Feststoffpartikeln haben alle den gleichen Partikeldurchmesser, es liegt eine Einkornverteilung des Feststoffes vor. Die Feststoffpartikeln in der Gasphase stoßen auf die Strähnenoberflächen. Wie Untersuchungen bei der horizontalen, pneumatischen Förderung zeigten, werden die Strähnen im wesentlichen durch aufprallende Feststoffpartikeln angetrieben [32, 33]. Hierdurch findet ein Impulsaustausch zwischen den in der feststoffarmen Gasphase transportierten Feststoffpartikeln und den Feststoffsträhnen statt. Dieser Austausch äußert sich in Form einer an den Strähnenoberflächen angreifenden Schubkraft S. An den Strähnen wirken weiterhin die Kraft des Druckgradienten, die Gewichtskraft und der statische Auftrieb.

Für die Rechnungen wird das Gas als abschnittsweise inkompressibel angesehen.

Die Richtung der Kräfte, Massenströme und axialen Geschwindigkeiten wird positiv angenommen, wenn sie entgegen der Richtung der Erdschwere zeigt.

3.3 Formulierung der Strähnenantriebskraft

Da die Feststoffpartikeln im wesentlichen in Form von Strähnen transportiert werden, hängt der von der Gasströmung getragene Feststoffmassenstrom entscheidend vom Impulsaustausch zwischen der feststoffarmen Gasphase und den Strähnen ab. Zur Berechnung der entmischten, vertikalen Gas-Feststoff-Strömung wird deshalb eine den Impulsaustausch beschreibende Gleichung für die Strähnenantriebskraft S benötigt.

Die einzelnen Strähnen werden als gleichartig und mit einheitlicher Feststoffgeschwindigkeit bewegt angesehen. Die in der Gasphase befindlichen Feststoffpartikeln stoßen auf die Strähnenoberfläche. Die Feststoffpartikeln treffen mit der Geschwindigkeit v_s auf die Strähnenoberfläche auf und werden dabei auf die Strähnengeschwindigkeit w abgebremst und in der Strähne weitertransportiert. Im stationären Gleichgewicht wird für jede stoßende Partikel eine Partikel mit der Strähnengeschwindigkeit w aus der Strähne herausgeschlagen und in der Gasphase von der Gasströmung auf die Feststoffgeschwindigkeit v_s beschleunigt. Beim Stoß findet ein Impulsaustausch zwischen der stoßenden Partikel und der Strähne statt. Die daraus resultierende Strähnenantriebskraft ist gleich dem Produkt aus der pro Zeiteinheit auf die Strähnenoberfläche auftreffenden Partikelanzahl $\dot{N}$ und der Impulsänderung ΔI einer einzelnen Partikel

$$S = \dot{N} \, \Delta I \, . \tag{3.2}$$

Die Impulsänderung ΔI einer einzelnen Partikel mit der Masse m beim Stoß mit der Strähne beträgt

$$\Delta I = m \, (v_s - w) \, . \tag{3.3}$$

Der Partikelanzahlstrom $\dot{N}$ der stoßenden Partikeln ist gleich dem Partikelanzahlstrom pro Flächeneinheit $\dot{n}$ multipliziert mit der Gesamtoberfläche der zylindrischen Strähnen $O_{St} = U_{St} \, \Delta L$

$$\dot{N} = \dot{n} \, U_{St} \, \Delta L \, . \tag{3.4}$$

Mit dem pro Flächeneinheit auf die Strähnenoberfläche auftreffenden Feststoffmassenstrom

$$\dot{m}_{s\ Stoß} = \dot{n}\ m \qquad (3.5)$$

erhält man durch Einsetzen von (3.3), (3.4) und (3.5) in (3.2) für die Strähnenantriebskraft

$$S = \dot{m}_{s\ Stoß}\ (v_s - w)\ U_{St}\ \Delta L\ . \qquad (3.6)$$

Die von den stoßenden Partikeln aus der Strähne herausgeschlagenen Partikeln müssen von der Gasströmung von der Strähnengeschwindigkeit w auf die Feststoffgeschwindigkeit v_s in der Gasphase beschleunigt werden. Hierzu muß Impuls von der Gasströmung an die Feststoffpartikeln übertragen werden. Die Partikelbeschleunigung geschieht vorzugsweise in unmittelbarer Nähe der Strähnenoberfläche (d.h. zwischen Strähnenoberfläche und den gestrichelt eingezeichneten Linien in Bild 3.2 a).

Für die Feststoffbeschleunigung muß deshalb vom Gas ständig Impuls senkrecht zur Strömungsrichtung in die Nähe der Strähnenoberfläche gebracht werden.

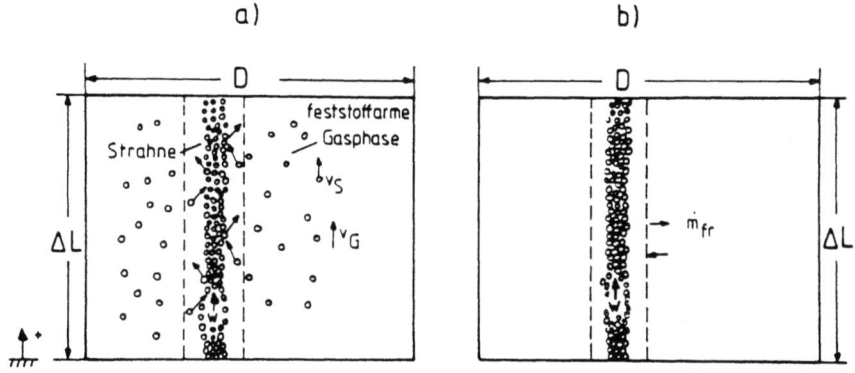

Bild 3.2: Impulsaustausch in der Nähe der Strähnenoberfläche

In der Gasphase liegt bei den in vertikalen Gas-Feststoff-Strömungen üblichen Gasgeschwindigkeiten immer eine turbulente Strömung vor. Aufgrund der dadurch vorhandenen radialen Schwankungsgeschwindigkeit der Gasströmung v_r wird ständig pro

Flächeneinheit ein Gasmassenstrom

$$\dot{m}_{f\,r} \sim \rho_f\, v_r \tag{3.7}$$

zur Strähnenoberfläche hin und von dort wieder zurück in die Gasphase transportiert (Bild 3.2 b) [34]. Mit diesem Gasmassenstrom wird Impuls in unmittelbare Nähe der Strähnenoberfläche gebracht, mit dem dann die aus der Strähne austretenden Feststoffpartikeln beschleunigt werden können.

Die maximale, axiale Geschwindigkeitsänderung, die das Gas beim Beschleunigen der Feststoffpartikeln erfahren kann, ist gleich der Differenz zwischen der Relativgeschwindigkeit am Anfang der Beschleunigung ($v_G - w$) und am Ende ($v_G - v_s$). Die maximale Impulsabgabe des radial an die Strähnenoberfläche transportierten Gasmassenstromes an die zu beschleunigenden Partikeln beträgt demnach

$$\Delta \dot{I}_f = \dot{m}_{f\,r}\left[(v_G - w) - (v_G - v_s)\right] = \dot{m}_{f\,r}\,(v_s - w). \tag{3.8}$$

Bei verlustfreier Impulsübertragung muß diese Impulsabgabe des Gases gleich dem an den zu beschleunigenden Partikelstrom abgegebenen Impuls $\Delta \dot{I} = \Delta I\,\dot{n}$ sein. Mit (3.3) und (3.5) sowie (3.8) ergibt sich damit

$$\dot{m}_{f\,r}\,(v_s - w) = \dot{m}_{s\,Stoß}\,(v_s - w). \tag{3.9}$$

Das aber bedeutet, daß der auf die Strähnenoberfläche auftreffende, flächenbezogene Feststoffmassenstrom maximal gleich dem radialen Gasmassenstrom ist:

$$\dot{m}_{s\,Stoß} = \dot{m}_{f\,r}. \tag{3.10}$$

Für die Strähnenantriebskraft (3.6) ergibt sich damit bei Beachtung von (3.7) und (3.10)

$$S \sim \rho_f\, v_r\,(v_s - w)\, U_{St}\, \Delta L. \tag{3.11}$$

Gleichung (3.11) ist allgemeingültig für den Antrieb von Strähnen und gilt somit für beliebige Strähnenquerschnittsgeometrien.

Eine auf das Gesamtvolumen des Förderrohres bezogene spezifische Strähnenantriebskraft σ ist durch

$$S = \sigma F \Delta L \qquad (3.12)$$

definiert. Gleichsetzen von (3.11) und (3.12) liefert

$$\frac{U_{St}}{F} \sim \frac{\sigma}{\rho_f v_r (v_s - w)} \,.$$

Die einzige charakteristische Länge der bei dem Impulsaustausch beteiligten Elemente ist der Partikeldurchmesser d_p, d.h. entsprechend der voranstehenden Beziehung besitzt der Ansatz

$$\frac{U_{St} d_p}{F} \sim \frac{\sigma d_p}{\rho_f v_r (v_s - w)} = \text{const} \,. \qquad (3.13)$$

eine anschauliche physikalische Bedeutung. Bei sehr flachen Auftreffbahnen der die Strähnenoberfläche erreichenden Partikeln ist der Querschnitt der Impulsaustauschzone proportional der Ringfläche $U_{St} d_p$. Entsprechend dem Ansatz (3.13) ist demnach der Querschnitt der Impulsaustauschzone proportional der Rohrquerschnittsfläche. Gemäß dieser anschaulichen Bedeutung muß insbesondere $U_{St} d_p \ll F$ sein. Aus (3.12) folgt mit (3.13)

$$S = C \rho_f v_r (v_s - w) \frac{F}{d_p} \Delta L \qquad (3.14)$$

mit $C \ll 1$ als Proportionalitätskonstante.

Die Querbewegungen in der Gasphase und damit die in (3.14) enthaltene radiale Gasgeschwindigkeit v_r wird angefacht von der axialen Gasgeschwindigkeit in dieser Phase v_G oder von der an der Phasengrenze zur Feststoffsträhne wirkenden Relativgeschwindigkeit $v_G - w$ oder von der Relativgeschwindigkeit zwischen den in der Gasphase vorhandenen Feststoffpartikeln und der Gasströmung $v_G - v_s$, je nachdem, welche der drei Geschwindigkeiten absolut die größere ist. Für die radiale Schwankungsgeschwindigkeit des Gases in der Gasphase v_r kann daher angenommen werden, daß diese proportional dem Betrag der Geschwindigkeit ist, die absolut gesehen am größten ist

$$v_r = c_{r1} |v_G| \quad \text{für } |v_G| > |v_G-w| \text{ und } |v_G| > |v_G-v_s| \quad (3.15\text{ a})$$

$$v_r = c_{r2} |v_G-w| \quad \text{für } |v_G-w| > |v_G| \text{ und } |v_G-w| > |v_G-v_s| \quad (3.15\text{ b})$$

$$v_r = c_{r3} |v_G-v_s| \quad \text{für } |v_G-v_s| > |v_G| \text{ und } |v_G-v_s| > |v_G-w| . \quad (3.15\text{ c})$$

Welche dieser drei Beziehungen in die Gleichung für die Strähnenantriebskraft (3.14) einzusetzen ist, kann nur mit Hilfe der Massenbilanzen entschieden werden.

3.4 Aufstellen der Kräfte- und Massenbilanzen

Zur Berechnung des Strömungszustandes müssen Kräfte- und Massenbilanzen erstellt werden. Diese Bilanzen werden im folgenden für den stationären Zustand der Gas-Feststoff-Strömung aufgestellt.

a) Massenbilanzen
α) Feststoffmassenbilanz

Der insgesamt durch das Rohrelement ΔL geförderte Feststoffmassenstrom $\dot{M}_S$ setzt sich additiv aus dem Anteil $\dot{M}_{S\,St}$, der in Form von Strähnen vorliegt, und dem in der Gasphase transportierten Feststoffmassenstrom $\dot{M}_{S\,G}$ zusammen

$$\dot{M}_S = \dot{M}_{S\,St} + \dot{M}_{S\,G} .$$

Es kann angenommen werden, daß der in der feststoffarmen Gasphase transportierte Feststoffmassenstrom $\dot{M}_{S\,G}$ sehr viel kleiner ist, als der in den Strähnen geförderte Feststoffmassenstrom $\dot{M}_{S\,St}$

$$\dot{M}_{S\,G} << \dot{M}_{S\,St} .$$

Damit ist der in Form von Strähnen transportierte Feststoffmassenstrom $\dot{M}_{S\,St}$ praktisch gleich dem insgesamt durchgesetzten Feststoffmassenstrom

$$\dot{M}_{s\ St} = \dot{M}_s \ . \tag{3.16}$$

Für den Feststoffmassenstrom $\dot{M}_{s\ St}$ gilt (Bild 3.1)

$$\dot{M}_{s\ St} = \rho_s (1 - \varepsilon_L) \, w \, (1 - \Phi) \, F \ . \tag{3.17}$$

Aus (3.17) und (3.16) erhält man für die Feststoffmassenbilanz

$$\dot{M}_s = \rho_s (1 - \varepsilon_L) \, w \, (1 - \Phi) \, F \ . \tag{3.18}$$

β) Gasmassenbilanz

Für die Gasmassenbilanz gilt analog wie für die Feststoffmassenbilanz, daß sich der insgesamt durchgesetzte Gasmassenstrom $\dot{M}_f$ additiv aus dem in den Strähnen transportierten Gasmassenstrom $\dot{M}_{f\ St}$ und dem in der Gasphase strömenden Gasmassenstrom $\dot{M}_{f\ G}$ zusammensetzt.

$$\dot{M}_f = \dot{M}_{f\ St} + \dot{M}_{f\ G} \ . \tag{3.19}$$

Für den in den Feststoffsträhnen transportierten Gasmassenstrom $\dot{M}_{f\ St}$ gilt

$$\dot{M}_{f\ St} = \rho_f \varepsilon_L \, w \, (1 - \Phi) \, F + \rho_f \varepsilon_L \, u_{rel} \, (1 - \Phi) \, F \ . \tag{3.20}$$

Der erste Term auf der rechten Seite der Gleichung (3.20) kennzeichnet den mit der Strähnengeschwindigkeit w in den Strähnen transportierten Gasmassenstrom, während der zweite Term den Gasmassenstrom, der relativ zu den Strähnen durch die Strähnen strömt, darstellt. Die Relativgeschwindigkeit u_{rel} hängt u.a. von dem am Rohrelement anliegenden Druckgradienten ab. Der maximale Druckverlust, der im Rohr auftreten kann, ist gleich dem bei Minimalfluidisation [30]

$$\Delta P_{max} = (\rho_s - \rho_f) (1 - \varepsilon_L) \, g \, \Delta L \ .$$

Die zugehörige, maximale Relativgeschwindigkeit des Gases in den Strähnen ist dann gleich dem Quotienten aus der Lockerungsgeschwindigkeit und der Strähnenporosität u_{mf}/ε_L.

Liegt im Rohrelement ein geringerer Druckabfall als ΔP_{max} vor, so ist die zugehörige Relativgeschwindigkeit kleiner als u_{mf}/ε_L. Es wird in erster Näherung angenommen, daß eine lineare Abhängigkeit der Relativgeschwindigkeit vom Druckgradienten vorliegt. Damit erhält man für die Relativgeschwindigkeit des Gases in den Strähnen

$$u_{rel} = \frac{u_{mf}}{\varepsilon_L} \frac{\Delta P}{(\rho_s - \rho_f)(1 - \varepsilon_L) g \Delta L} . \qquad (3.21)$$

(3.21) eingesetzt in (3.20) ergibt für den in den Strähnen transportierten Gasmassenstrom

$$\dot{M}_{f\,St} = \rho_f \varepsilon_L w (1 - \Phi) F + \rho_f \varepsilon_L \frac{u_{mf}}{\varepsilon_L} \frac{\Delta P}{(\rho_s - \rho_f)(1 - \varepsilon_L) g \Delta L} .$$

$$\cdot (1 - \Phi) F . \qquad (3.22)$$

Für den Gasmassenstrom in der Gasphase erhält man

$$\dot{M}_{f\,G} = \rho_f v_G \Phi F . \qquad (3.23)$$

Mit der auf die leere Rohrquerschnittsfläche bezogenen Gasgeschwindigkeit (Leerrohrgasgeschwindigkeit) v folgt für den insgesamt durchgesetzten Gasmassenstrom $\dot{M}_f$

$$\dot{M}_f = \rho_f v F . \qquad (3.24)$$

Einsetzen von (3.22), (3.23) und (3.24) in (3.19) liefert schließlich für die Gasmassenbilanz

$$\rho_f v F = \rho_f \varepsilon_L w (1 - \Phi) F + \rho_f u_{mf} \frac{\Delta P}{(\rho_s - \rho_f)(1 - \varepsilon_L) g \Delta L} .$$

$$\cdot (1 - \Phi) F + \rho_f v_G \Phi F . \qquad (3.25)$$

Aus den beiden dimensionsbehafteten Massenbilanzen (3.18) und (3.25) können durch entsprechende Umformungen zwei dimensionslose Massenbilanzen erhalten werden. Durch Umstellen der Gasmassenbilanz (3.25) erhält man

$$\frac{v_G}{v} = \frac{1}{\Phi} \left[1 - \varepsilon_L \frac{w}{v} (1 - \Phi) - \frac{u_{mf}}{v} \frac{\Delta P}{(\rho_s - \rho_f)(1 - \varepsilon_L) g \Delta L} \cdot (1 - \Phi) \right]. \tag{3.26}$$

Dividiert man die Feststoffmassenbilanz (3.18) durch die Gasmassenbilanz (3.24), ergibt sich nach einer Umformung

$$\frac{w}{v} = \frac{1}{1 - \Phi} \frac{\rho_f}{\rho_s (1 - \varepsilon_L)} \mu \tag{3.27}$$

wobei

$$\mu = \frac{\dot{M}_s}{\dot{M}_f}, \tag{3.28}$$

die sog. Beladung der Gasströmung ist. Die dimensionslose Kennzahl

$$\frac{\rho_f}{\rho_s (1 - \varepsilon_L)} \mu$$

wird als Volumenstromverhältnis bezeichnet. Es ist das Verhältnis des im Zustand der Minimalfluidisation geförderten Feststoffvolumenstromes zum Gasvolumenstrom.

b) Kräftebilanzen

Zur Erstellung der Kräftebilanzen wird das Rohrelement der Länge ΔL in zwei Bilanzräume unterteilt (Bild 3.3). Bilanzraum I umschließt das gesamte Längenelement, während Bilanzraum II nur die Strähnen umschließt. An jedem Bilanzraum werden im folgenden die Kräftebilanzen erstellt.

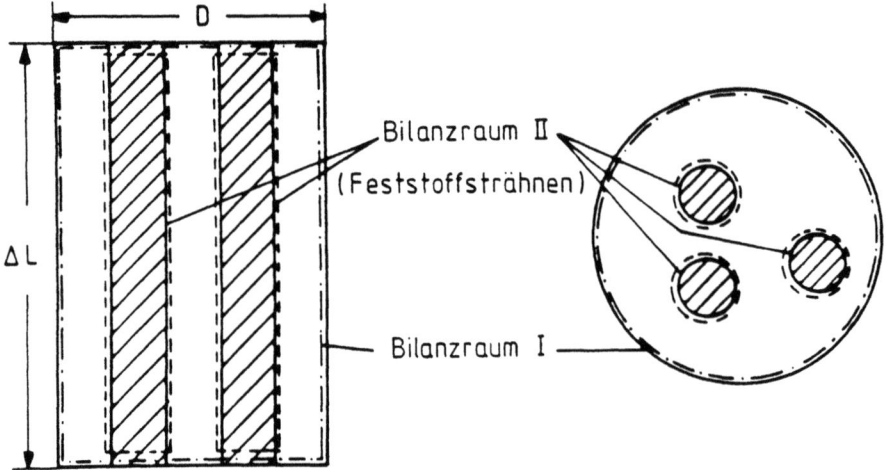

Bild 3.3: Bilanzräume im Rohrelement

Bilanzraum I:

Wechselwirkungskräfte zwischen den Feststoffpartikeln und der Rohrwand einerseits und der Gasströmung mit der Rohrwand andererseits werden als vernachlässigbar klein gegenüber den sonstigen Kräften angesehen. Damit gilt für den Bilanzraum I, daß die insgesamt aufzubringende Druckkraft gleich dem Feststoff- und Gasgewicht ist.

$$\Delta P_{ges} \, F = \rho_s \, (1 - \epsilon_L) \, (1 - \Phi) \, F \, \Delta L \, g + \rho_f \, \epsilon_L \, (1 - \Phi) \, F \, \Delta L \, g +$$

$$+ \rho_f \, \Phi \, F \, \Delta L \, g \, . \tag{3.29}$$

Umformen von (3.29) ergibt

$$(\Delta P_{ges} - \rho_f \, g \, \Delta L) \, F = (\rho_s - \rho_f) \, (1 - \epsilon_L) \, (1 - \Phi) \, F \, \Delta L \, g \, . \tag{3.30}$$

Die Differenz zwischen dem Gesamtdruckabfall ΔP_{ges} und dem hydrostatischen Druck der Gassäule $\rho_f \, g \, \Delta L$ auf der linken Seite von (3.30) ist gleich dem Druckabfall ΔP, der durch die Anwesenheit des Feststoffes verursacht wird. Damit lautet die Kräftebilanz im Bilanzraum I in dimensionsloser Schreibweise:

$$\frac{\Delta P}{(\rho_s - \rho_f)(1 - \varepsilon_L) g \Delta L} = (1 - \Phi) . \qquad (3.31)$$

Diese dimensionslose Form des Druckgradienten kann als Verhältnis des im Rohrelement vorhandenen Druckgradienten zum Druckgradienten, der im Zustand der Minimalfluidisation vorliegt, interpretiert werden. Entsprechend Gleichung (3.31) ist der dimensionslose Druckgradient gleich dem relativen Anteil der Rohrquerschnittsfläche, welcher von den Strähnen eingenommen wird.

Bilanzraum II:

Kräftegleichgewicht im Bilanzraum II liegt vor, wenn die Summe aus der Kraft des Gesamtdruckgradienten und der an den Strähnen wirkenden Strähnenantriebskraft gleich dem Gewicht des in den Strähnen vorhandenen Feststoffes und Gases ist. Beim Vorliegen von zylindrischen Strähnen gilt somit für Bilanzraum II

$$\Delta P_{ges} (1 - \Phi) F + S = \rho_s (1 - \varepsilon_L)(1 - \Phi) F \Delta L g + \rho_f \varepsilon_L \cdot$$

$$\cdot (1 - \Phi) F \Delta L g . \qquad (3.32)$$

Gleichung (3.32) umgeformt ergibt:

$$(\Delta P_{ges} - \rho_f g \Delta L)(1 - \Phi) F = (\rho_s - \rho_f)(1 - \varepsilon_L) \cdot$$

$$\cdot (1 - \Phi) F \Delta L g - S . \qquad (3.33)$$

Die Druckdifferenz auf der linken Seite der Gleichung (3.33) ist wieder gleich dem durch den Feststoff verursachten Druckabfall ΔP, d.h. es gilt

$$\Delta P = \Delta P_{ges} - \rho_f g \Delta L . \qquad (3.34)$$

Mit der Gleichung für die Strähnenantriebskraft (3.14) erhält man aus (3.33)

$$\Delta P (1 - \Phi) F = (\rho_s - \rho_f)(1 - \epsilon_L)(1 - \Phi) F \Delta L g - C \rho_f v_r$$

$$(v_s - w) F \frac{\Delta L}{d_p} . \qquad (3.35)$$

Gleichung (3.35) liefert für den Druckgradienten

$$\frac{\Delta P}{\Delta L} = (\rho_s - \rho_f)(1 - \epsilon_L) g - C \rho_f v_r (v_s - w) \frac{1}{(1 - \Phi) d_p} . \qquad (3.36)$$

In dimensionsloser Schreibweise lautet (3.36)

$$\frac{\Delta P}{(\rho_s - \rho_f)(1 - \epsilon_L) g \Delta L} = 1 - C \frac{1}{(1 - \epsilon_L)} \frac{1}{(1 - \Phi)} \frac{v_r}{v} .$$

$$\cdot \left(\frac{v_s}{v} - \frac{w}{v} \right) \frac{v^2 \rho_f}{(\rho_s - \rho_f) d_p g} . \qquad (3.37)$$

Die dimensionslose Leerrohrgasgeschwindigkeit ist in (3.37) als Partikel-Froude-Zahl definiert

$$Fr_p = \frac{v}{\sqrt{\frac{\rho_s - \rho_f}{\rho_f} d_p g}} . \qquad (3.38)$$

Sie kann als Verhältnis der Trägheitskraft des Gases zu dem um den Auftrieb reduzierten Partikelgewicht interpretiert werden.

Bei Berücksichtigung von (3.31) erhält man mit (3.38) aus (3.37)

$$Fr_p^2 = \frac{1}{C} (1 - \epsilon_L) \Phi (1 - \Phi) \frac{1}{\frac{v_r}{v} \left(\frac{v_s}{v} - \frac{w}{v} \right)} . \qquad (3.39)$$

4 Zustands- und Druckverlustdiagramm der entmischten, vertikal-aufwärts gerichteten Gas-Feststoff-Strömung

4.1 Berechnung des Druckverlustdiagramms

Mit den beiden Massenbilanzen (3.26)/(3.27) und den beiden Kräftebilanzen (3.31)/(3.39) können unter Berücksichtigung der dimensionslosen Form der Schlupfgleichung (3.1)

$$\frac{v_s}{v} = \frac{v_G}{v} - \frac{w_f}{v} \qquad (4.1)$$

und den Gleichungen (3.15 a), (3.15 b) und (3.15 c) der Druckverlust für die vertikal-aufwärts gerichtete Gas-Feststoff-Strömung berechnet werden.

Zur Vereinfachung des Berechnungsvorganges wird zunächst von den Gln. (3.15 a), (3.15 b) und (3.15 c) diejenige Gleichung ermittelt, die für die radiale Schwankungsgeschwindigkeit des Gases in der feststoffarmen Gasphase in (3.39) eingesetzt werden muß.

Bei der vertikal-aufwärts gerichteten Gas-Feststoff-Strömung gilt für den Feststoffmassenstrom

$$\dot{M}_s > 0 \; .$$

Für die Strähnengeschwindigkeit folgt damit aus (3.18)

$$w > 0 \; ,$$

so daß die Ungleichung

$$v_G > v_G - w$$

gültig ist.

Das Kräftegleichgewicht an den Feststoffsträhnen ist erfüllt, wenn die Richtung der Strähnenantriebskraft entgegen der Richtung der Gewichtskraft der Strähne wirkt. Dies kann nur dann realisiert werden, wenn die Feststoffgeschwindigkeit in der feststoffarmen Gasphase v_s größer als die Strähnengeschwindigkeit w ist (3.14)

$$v_s > w \;.$$

Da w > 0 ist, gilt somit folgende Ungleichung

$$v_G > v_G - v_s \;.$$

Die beiden Ungleichungen in Gl. (3.15 a) sind damit erfüllt und für die radiale Schwankungsgeschwindigkeit kann näherungsweise

$$v_r = c_{r1} |v_G|$$

gesetzt werden. Da w > 0 und v_s > w ist, folgt mit der Schlupfgleichung (3.1), daß die Gasgeschwindigkeit in der feststoffarmen Gasphase v_G bei der vertikal-aufwärts gerichteten Gas-Feststoff-Strömung immer größer Null ist und somit die Betragstriche in der Gleichung für die radiale Schwankungsgeschwindigkeit weggelassen werden können. Für (3.39) ergibt sich somit

$$Fr_p^2 = \frac{1}{c\, c_{r1}} (1 - \epsilon_L)\, \Phi\, (1 - \Phi)\, \frac{1}{\frac{v_G}{v}\left(\frac{v_s}{v} - \frac{w}{v}\right)} \;. \qquad (4.2)$$

Die Konstanten in (4.2) lassen sich zu einem konstanten Strähnenantriebskoeffizienten λ zusammenfassen

$$\lambda = C \, C_{r1} ,$$

so daß sich (4.2) vereinfachen läßt zu

$$Fr_p^2 = \frac{1}{\lambda} (1 - \varepsilon_L) \, \Phi \, (1 - \Phi) \, \frac{1}{\frac{v_G}{v} \left(\frac{v_s}{v} - \frac{w}{v} \right)} . \qquad (4.3)$$

Der Strähnenantriebskoeffizient λ kann dahin interpretiert werden, daß er die Effizienz des Impulsaustausches zwischen der feststoffarmen Gasphase und den Strähnen beschreibt. Er sollte somit insbesondere unabhängig vom betrachteten Gas-Feststoff-System sein. Im weiteren wird deshalb der Strähnenantriebskoeffizient als Konstante betrachtet.

Das Geschwindigkeitsverhältnis w_f/v in (4.1) kann als Verhältnis von zwei Partikel-Froude-Zahlen geschrieben werden, wenn die Einzelkornsinkgeschwindigkeit w_f in geeigneter Weise dimensionslos gemacht wird. Mit der dimensionslosen Einzelkornsinkgeschwindigkeit in Form einer Partikel-Froude-Zahl

$$Fr_{p \, wf} = \frac{w_f}{\sqrt{\frac{\rho_s - \rho_f}{\rho_f} d_p \, g}} \qquad (4.4)$$

und der mit der Leerrohrgasgeschwindigkeit gebildeten Partikel-Froude-Zahl (3.38) erhält man

$$\frac{w_f}{v} = \frac{Fr_{p \, wf}}{Fr_p} . \qquad (4.5)$$

Die mit der Einzelkornsinkgeschwindigkeit gebildete Partikel-Froude-Zahl kann mit Hilfe des Kräftegleichgewichtes an einer im ruhenden Medium befindlichen Feststoffpartikel berechnet werden. Im stationären Zustand steht die vom Gas auf die Partikel ausgeübte Widerstandskraft im Gleichgewicht zu der um den statischen Auftrieb verminderten Gewichtskraft der Partikel [36]

$$C_w(Re_{wf}) \frac{\rho_f}{2} w_f^2 \frac{d_p^2 \pi}{4} = (\rho_s - \rho_f) \frac{d_p^3 \pi}{6} g \quad , \tag{4.6}$$

wobei für die Reynoldszahl Re_{wf} gilt:

$$Re_{wf} = \frac{w_f d_p}{\nu} \quad .$$

In dimensionsloser Schreibweise lautet das Kräftegleichgewicht (4.6)

$$\frac{3}{4} C_w(Re_{wf}) Fr_{p\,wf}^2 = 1 \quad . \tag{4.7}$$

Entsprechend diesem Kräftegleichgewicht ist die mit der Einzelkornsinkgeschwindigkeit gebildete Partikel-Froude-Zahl proportional der Wurzel aus dem Kehrwert des Widerstandsbeiwertes der Partikel C_w.

Die bei Gas-Feststoff-Strömungen eingesetzten Feststoffpartikeln haben im allgemeinen gedrungene Gestalt. Für den Widerstandsbeiwert dieser Partikeln kann deshalb näherungsweise die von Kaskas [36] für kugelförmige Partikeln aufgestellte Gleichung verwendet werden:

$$C_w(Re_{wf}) = \frac{24}{Re_{wf}} + \frac{4}{\sqrt{Re_{wf}}} + 0{,}4 \quad . \tag{4.8}$$

Setzt man diese Gleichung in die dimensionslose Kräftebilanz (4.7) ein, so erhält man

$$\frac{3}{4} Fr_{p\,wf}^2 \left(\frac{24}{Re_{wf}} + \frac{4}{\sqrt{Re_{wf}}} + 0{,}4 \right) = 1 \quad . \tag{4.9}$$

Die Reynoldszahl Re_{wf} kann mit Hilfe der Archimedeszahl

$$Ar = \frac{(\rho_s - \rho_f) d_p^3 g}{\rho_f \nu^2} \qquad (4.10)$$

in die mit der Einzelkornsinkgeschwindigkeit gebildete Partikel-Froude-Zahl umgerechnet werden

$$Re_{wf} = Fr_{p\ wf}\ Ar^{0,5} \ . \qquad (4.11)$$

(4.11) eingesetzt in (4.9) liefert schließlich

$$18\ Fr_{p\ wf}\ Ar^{-0,5} + 3\ Fr_{p\ wf}^{1,5}\ Ar^{-0,25} + 0,3\ Fr_{p\ wf}^{2} = 1 \ . \qquad (4.12)$$

Somit kann die mit der Einzelkornsinkgeschwindigkeit gebildete Partikel-Froude-Zahl $Fr_{p\ wf}$ in Abhängigkeit von der Archimedes-Zahl, die nur Stoffdaten der Feststoffpartikeln und des Gases enthält, berechnet werden.

Die in der Gasmassenbilanz (3.26) enthaltene Lockerungsgeschwindigkeit u_{mf} kann ebenfalls berechnet werden [39]. Viel genauer ist jedoch deren experimentelle Bestimmung mit Hilfe eines einfachen Fluidisationsversuches [30]. Die berechnete bzw. gemessene Lockerungsgeschwindigkeit kann - wie schon bei der Einzelkornsinkgeschwindigkeit geschehen - in Form einer Partikel-Froude-Zahl dimensionslos gemacht werden:

$$Fr_{p\ umf} = \frac{u_{mf}}{\sqrt{\frac{\rho_s - \rho_f}{\rho_f} d_p g}} \ . \qquad (4.13)$$

Für kugelförmige Partikeln hängt letztlich die mit der Lockerungsgeschwindigkeit gebildete Partikel-Froude-Zahl von der Archimedes-Zahl und der Lockerungsporosität ab [39]

$$Fr_{p\ umf} = f\ (Ar,\ \varepsilon_L) \ . \qquad (4.14)$$

Somit erhält man das Gleichungssystem zum Berechnen des Druckverlustes bei der vertikal-aufwärts gerichteten Gas-Feststoff-Strömung:

a) die beiden dimensionslosen Massenbilanzen (3.26) und (3.27) bei Berücksichtigung von (3.31), (3.38) und (4.13)

$$\frac{v_G}{v} = \frac{1}{\Phi}\left[1 - \varepsilon_L \frac{w}{v}(1-\Phi) - \frac{Fr_{p\,umf}}{Fr_p}(1-\Phi)^2\right] \qquad (4.15)$$

$$\frac{w}{v} = \frac{1}{(1-\Phi)} \frac{\rho_f}{\rho_s(1-\varepsilon_L)} \mu, \qquad (4.16)$$

b) die beiden dimensionslosen Kräftebilanzen (3.31) und (4.3)

$$\frac{\Delta P}{(\rho_s - \rho_f)(1-\varepsilon_L)g\,\Delta L} = (1-\Phi) \qquad (4.17)$$

$$Fr_p^2 = \frac{1}{\lambda}(1-\varepsilon_L)\Phi(1-\Phi)\frac{1}{\frac{v_G}{v}\left(\frac{v_s}{v} - \frac{w}{v}\right)} \qquad (4.18)$$

c) die dimensionslose Schlupfgleichung (4.1) bei Berücksichtigung von (3.38) und (4.4)

$$\frac{v_s}{v} = \frac{v_G}{v} - \frac{Fr_{p\,wf}}{Fr_p}, \qquad (4.19)$$

d) die dimensionslose Einzelkornsinkgeschwindigkeitsgleichung (4.12)

$$18\,Fr_{p\,wf}\,Ar^{-0,5} + 3\,Fr_{p\,wf}^{1,5}\,Ar^{-0,25} + 0,3\,Fr_{p\,wf}^2 = 1. \qquad (4.20)$$

e) und die gemessene oder berechnete Lockerungsgeschwindigkeit in dimensionsloser Form (4.14).

Diese sieben Gleichungen verknüpfen elf dimensionslose Kennzahlen miteinander:

$$f\left(Fr_p; \frac{\Delta P}{(\rho_s - \rho_f)(1 - \varepsilon_L) g \Delta L}; \frac{\rho_f}{\rho_s (1 - \varepsilon_L)} \mu;\right.$$

$$\left. Ar; Fr_{p\ wf}; Fr_{p\ umf}; \frac{v_G}{v}; \frac{v_s}{v}; \frac{w}{v}; (1 - \Phi); \varepsilon_L\right) = 0. \quad (4.21)$$

Eine graphische Darstellung des durch den Feststofftransport bewirkten Druckverlustes ist jedoch möglich, wenn zwei Kennzahlen konstant gehalten werden. Eine bestimmte Gas-Feststoff-Kombination ist durch die Archimedes-Zahl festgelegt. Diese Kennzahl enthält nur Stoffdaten der Feststoffpartikeln wie des Gases und kennzeichnet somit ein bestimmtes Gas-Feststoff-System. Die Lockerungsporosität ist ebenfalls für eine bestimmte Gas-Feststoff-Kombination konstant. Es ist deshalb zweckmäßig, die Archimedes-Zahl Ar und die Lockerungsporosität ε_L bei der Berechnung des dimensionslosen Druckverlustes konstant zu halten. Damit ist eine graphische Darstellung der berechneten dimensionslosen Druckverluste in Form von sog. Druckverlustdiagrammen möglich.

Der dimensionslose Druckverlust ist nach (4.17) gleich dem Anteil der Querschnittsfläche aller Feststoffsträhnen an der Rohrquerschnittsfläche. Er stellt sich abhängig von der eingestellten Gasgeschwindigkeit, d.h. von der Partikel-Froude-Zahl, und dem durchgesetzten Feststoffmassenstrom, d.h. vom Volumenstromverhältnis, ein. Es ist deshalb zweckmäßig, die Druckverlustdiagramme für die vertikale Gas-Feststoff-Strömung in Form von

$$\frac{\Delta P}{(\rho_s - \rho_f)(1 - \varepsilon_L) g \Delta L} = f(Fr_p) \quad (4.22)$$

mit dem Volumenstromverhältnis als Parameter für eine bestimmte Gas-Feststoff-Kombination, d.h. für eine konstante Archimedes-Zahl und eine konstante Lockerungsporosität, darzustellen. Die Geschwindigkeitsverhältnisse v_G/v, v_s/v und w/v liefern jedoch zusätzliche Informationen über den Strömungszustand der Gas-Feststoff-Strömung.

Mit den Gleichungen (4.15) bis (4.20) ist keine explizite Darstellung des Druckverlustes möglich. Die Druckverlustberechnung muß deshalb nach einem bestimmten Formalismus erfolgen.

Zunächst berechnet man mit (4.20) für eine bestimmte Archimedes-Zahl die mit der Einzelkornsinkgeschwindigkeit gebildete Partikel-Froude-Zahl und bestimmt experimentell oder rechnerisch die mit der Lockerungsgeschwindigkeit gebildete Partikel-Froude-Zahl $Fr_{p\ umf}$ und die Lockerungsporosität ε_L. Die Lockerungsgeschwindigkeit erhält man i.a. mit Hilfe eines einfach durchzuführenden Fluidisationsversuches [30]. Wird dieser Versuch bei Umgebungsbedingungen durchgeführt, so kann die dabei ermittelte Lockerungsgeschwindigkeit auch auf andere Gaszustände umgerechnet werden [45]. Bei den hier durchzuführenden Berechnungen, die allgemeiner Natur sind, liegen derartige Messungen nicht vor. Es wurde deshalb bei den Berechnungen angenommen, daß die Lockerungsgeschwindigkeit 5 % der Einzelkornsinkgeschwindigkeit beträgt. Für die mit der Lockerungsgeschwindigkeit gebildete Partikel-Froude-Zahl erhält man damit $Fr_{p\ umf} = 0,05\ Fr_{p\ wf}$. Anschließend durchläuft man eine Berechnungsschleife für den Druckverlust:

> Für ein konstantes Volumenstromverhältnis erhält man mit dem dimensionslosen Druckverlust (4.17) als Laufvariable aus (4.16) einen Zahlenwert für w/v. Mit diesen Größen errechnet man aus (4.15) das Gasgeschwindigkeitsverhältnis v_G/v. Mit (4.19) und (4.18) kann schließlich die zugehörige Partikel-Froude-Zahl berechnet werden. Danach startet man mit einem neuen dimensionslosen Druckverlust erneut die Berechnungsschleife. Bei den Berechnungen kann - wie später noch gezeigt wird - für den Strähnenantriebskoeffizienten $\lambda = 0,0053$ gesetzt werden.

In Bild 4.1 ist für eine Archimedes-Zahl von Ar = 10 und für eine Lockerungsporosität von $\varepsilon_L = 0,4$ das berechnete Druckverlustdiagramm für die entmischte, vertikal-aufwärts gerichtete Gas-Feststoff-Strömung dargestellt. Auf der Ordinate ist der dimensionslose Druckverlustgradient aufgetragen und auf der Abszisse die Partikel-Froude-Zahl. Parameter ist das Volumenstromverhältnis. Im Gebiet rechts von der Druckverlustkurve für das Volumenstromverhältnis Null liegt die entmischte, ver-

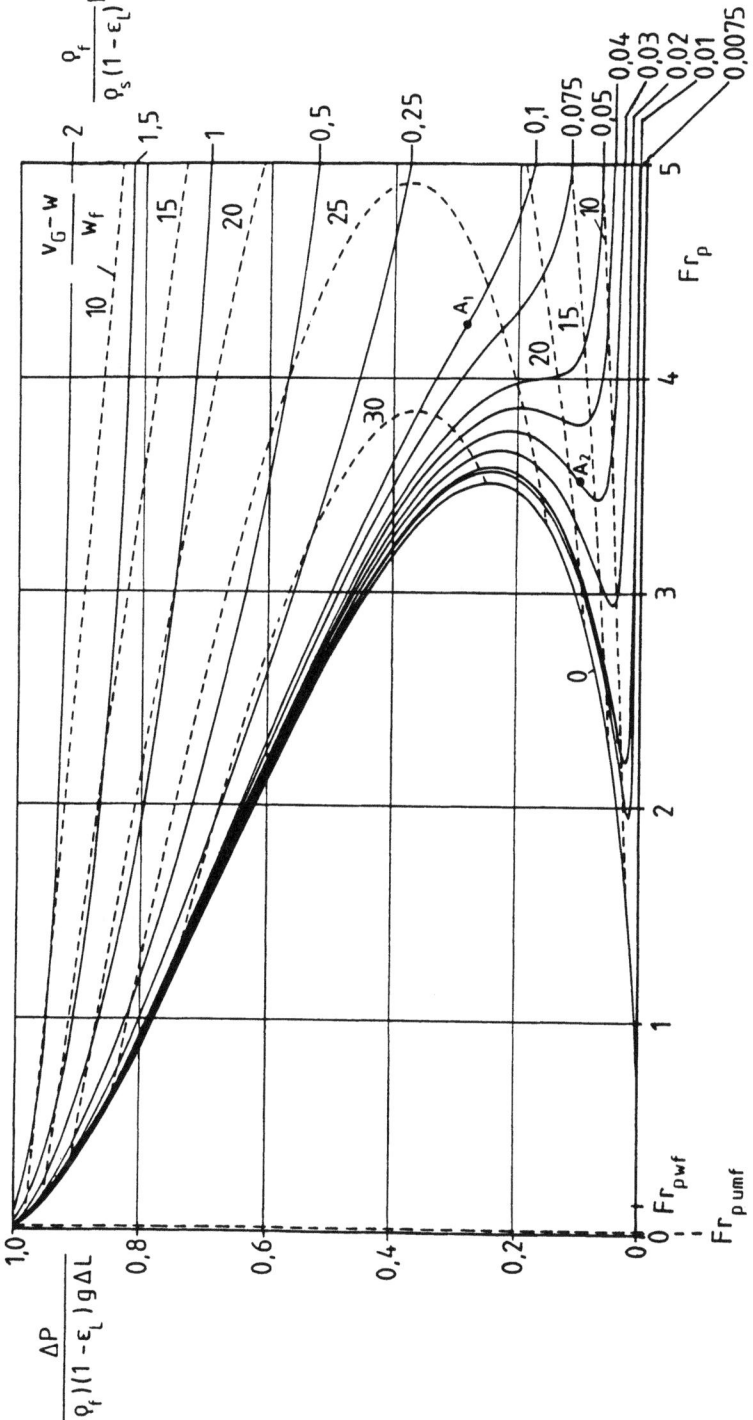

Bild 4.1: Druckverlustdiagramm der entmischten, vertikal-aufwärts gerichteten Gas-Feststoff-Strömung (Ar = 10, ε_L = 0,4)

tikal-aufwärts gerichtete Gas-Feststoff-Strömung vor. Im Gebiet zwischen der eben erwähnten Druckverlustkurve und der Ordinate kann lediglich ein vertikal-abwärts gerichteter Feststofftransport realisiert werden.

Der dimensionslose Druckverlustgradient kann nur Werte zwischen 0 und 1 annehmen. Im ersten Fall befindet sich kein Feststoff im Rohrelement, während die Anlage im zweiten Fall vollständig mit einer Feststoffschüttung gefüllt ist, deren Porosität der bei Minimalfluidisation identisch ist. Für den Grenzfall, daß kein Feststoff im Rohrelement vorhanden ist, d.h.

$$\frac{\Delta P}{(\rho_s - \rho_f)(1 - \epsilon_L) g \Delta L} \rightarrow 0 ,$$

und daß praktisch kein Feststoff transportiert wird, d.h.

$$\frac{\rho_f}{\rho_s (1 - \epsilon_L)} \mu = 0 ,$$

liegt der Zustand der Einzelpartikelumströmung vor. Im Druckverlustdiagramm befindet sich dieser Strömungszustand auf der Abszisse bei $Fr_p = Fr_{p\ wf}$.

Für den Grenzfall der vollständigen Füllung des Rohrelementes mit Feststoff, d.h.

$$\frac{\Delta P}{(\rho_s - \rho_f)(1 - \epsilon_L) g \Delta L} = 1 ,$$

und daß kein Feststoff transportiert wird, d.h.

$$\frac{\rho_f}{\rho_s (1 - \epsilon_L)} \mu \rightarrow 0 ,$$

liegt der Zustand der Minimalfluidisation im Rohrelement vor. Für die zugehörige dimensionslose Leerrohrgasgeschwindigkeit gilt $Fr_p = Fr_{p\ umf}$.

Entsprechend Gleichung (4.17) ist der dimensionslose Druckverlust gleich dem von den Strähnen eingenommenen Anteil der Rohrquerschnittsfläche (1 - Φ). In Bild 4.1 kann deshalb auf der Ordinate neben dem dimensionslosen Druckverlust auch der von den Strähnen eingenommene Rohrquerschnittsflächenanteil abgelesen werden. Null bedeutet somit, daß keine Strähnen vorhanden sind. Bei (1 - Φ) = 1 ist die gesamte Rohrquerschnittsfläche mit Strähnen ausgefüllt. Bei z.B. (1 - Φ) = 0,1 werden 10 % der Rohrquerschnittsfläche von Strähnen eingenommen.

Die Eignung von Gas-Feststoff-Strömungen für Wärme- und Stoffübergangsprozesse hängt u.a. von der Relativgeschwindigkeit zwischen der Gasströmung und den Feststoffpartikeln ab. In der feststoffarmen Gasphase beträgt die Relativgeschwindigkeit

$$v_G - v_S = w_f .$$

Für die Relativgeschwindigkeit zwischen der Gasströmung in der feststoffarmen Gasphase und den Strähnen erhält man $v_G - w$. Das Verhältnis der beiden Relativgeschwindigkeiten

$$\frac{v_G - w}{w_f}$$

kennzeichnet zum einen die unterschiedlichen Relativgeschwindigkeiten in der entmischten, vertikalen Gas-Feststoff-Strömung, zum anderen gibt es an, um das Wievielfache die an der Strähnenoberfläche wirkende Relativgeschwindigkeit größer ist als die Einzelkornsinkgeschwindigkeit. Mit dem Druckverlustgleichungssystem (4.15) bis (4.20) und Gleichung (4.5) erhält man durch einfache Umformungen eine Beziehung, mit der Linien für konstante Relativgeschwindigkeitsverhältnisse in das Druckverlustdiagramm Bild 4.1 gezeichnet werden können:

$$Fr_p = \frac{(1 - \varepsilon_L) \Phi (1 - \Phi)[\Phi + \varepsilon_L (1 - \Phi)]}{\lambda \left(\frac{v_G - w}{w_f} - 1\right) Fr_{p\,wf}} - \varepsilon_L (1 - \Phi) .$$

$$\cdot \frac{v_G - w}{w_f} Fr_{p\,wf} + Fr_{p\,umf} (1 - \Phi)^2 . \qquad (4.23)$$

4.2 Zustandsdiagramm der entmischten, vertikal-aufwärts gerichteten Gas-Feststoff-Strömung

Die Druckverluste wurden für Gleichgewichtszustände berechnet. Inwieweit jedoch diese Gleichgewichtszustände stabil gegenüber kleinen Störungen sind, kann die mathematische Herleitung des Druckverlustgleichungssystems (4.15) bis (4.20) nicht liefern. Es ist deshalb eine Stabilitätsdiskussion der einzelnen Betriebspunkte durchzuführen, damit die Gültigkeitsgrenzen der dem Druckverlustdiagramm zugrundeliegenden Gleichungen bestimmt werden können.

Bei vertikal-aufwärts gerichteten Gas-Feststoff-Strömungen sind die Betriebspunkte durch die beiden Einstellgrößen Partikel-Froude-Zahl, welche die Gasströmung charakterisiert, und Volumenstromverhältnis, das den Feststoffdurchsatz festlegt, eindeutig bestimmt. Als Systemantwort stellt sich im Rohrelement eine bestimmte Feststoffkonzentration ein, die durch den dimensionslosen Druckverlust auf der Ordinate im Druckverlustdiagramm (Bild 4.1) repräsentiert wird.

Die durch irgendwelche Ursachen bewirkten Betriebsstörungen können auf jede dieser drei Größen wirken. Für eine Stabilitätsdiskussion ist es jedoch sinnvoll, davon auszugehen, daß die Störungen nur auf eine Größe wirken, und zu untersuchen, ob die beiden anderen Größen sich so verändern, daß sie die Störung ausgleichen und damit den alten Betriebszustand wieder herstellen können. Nur wenn die Störung ausgeglichen wird, ist der Betriebspunkt stabil. Welche der drei Betriebsgrößen durch eine Störung geändert wird, ist für die Stabilitätsdiskussion ohne Belang und kann frei gewählt werden. Im weiteren wird davon ausgegangen, daß die durch irgendwelche Ursachen bewirkten Betriebsstörungen eine Änderung der Feststoffkonzentration im Rohrelement und damit des dimensionslosen Druckverlustes zur Folge haben. Die strömungsmechanische Stabilität der einzelnen Betriebspunkte kann somit anhand einer gedachten kleinen Veränderung des dimensionslosen Druckverlustes überprüft werden.

Kleine Änderungen der Feststoffkonzentration und damit des Druckverlustes im Rohrelement haben praktisch keine Auswirkungen auf den Gasdurchsatz, so daß für die Stabilitätsdiskussion davon ausgegangen werden darf, daß die Partikel-Froude-Zahl konstant bleibt. Als einzige Größe muß somit nur noch das Volumenstromverhältnis, d.h. der Feststoffdurchsatz, der von der Feststoffkonzentrationsänderung beeinflußt werden kann, betrachtet werden. Bei einem bestimmten Betriebspunkt wird der in das Rohrelement eingebrachte Feststoffmassenstrom konstant gehalten. Die Betriebsstörung kann sich somit nur auf den aus dem Rohrelement ausgetragenen Feststoffmassenstrom auswirken. Ein Betriebspunkt ist nur dann stabil, wenn die durch die Betriebsstörung bewirkte Änderung des ausgetragenen Feststoffmassenstromes im Vergleich zum permanent eingespeisten eine Rückbildung der Betriebsstörung zur Folge hat.

Für die Stabilitätsdiskussion lassen sich anhand des Druckverlustdiagramms (Bild 4.1) zwei Kategorien von Betriebspunkten unterscheiden:

Kategorie I
Zu dieser Kategorie gehören Betriebspunkte, z.B. A_1, bei denen die Steigung der Druckverlustkurve im Druckverlustdiagramm (Bild 4.1) negativ ist. Für diese Art von Betriebspunkten sind in Bild 4.2 a die Druckverlustkurven schematisch dargestellt.

Der Betriebspunkt A_1 ist durch die Partikel-Froude-Zahl $Fr_{p\ A1}$, das mit A_1 indizierte Volumenstromverhältnis und den ebenfalls mit A_1 gekennzeichneten dimensionslosen Druckverlust festgelegt. Wird durch irgendeine Störung die Feststoffkonzentration im Rohrelement erhöht, so müßte sich bei konstanter Fr_p-Zahl der Betriebspunkt B_1 mit dem entsprechend indizierten Volumenstromverhältnis und dimensionslosen Druckverlust einstellen. Das Volumenstromverhältnis dieses Betriebspunktes ist jedoch größer als das permanent in das Rohrelement eingespeiste, mit A_1 gekennzeichnete Volumenstromverhältnis. Somit würde mehr Feststoff aus dem Rohrelement heraustransportiert als hineingefördert werden. Dadurch würde die durch die Störung bewirkte höhere Feststoffkonzentration abgebaut und sich erneut der ursprüngliche Betriebszustand A_1 einstellen.

Betriebspunkte, die dieser Kategorie angehören, sind somit stabil gegen kleine Betriebsstörungen und können betriebssicher eingestellt werden.

Kategorie II

Zur Kategorie II gehören Betriebspunkte, bei denen - wie beispielsweise A_2 - die Steigung der Druckverlustkurve im Druckverlustdiagramm Bild 4.1 eine positive Steigung aufweist. Die Druckverlustkurven für diese Betriebspunkte sind schematisch in Bild 4.2 b dargestellt.

Der in der Anlage zu fahrende Betriebspunkt ist mit A_2 bezeichnet, das zugehörige Volumenstromverhältnis und der zugehörige dimensionslose Druckverlust mit A_2 indiziert. Wird durch die Betriebsstörung die Feststoffkonzentration erhöht, so würde sich der Betriebspunkt B_2 mit dem entsprechenden Volumenstromverhältnis und dem entsprechenden dimensionslosen Druckverlust einstellen. Das Volumenstromverhältnis dieses Betriebspunktes wäre kleiner als das permanent in das Rohrelement eintretende. Die Folge wäre, daß sich Feststoff im Rohrelement anreichert und so die Feststoffkonzentration ständig zunehmen würde, bis sich schließlich der mit A_{22} indizierte dimensionslose Druckverlust einstellt. Bei diesem erhöhten, dimensionslosen Druckverlust kann die Gasströmung dann wieder das permanente, mit A_1 indizierte Volumenstromverhältnis durch die Rohrleitung transportieren. Dieser neue Betriebspunkt A_{22} verhält sich bezüglich kleiner Betriebsstörungen analog wie die Betriebspunkte der Kategorie I, d.h. er ist stabil.

Eine störungsbedingte Verringerung der Feststoffkonzentration im Rohrelement hätte bei konstanter Fr_p-Zahl den Betriebspunkt C_2 mit dem entsprechend gekennzeichneten Volumenstromverhältnis und dimensionslosen Druckverlust zur Folge. In diesem neuen Betriebspunkt könnte ein größeres Volumenstromverhältnis transportiert werden, als in das Rohrelement ständig eingespeist wird. Hierdurch würde die Feststoffkonzentration und damit der dimensionslose Druckverlust immer kleiner werden. Bei dem mit A_{23} indizierten dimensionslosen Druckverlust kann schließlich die Gasströmung wieder das in die Rohrleitung eingespeiste Volumenstromverhältnis transportieren. Der neue Betriebspunkt A_{23} ist ein Betriebspunkt der Kategorie I und somit stabil gegen kleine Betriebsstörungen.

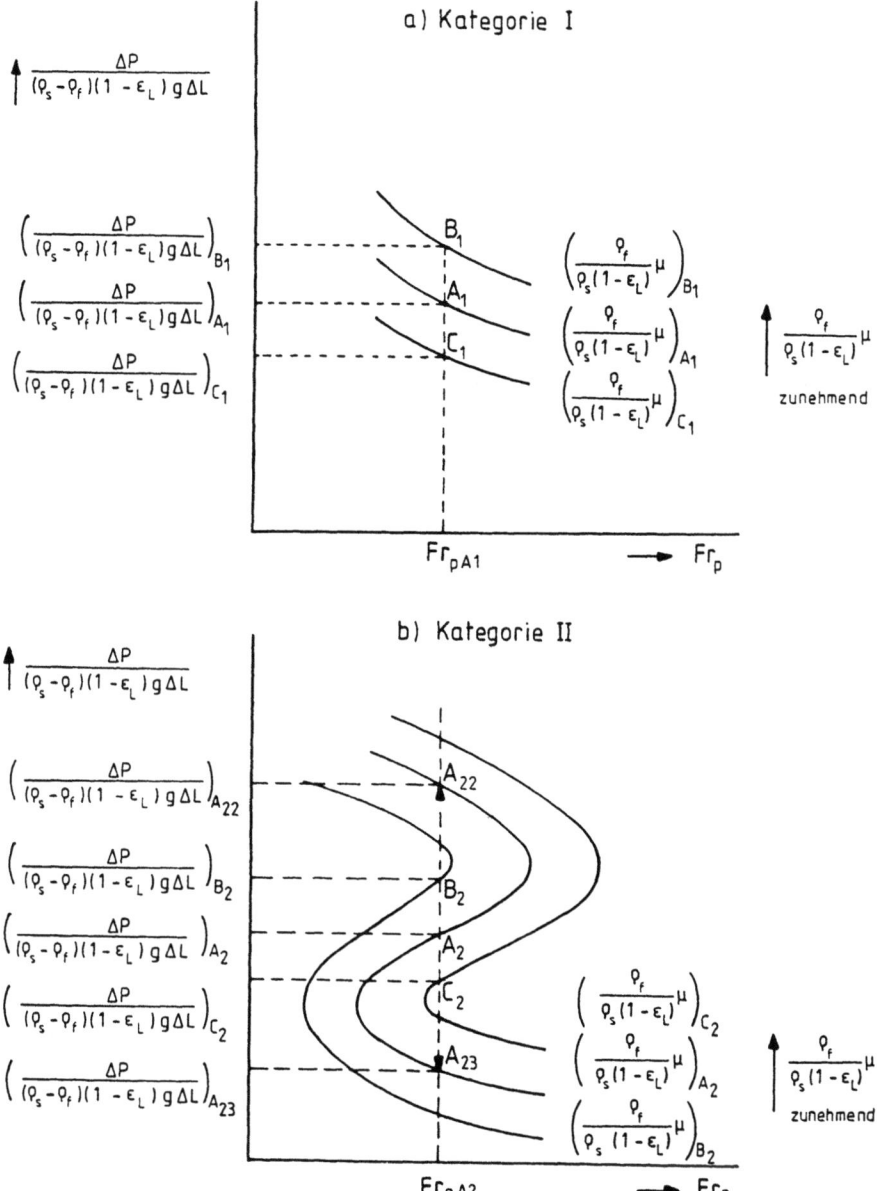

Bild 4.2: Schematische Darstellung der Betriebspunkte

Bei Betriebspunkten der Kategorie II werden Betriebsstörungen nicht ausgeglichen. Diese Betriebspunkte sind deshalb instabil und können nicht eingestellt werden. Kleine Störungen haben zur Folge, daß sich neue, stabile Betriebspunkte einstellen.

Bei der entmischten, vertikal-aufwärts gerichteten Gas-Feststoff-Strömung sind demnach nur jene Betriebspunkte gegen kleine Störungen stabil, bei denen eine negative Steigung der Druckverlustkurve im Druckverlustdiagramm vorliegt. Betriebspunkte mit einer positiven Steigung der Druckverlustkurve sind instabil. Diese beiden Kategorien von Betriebspunkten werden im Druckverlustdiagramm durch eine Grenzkurve getrennt, für die gilt, daß die Steigung der Druckverlustkurve unendlich groß ist

$$\left[\frac{\partial \left(\frac{\Delta P}{(\rho_s - \rho_f)(1 - \epsilon_L) g \Delta L} \right)}{\partial Fr_p} \right]_{\frac{\rho_f}{\rho_s (1 - \epsilon_L)} \mu} \stackrel{!}{=} \infty . \quad (4.24)$$

Der dimensionslose Druckgradient liegt in implizierter Form vor

$$f\left(\frac{\Delta P}{(\rho_s - \rho_f)(1 - \epsilon_L) g \Delta L} ; Fr_p ; \frac{\rho_f}{\rho_s (1 - \epsilon_L)} \mu ; Ar ; \epsilon_L \right) = 0 , \quad (4.25)$$

wobei Ar und ϵ_L für ein bestimmtes Gas-Feststoff-System konstant sind. Für die Differentialgleichung (4.24) folgt damit

$$\left[\frac{\partial \left(\frac{\Delta P}{(\rho_s - \rho_f)(1 - \epsilon_L) g \Delta L} \right)}{\partial Fr_p} \right]_{\frac{\rho_f}{\rho_s (1 - \epsilon_L)} \mu} =$$

$$= -\left[\frac{\frac{\partial f}{\partial Fr_p}}{\partial \left(\frac{\Delta P}{(\rho_s - \rho_f)(1 - \epsilon_L) g \Delta L} \right)} \right]_{\frac{\rho_f}{\rho_s (1 - \epsilon_L)} \mu} \stackrel{!}{=} \infty . \quad (4.26)$$

Wegen der Unhandlichkeit der entstehenden Gleichungen wird an dieser Stelle auf die Wiedergabe der einzelnen Zwischenschritte verzichtet. Als Endergebnis der Differentiation (4.26) erhält man mit dem Druckverlustgleichungssystem (4.15) bis (4.20) und unter Beachtung der für die Differentiation gültigen Kettenregel eine Bedingung für die Grenzkurve, die stabile Betriebspunkte von instabilen trennt,

$$Fr_p^2 \left(1 - \varepsilon_L \frac{\rho_f}{\rho_s(1-\varepsilon_L)} \mu\right) \left[\frac{\rho_f}{\rho_s(1-\varepsilon_L)} \mu \cdot \right.$$

$$\left. \cdot \left(\Phi(4\Phi-2) + \varepsilon_L(1-\Phi)(4\Phi-3)\right) - (1-\Phi)(4\Phi-3)\right] +$$

$$+ Fr_p \, Fr_{p \, wf} \left(1 - \varepsilon_L \frac{\rho_f}{\rho_s(1-\varepsilon_L)} \mu\right)(1-\Phi)\Phi(3\Phi-2) +$$

$$+ Fr_p \, Fr_{p \, umf}(1-\Phi)^3 \left[\left(1-\varepsilon_L \frac{\rho_f}{\rho_s(1-\varepsilon_L)} \mu\right)(4\Phi-6) + \frac{\rho_f}{\rho_s(1-\varepsilon_L)} \mu \, 2\Phi\right] +$$

$$+ Fr_{p \, umf} \, Fr_{p \, wf} (1-\Phi)^3(2-\Phi)\Phi + Fr_{p \, umf}^2 \, 3(1-\Phi)^5 = 0 \, . \quad (4.27)$$

Zusammen mit dem Druckverlustgleichungssystem (4.15) bis (4.20) kann schließlich iterativ die Grenzkurve zwischen den beiden Kategorien von Betriebspunkten - stabilen und instabilen - berechnet werden. In Bild 4.3 ist für dasselbe Gas-Feststoff-System wie in Bild 4.1 die berechnete Grenzkurve gestrichelt eingezeichnet (Kurvenäste a und b).

Im Bereich der Fr_p-Zahl zwischen $Fr_{p \, wf}$ und der größten, das Instabilitätsgebiet begrenzenden Fr_p-Zahl $Fr_{p \, T}$, können bei konstanter Fr_p-Zahl bestimmte Volumenstromverhältnisse bei einem kleinen und einem großen dimensionslosen Druckgradienten transportiert werden. Alle Betriebspunkte, die im Bereich des Druckverlustdiagramms zwischen der Druckverlustkurve für das Volumenstromverhältnis Null und den Kurvenästen b und B liegen (dick gezeichnete Druckverlustkurven in Bild 4.3), können bei gleicher Partikel-Froude-Zahl und bei gleichem Volumenstromverhältnis auch bei einem kleineren dimensionslosen Druckgradienten eingestellt werden. Für diese Betriebspunkte liegt demnach hinsichtlich des dimensionslosen Druckgradienten eine Mehrdeutigkeit vor.

Bei der entmischten, vertikalen Gas-Feststoff-Strömung werden die Feststoffsträhnen ständig aufgelöst und neu gebildet. Bei der Neubildung werden sich die Strähnen jedoch so ausbilden, daß sich im Rohrelement ein möglichst geringer Druckverlust einstellt und so die zur Aufrechterhaltung der Gas-Feststoff-Strömung mit der Gasströmung zugeführte Leistung minimal wird. Dadurch können alle Betriebspunkte, die sich im Bereich zwischen den Kurvenästen b, B und der Druckverlustkurve für das Volumenstromverhältnis Null befinden, in vertikalen Gas-Feststoff-Strömungen nicht eingestellt werden. Nur Betriebspunkte, die rechts von der durch die Kurvenäste a und B (Bild 4.3) gebildeten Grenzkurve C (Bild 4.4) und für Fr_p-Zahlen kleiner als $Fr_{p\ wf}$ rechts von der Druckverlustkurve für das Volumenstromverhältnis Null liegen, können stabil gefahren werden.

Die größte das Instabilitätsgebiet begrenzende Fr_p-Zahl $Fr_{p\ T}$ wird als Transport-Partikel-Froude-Zahl oder als kritische Partikel-Froude-Zahl bezeichnet, der zugehörige dimensionslose Druckgradient ebenfalls als kritisch und mit dem Index T versehen.

Ebenso wird das zu diesem Punkt gehörende Volumenstromverhältnis als kritisch bezeichnet und mit T indiziert. Für Volumenstromverhältnisse, die größer als das kritische Volumenstromverhältnis sind, tritt bei Änderung der Fr_p-Zahl keine sprunghafte Druckverluständerung auf. Bei kleineren Volumenstromverhältnissen ist hingegen bei einer bestimmten Fr_p-Zahl ein Druckverlustsprung vorhanden.

Die Stabilitätsdiskussion der einzelnen Betriebspunkte geht von dem Verhalten der Gas-Feststoff-Strömung in einem Rohrelement bei einer kleinen Betriebsstörung aus. Inwieweit die Gestaltung der gesamten Rohrleitung Einfluß auf die Einstellbarkeit bestimmter Betriebspunkte hat, wird bei dieser Diskussion außer acht gelassen.

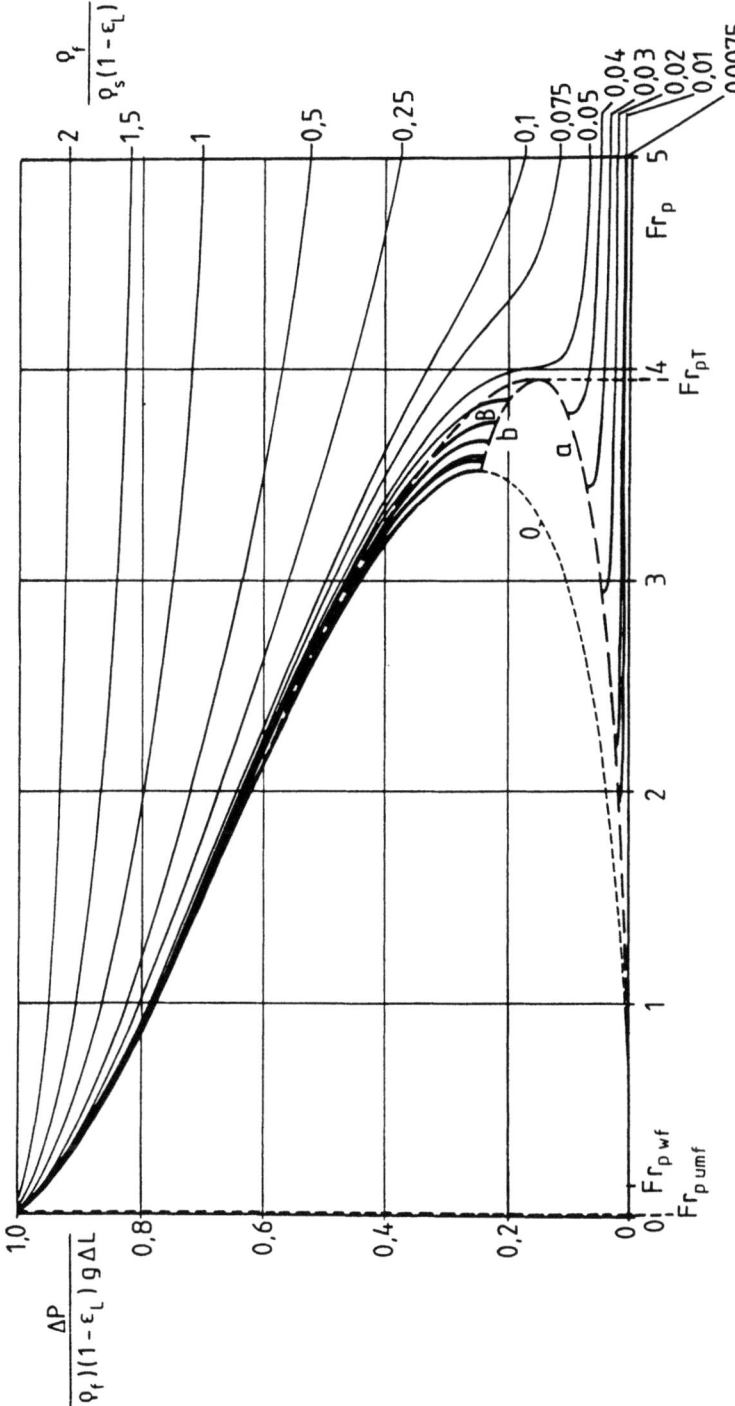

Bild 4.3: Druckverlustdiagramm der entmischten, vertikal-aufwärts gerichteten Gas-Feststoff-Strömung mit Stabilitätsgrenze (Ar = 10, ε_L = 0,4)

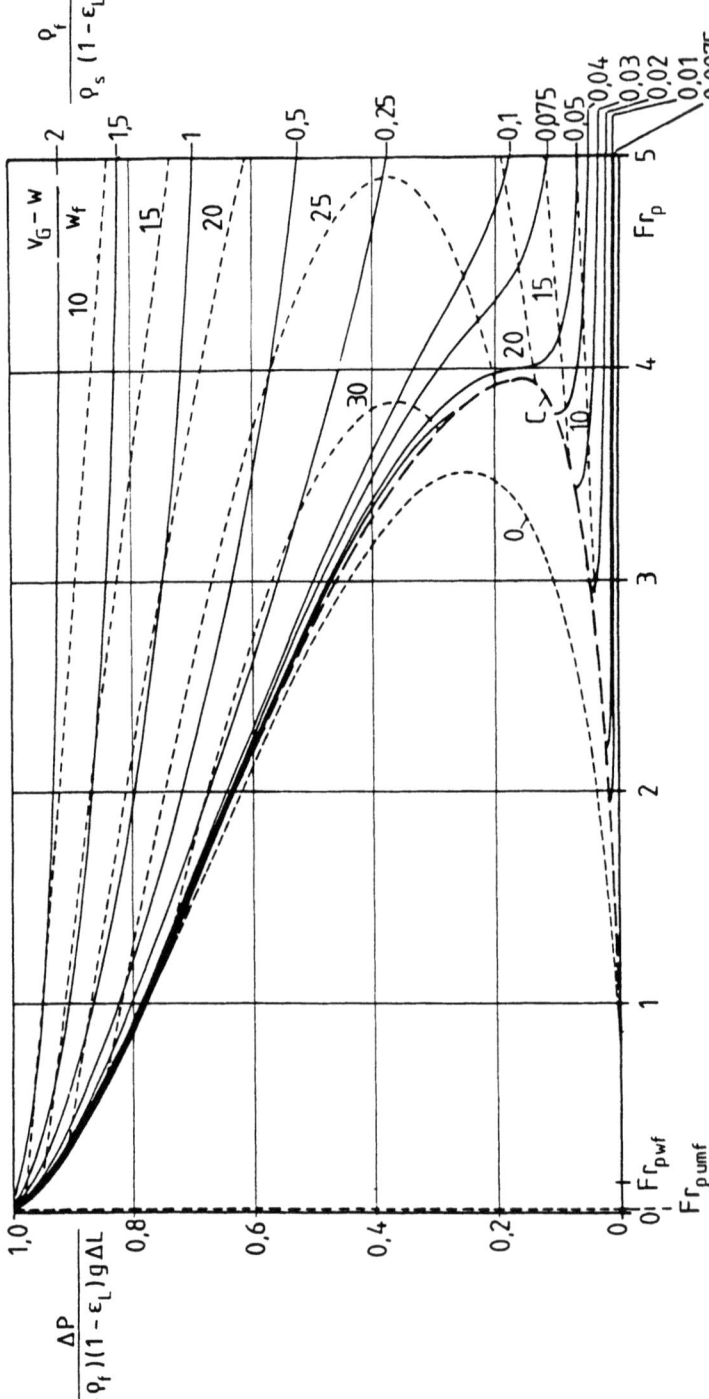

Bild 4.4: Zustands- und Druckverlustdiagramm der entmischten, vertikal-aufwärts gerichteten Gas-Feststoff-Strömung (Ar = 10, ε_L = 0,4)

Die in Bild 4.5 gestrichelt eingezeichnete Druckverlustkurve für das Volumenstromverhältnis Null grenzt das Gebiet der vertikal-aufwärts gerichteten Gas-Feststoff-Strömung zu kleinen Partikel-Froude-Zahlen hin ab. Links von dieser Druckverlustkurve ist nur noch ein vertikal-abwärts gerichteter Feststofftransport möglich. Die größte Partikel-Froude-Zahl, bei der gerade noch ein vertikal-abwärts gerichteter Feststofftransport realisiert werden kann, ist durch die Fr_p-Zahl $Fr_{p\ 0}$, bei der im Druckverlustdiagramm (Bild 4.5) die Steigung der Druckverlustkurve für das Volumenstromverhältnis Null unendlich groß wird, festgelegt.

Bei einer vertikal-aufwärts gerichteten Gas-Feststoff-Strömung, bei der eine größere Partikel-Froude-Zahl als $Fr_{p\ 0}$ eingestellt ist, kann somit jedes eingestellte Volumenstromverhältnis vertikal-aufwärts transportiert werden. Der Feststofftransport kann bei diesen Fr_p-Zahlen mit einem Rohrleitungssystem entsprechend der Darstellung I a (Bild 4.5) realisiert werden. Der Feststoff wird in geeigneter Weise seitlich in das Rohr eingebracht und von der Gasströmung vertikal-aufwärts transportiert. Ein "Durchfallen" von Feststoff in den Bereich der Rohrleitung unterhalb der Feststoffeinspeisestelle ist nicht möglich. Dies ist auch bei solchen Betriebspunkten der Fall, bei denen die Fr_p-Zahl kleiner als $Fr_{p\ 0}$ ist und die rechts des unteren Astes der Grenzkurve C liegen.

Ein vertikal-abwärts gerichteter Feststofftransport hätte bei diesen Betriebspunkten einen größeren Druckabfall in der Rohrleitung und damit einen energetisch ungünstigeren Zustand zur Folge.

Soll in dem in Bild 4.5 skizzierten Rohrleitungssystem I a ein Betriebspunkt rechts des oberen Astes der Grenzkurve C bei einer Partikel-Froude-Zahl im Bereich zwischen $Fr_{p\ wf}$ und $Fr_{p\ 0}$ bzw. im Bereich der Fr_p-Zahl zwischen $Fr_{p\ umf}$ und $Fr_{p\ wf}$ rechts der Druckverlustkurve für das Volumenstromverhältnis Null eingestellt werden, wäre mit einem "Durchfallen" von Feststoff zu rechnen. Der Druckabfall beim "Durchfallen" von Feststoff, d.h. beim vertikal-abwärts gerichteten Feststofftransport, ist geringer als der beim angestrebten Betriebspunkt. Es wird sich deshalb in der Rohrleitung der energetisch günstigere Zustand einstellen, der sich ergibt, wenn zumindest ein Teil des in die Rohrleitung eingebrachten Feststoffmassenstromes in Richtung der Erdschwere "durchfällt". Das "Durchfallen" von Feststoff wird verhindert, wenn unmittelbar unterhalb der Feststoffeinspeisestelle ein nur für das Gas durchlässiger Anströmboden horizontal in die Rohrleitung eingebaut wird. Das sich ergebende Rohrleitungssystem I b ist in Bild 4.5 schematisch dargestellt.

Während mit dem Rohrleitungssystem I a, der freien Rohrleitung, also nur bestimmte Betriebspunkte der vertikal-aufwärts gerichteten Gas-Feststoff-Strömung eingestellt werden können, sind mit dem System I b, der Rohrleitung mit Anströmboden, alle in Bild 4.5 dargestellten Betriebspunkte, also auch die, die mit der freien Rohrleitung eingestellt werden können, realisierbar.

Im Gegensatz zum Rohrleitungssystem I a verhindert beim Rohrleitungssystem I b der quer zur Strömungsrichtung des Gases eingebaute Anströmboden das "Durchfallen" des Feststoffes. Dieses Rohrleitungssystem kann deshalb auch bei einem oberhalb des Anströmbodens mit Feststoff gefüllten Rohr angefahren werden. Ein Anfahren mit leerem Rohr ist jedoch auch möglich. Das Rohrleitungssystem I a, die freie Rohrleitung, kann hingegen nur vom leeren Rohr aus angefahren werden.

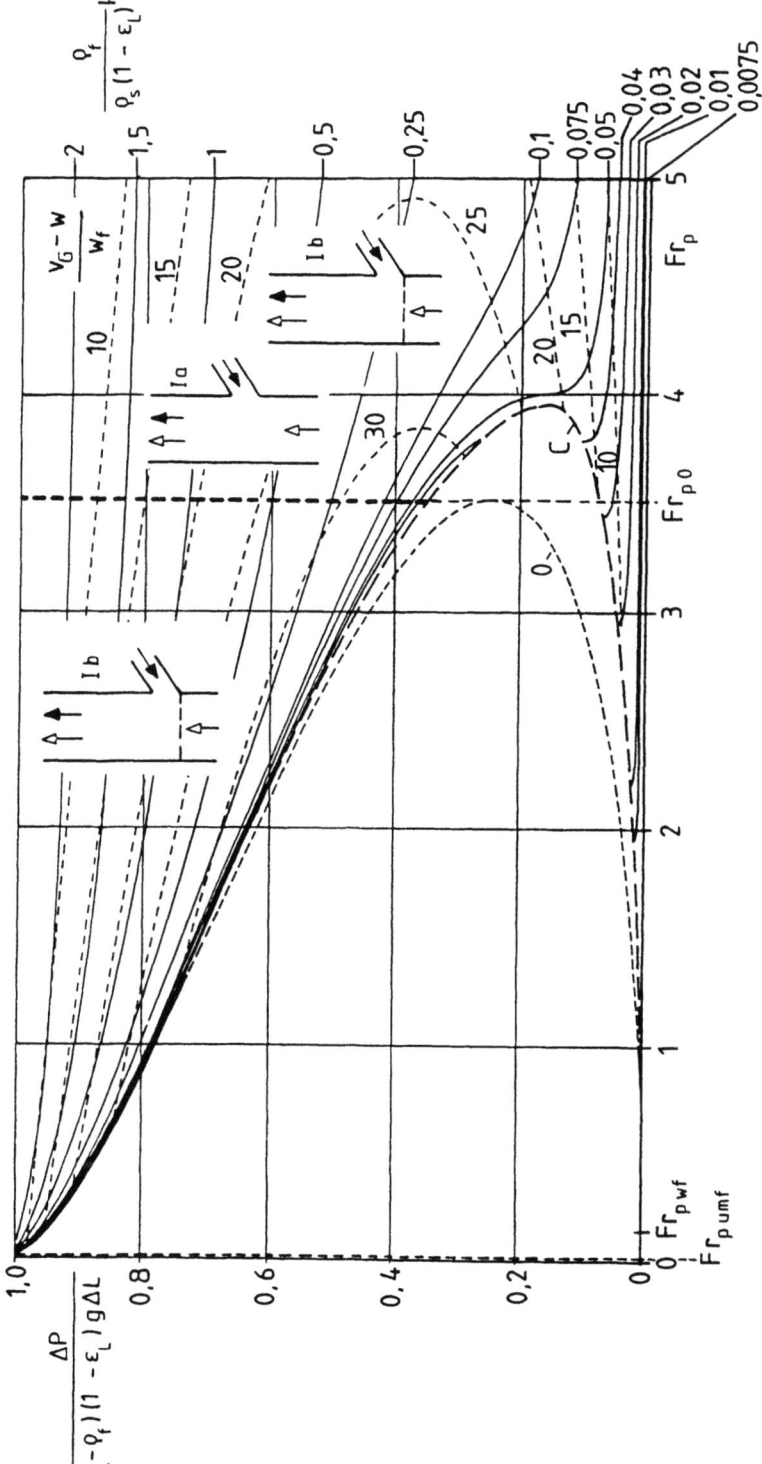

Bild 4.5: Einsatzbereiche verschiedener Rohrleitungssysteme
(─▷ Gas, ─▶ Feststoff, Ar = 10, $\varepsilon_L = 0{,}4$)

5 Srömungsmechanisches Verhalten der entmischten, vertikal-aufwärts gerichteten Gas-Feststoff-Strömung in der zirkulierenden Wirbelschicht

5.1 Zustands- und Druckverlustdiagramm der entmischten, vertikal-aufwärts gerichteten Gas-Feststoff-Strömungen in der zirkulierenden Wirbelschicht

Wie visuell leicht festzustellen, liegt in zirkulierenden Wirbelschichten immer eine entmischte, vertikal-aufwärts gerichtete Gas-Feststoff-Strömung vor. Neben feststoffarmen Gebieten erkennt man im Förderrohr Bereiche, in denen Feststoffverdichtungen in Form von Strähnen und Clustern durch die Anlage transportiert werden. Da in zirkulierenden Wirbelschichten - wie in der Rohrleitung mit Anströmboden (System I b, Bild 4.5) - immer auch ein Anströmboden vorhanden ist, ist es möglich, das Zustands- und Druckverlustdiagramm der entmischten, vertikal-aufwärts gerichteten Gas-Feststoff-Strömung (Bild 4.4) für die strömungsmechanische Auslegung von zirkulierenden Wirbelschichten zu verwenden.

Für $Ar = 0,1$ und $Ar = 1000$ sind - wie für $Ar = 10$ in Bild 4.4 - in Bild 5.1 und Bild 5.2 die berechneten Zustands- und Druckverlustdiagramme dargestellt.

Wie aus dem Vergleich von Bild 4.4 mit Bild 5.1 und Bild 5.2 hervorgeht, hat die Ar-Zahl keinen entscheidenden Einfluß auf das Zustands- und Druckverlustdiagramm der zirkulierenden Wirbelschicht.

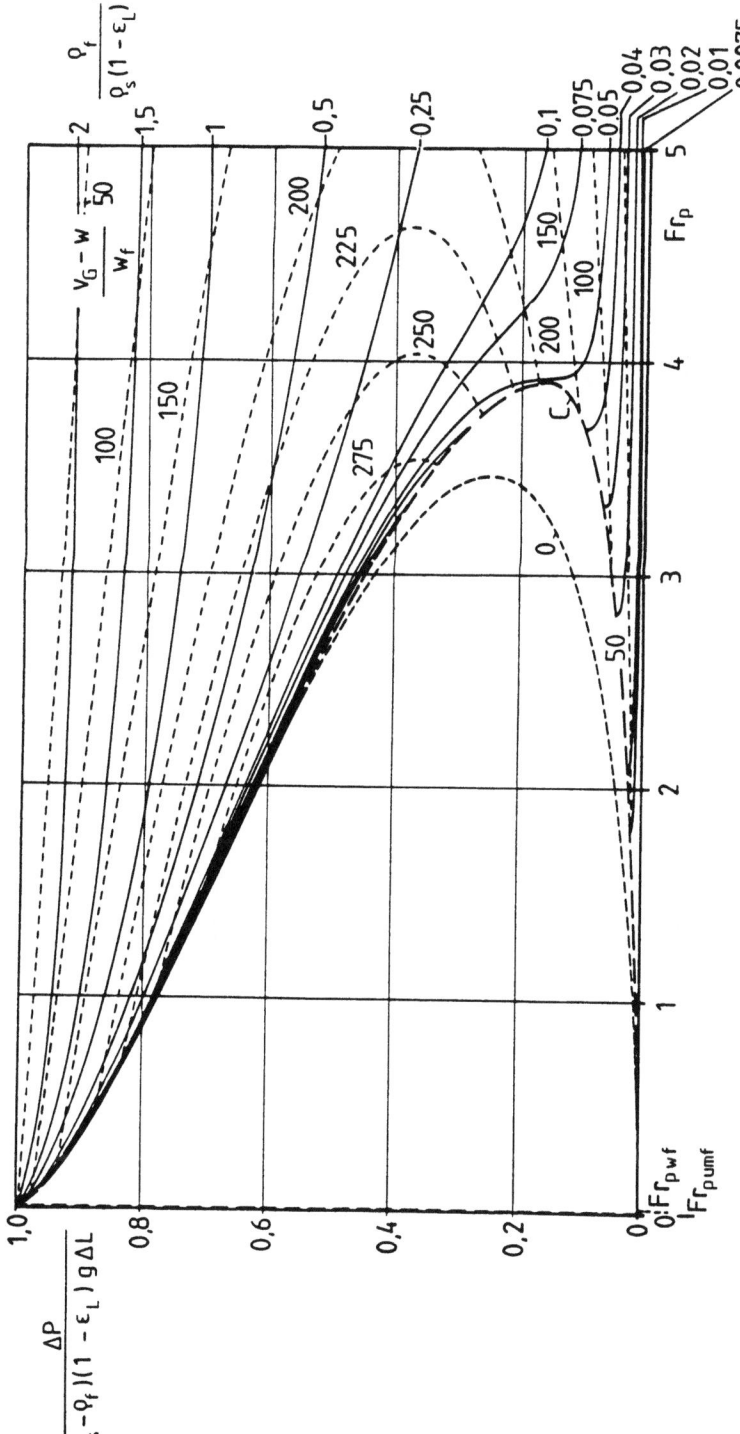

Bild 5.1: Zustands- und Druckverlustdiagramm der entmischten, vertikal-aufwärts gerichteten Gas-Feststoff-Strömung (Ar = 0,1; ε_L = 0,4)

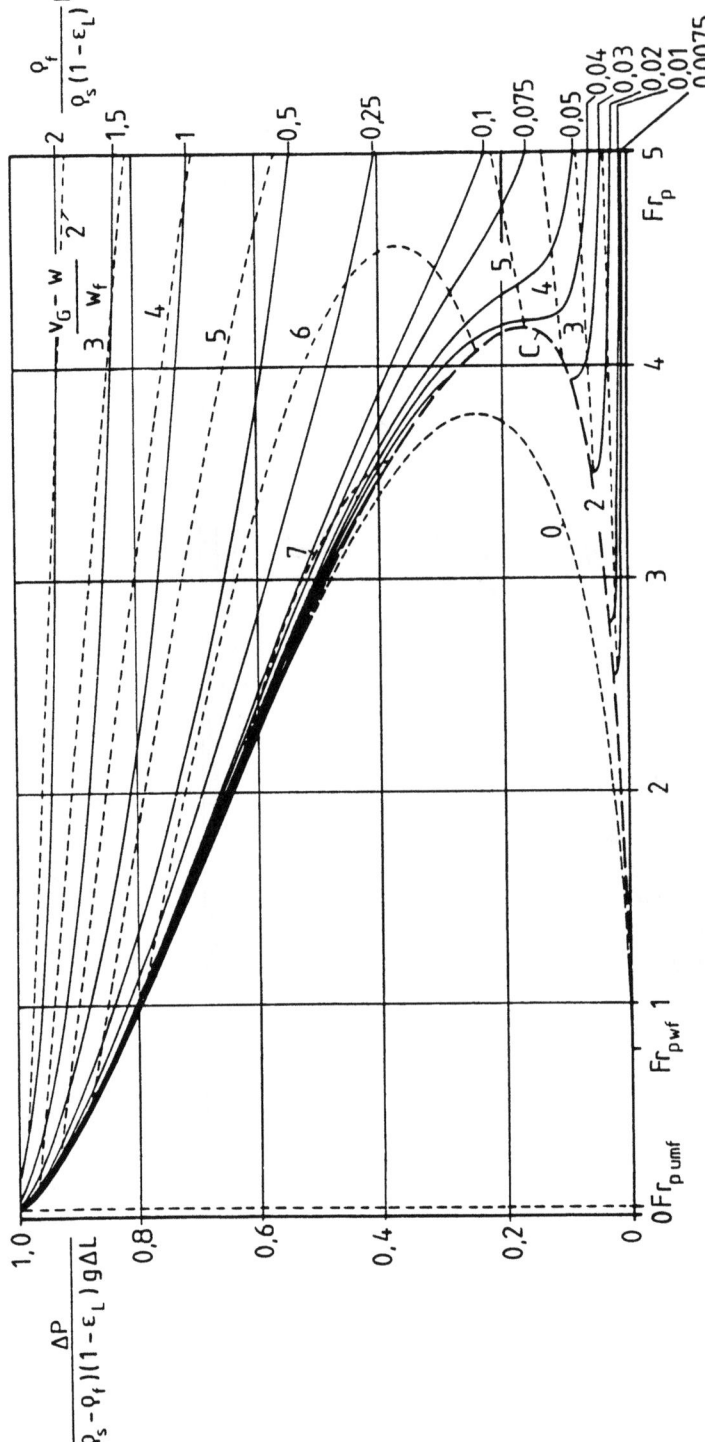

Bild 5.2: Zustands- und Druckverlustdiagramm der entmischten, vertikal-aufwärts gerichteten Gas-Feststoff-Strömung (Ar = 1000, ε_L = 0,4)

Das Arbeitsgebiet von zirkulierenden Wirbelschichten ist zu kleinen Fr_p-Zahlen hin, im Bereich zwischen $Fr_{p\ umf}$ und $Fr_{p\ wf}$, durch die Druckverlustkurve für das Volumenstromverhältnis Null und für größere Fr_p-Zahlen als $Fr_{p\ wf}$ durch die Grenzkurve C begrenzt. Rechts von dieser Grenze können prinzipiell alle Betriebspunkte in zirkulierenden Wirbelschichten eingestellt werden. Vielfach ist jedoch - bedingt durch die Bauart der zirkulierenden Wirbelschicht - nur ein Teil dieser Betriebspunkte in den Anlagen zu fahren.

5.2 Arbeitsbereiche verschiedener Bauarten von zirkulierenden Wirbelschichten

Charakteristisch für zirkulierende Wirbelschichten ist, daß der ausgetragene und im Zyklon von der Gasströmung getrennte Feststoff über eine Rückführleitung unmittelbar oberhalb des Anströmbodens der zirkulierenden Wirbelschicht erneut zugeführt wird (Bild 1.1). Die technische Ausgestaltung der Feststoffrückführleitung führt zu unterschiedlichen Bauarten von zirkulierenden Wirbelschichten. Bedingt durch die Bauart der Feststoffrückführleitung, können mit den einzelnen Wirbelschichten nur ganz bestimmte Betriebspunkte gefahren werden. Insgesamt lassen sich drei verschiedene Bauarten von zirkulierenden Wirbelschichten unterscheiden:

1. Zirkulierende Wirbelschicht mit Dosiereinrichtung und Druckschleuse (Kap. 5.2.1)

2. Zirkulierende Wirbelschicht mit Siphon (Kap. 5.2.2)

3. Zirkulierende Wirbelschicht mit Dosiereinrichtung und mit im Druckaufbau begrenzter Feststoffschleuse (Kap. 5.2.3)

5.2.1 Zirkulierende Wirbelschicht mit Dosiereinrichtung und Druckschleuse

Bei der in Bild 5.3 skizzierten Wirbelschichtanlage wird der Feststoff mit Hilfe einer Dosiereinrichtung und einer Druckschleuse unmittelbar über dem Anströmboden der zirkulierenden

Wirbelschicht zugeführt. Die Druckschleuse ist so ausgelegt, daß mit ihr Feststoff gegen jeden in der zirkulierenden Wirbelschicht vorkommenden Druck eingeschleust werden kann. Eine Vorrichtung, die sowohl als Druckschleuse wie auch als Dosiereinrichtung wirkt, ist z.B. eine Zellenradschleuse oder eine Zweiwellendosierschnecke. Der aus der Wirbelschicht ausgetragene Feststoff kann unterhalb des Zyklons in einem Behälter aufgefangen und taktweise dem oberhalb der Druckschleuse und der Dosiereinrichtung befindlichen Vorratsbehälter zugeführt werden. Wird der Feststoff nicht im Kreis geführt, sondern ständig neues Material in die zirkulierende Wirbelschicht eingeschleust und nach einmaligem Durchlaufen der Anlage unter dem Zyklon abgezogen, so liegt eine vertikale pneumatische Förderung vor, bei der ein Feststofftransport von einem Ort zu einem anderen stattfindet.

Mit der Bauart der zirkulierenden Wirbelschicht entsprechend Bild 5.3 kann jeder mögliche Betriebspunkt im Druckverlustdiagramm der zirkulierenden Wirbelschicht eingestellt werden. Bei großen Gasgeschwindigkeiten, d.h. großen Fr_p-Zahlen, ist der Feststoff in axialer Richtung gleichmäßig in der zirkulierenden Wirbelschicht verteilt und der Druckgradient somit an jeder Stelle konstant, solange - wie im folgenden immer vorausgesetzt - Beschleunigungsdruckverluste außer acht gelassen werden. Wird bei einem konstanten Volumenstromverhältnis die Fr_p-Zahl - von einem großen Zahlenwert ausgehend - nach und nach verkleinert, so steigt der dimensionslose Druckverlust langsam an. Bei einem kleineren Volumenstromverhältnis als dem kritischen steigt bei Verringerung unter der durch den unteren Ast der Grenzkurve C festgelegten Fr_p-Zahl der Druckverlust plötzlich stark an. Die zirkulierende Wirbelschicht wird mit Feststoff gefüllt. Im stationären Zustand stellt sich in der Anlage wieder ein konstanter Druckgradient ein, der durch den oberen Ast der Grenzkurve C bestimmt ist. Nachdem im Gebiet zwischen den Kurvenästen der Grenzkurve C kein stationärer Druckverlust einstellbar ist, ist die Änderung des Druckverlustes vom unteren zum oberen Ast der Grenzkurve C bei konstanter Fr_p-Zahl gestrichelt in das Druckverlustdiagramm Bild 5.3 eingezeichnet. Bei weiterer Verringerung der Fr_p-Zahl steigt dann bei konstant gehaltenem Volumenstromverhältnis der

Druckverlust weiter kontinuierlich an, bis er maximal gleich dem bei Minimalfluidisation ist.

An dieser Stelle sei angemerkt, daß bei dem dann vorliegenden hohen Druckgradienten und bei kleinen Wirbelschichtdurchmessern Feststoffkolben auftreten können. Sollte dies der Fall sein, wird die dieser Arbeit zugrundeliegende Voraussetzung, daß der Feststoff nur in Form von Strähnen transportiert wird, verletzt und das Zustands- und Druckverlustdiagramm der zirkulierenden Wirbelschicht (Bild 4.4, Bild 5.1 und Bild 5.2) kann nicht weiter verwendet werden.

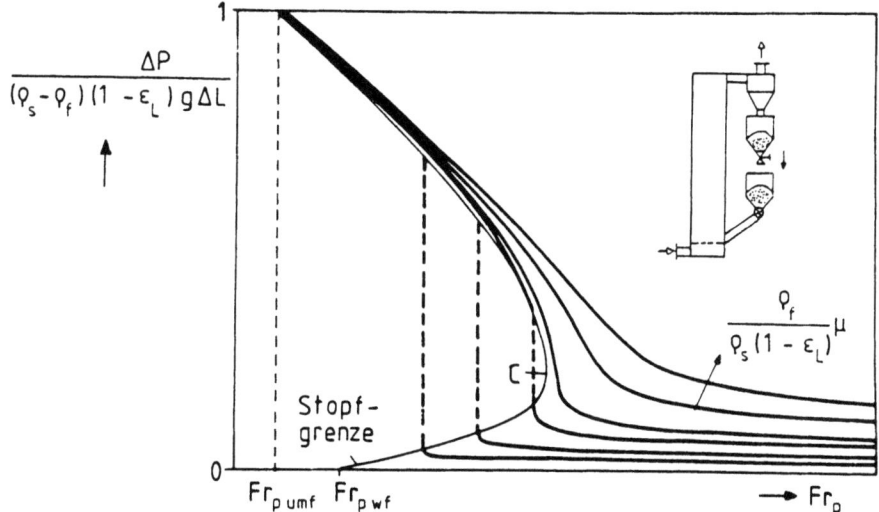

Bild 5.3: Zirkulierende Wirbelschicht mit Druckschleuse und Dosiereinrichtung

Wird ein größeres Volumenstromverhältnis als das kritische eingestellt, so steigt bei Verkleinerung der Fr_p-Zahl der Druckverlust kontinuierlich an. Eine plötzliche Änderung des Druckverlustes tritt nicht auf.

Die durch den unteren Ast der Grenzkurve C festgelegten Betriebspunkte werden bei der pneumatischen Förderung als Stopfgrenze oder als kritische Geschwindigkeit bezeichnet, da bei den in diesen Anlagen verwendeten Gebläsen eine plötzliche, starke Druckverlusterhöhung i.a. zu einem Zusammenbruch der Gasversorgung führt und als Folge davon die Anlage verstopft.

In einer zirkulierenden Wirbelschicht entsprechend Bild 5.3 liegt bei jedem stationären Betriebszustand immer ein konstanter Druckgradient, d.h. eine Beharrungsstrecke vor, solange Beschleunigungseffekte unberücksichtigt bleiben.

5.2.2 Zirkulierende Wirbelschicht mit Siphon

Eine Bauart der zirkulierenden Wirbelschicht, wie sie vielfach für technische Anlagen Verwendung findet [4, 5, 6], ist in Bild 5.4 schematisch dargestellt. In der Rückführleitung zwischen Zyklonunterkante und Einmündung in die zirkulierende Wirbelschicht befindet sich ein mit kleiner Gasgeschwindigkeit fluidisierter Siphon, bei entsprechend großer Baugröße der Anlage zusätzlich eine vertikale Falleitung. Bei diesem Anlagentyp liegt eine Parallelschaltung von zwei Kanälen vor. Ein Kanal besteht aus der zirkulierenden Wirbelschicht mit Zyklon (Aufstromteil), der andere aus dem Siphon und der gegebenenfalls vorhandenen Falleitung (Abstromteil, Feststoffrückführleitung).

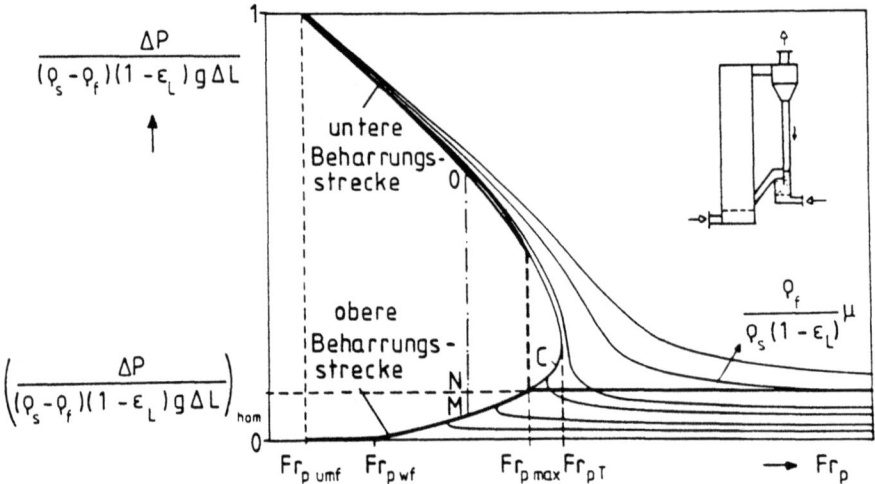

Bild 5.4: Zirkulierende Wirbelschicht mit Siphon

Im stationären Betriebszustand muß der Druckverlust in den beiden Kanälen gleich groß sein. Die Aufgabe des Siphons besteht deshalb im wesentlichen darin, durch Einstellen einer bestimmten Höhe der Feststoffsäule in seinem Zulaufschenkel den Druckverlust des Abstromteils an den des Aufstromteils anzupassen. In der Anlage fehlt eine Dosiervorrichtung. Es ist deshalb nicht möglich, unabhängig von der Fr_p-Zahl ein bestimmtes Volumenstromverhältnis einzustellen. Diese zirkulierenden Wirbelschichten werden mit einer bestimmten Bettmasse gefahren.

Bei großen Fr_p-Zahlen wird, von Beschleunigungseffekten abgesehen, das Bettmaterial gleichmäßig über die gesamte Anlagenhöhe verteilt. In der zirkulierenden Wirbelschicht liegt eine Beharrungsstrecke mit einem konstanten Druckgradienten vor (Bild 5.5 c). Dieser Druckgradient kann mit Hilfe der in der Anlage befindlichen Bettmasse (Feststoffeinwaage) berechnet werden. Mit dem Gesamtdruckverlust der zirkulierenden Wirbelschicht ΔP_{ZWS} und der Höhe des Aufstromteils H_{ZWS} erhält man beim Vorliegen einer Beharrungsstrecke für den Druckgradienten

$$\frac{\Delta P}{\Delta L} = \frac{\Delta P_{ZWS}}{H_{ZWS}} . \qquad (5.1)$$

Dieser Druckgradient, eingesetzt in (3.31), liefert den dimensionslosen Druckverlust bei gleichmäßiger axialer Feststoffverteilung

$$\left(\frac{\Delta P}{(\rho_s - \rho_f)(1-\varepsilon_L) g \Delta L} \right)_{hom} = \frac{\Delta P_{ZWS}}{(\rho_s - \rho_f)(1-\varepsilon_L) g H_{ZWS}} . \qquad (5.2)$$

Wie beim Aufstellen der Kräftebilanz (3.30) erläutert, ist die in der zirkulierenden Wirbelschicht wirkende Druckkraft gleich dem Gewicht der Bettmasse (Feststoffeinwaage) G, vermindert um deren Auftrieb A

$$\Delta P_{ZWS} F = G - A . \qquad (5.3)$$

Gleichung (5.3) eingesetzt in (5.2) ergibt schließlich

$$\left(\frac{\Delta P}{(\rho_s - \rho_f)(1-\varepsilon_L) g \Delta L} \right)_{hom} = \frac{G - A}{(\rho_s - \rho_f)(1-\varepsilon_L) g F H_{ZWS}} . \qquad (5.4)$$

Damit ist der dimensionslose Druckverlust bei gleichmäßiger axialer Feststoffverteilung in Abhängigkeit von der in der zirkulierenden Wirbelschicht vorhandenen Bettmasse berechenbar. Solange der Feststoff gleichmäßig über die Anlagenhöhe verteilt bleibt, ist der Druckgradient unabhängig von der eingestellten Fr_p-Zahl. Die entspechende Druckverlustkurve ist im schematisch in Bild 5.4 dargestellten Zustands- und Druckverlustdiagramm als Parallele zur Abszisse gestrichelt bzw. dick eingezeichnet. Bei der Herleitung von Gleichung (5.4) wurde stillschweigend vorausgesetzt, daß das gesamte Bettmaterial immer im Aufstromteil der zirkulierenden Wirbelschicht vorhanden ist und sich kein Feststoff in der Rückführleitung befindet. Da sich jedoch i.a. auch Feststoff in der Rückführleitung befindet, ist die für den Wirbelschichtdruckabfall Δp_{ZWS} verantwortliche Bettmasse kleiner als die insgesamt im System vorhandene. Der tatsächliche Druckabfall ist kleiner als der mit der Bettmasse im Ruhezustand nach Gleichung (5.3) berechnete. In Gleichung (5.4) ist deshalb immer die tatsächliche im Aufstromteil der zirkulierenden Wirbelschicht befindliche Bettmasse einzusetzen. Mit Gleichung (5.3) erhält man den maximal möglichen Druckverlust bei gleichmäßiger axialer Feststoffverteilung in der zirkulierenden Wirbelschicht und damit auch die maximalen Volumenstromverhältnisse bei den jeweils eingestellten Fr_p-Zahlen (Bild 5.4).

Für den praktischen Gebrauch ist es sinnvoll, Gleichung (5.4) umzuformen. Wird die Bettmasse mit der Lockerungsgeschwindigkeit fluidisiert, so erhält man für das Gewicht

$$G = \rho_s (1 - \varepsilon_L) F H_L g \qquad (5.5)$$

und für den Auftrieb

$$A = \rho_f (1 - \varepsilon_L) F H_L g \: . \qquad (5.6)$$

H_L ist die sog. Lockerungshöhe der Feststoffschicht bei Minimalfluidisation. Gleichung (5.5) und (5.6) eingesetzt in Gleichung (5.4) ergibt schließlich

$$\left(\frac{\Delta P}{(\rho_s - \rho_f)(1-\varepsilon_L) g \Delta L} \right)_{hom} = \frac{H_L}{H_{ZWS}} \: . \qquad (5.7)$$

In zirkulierenden Wirbelschichten mit konstanter Querschnittsfläche und einer Bauart entsprechend Bild 5.4 ist demnach der maximale dimensionslose Druckverlust bei gleichmäßiger axialer Feststoffverteilung gleich dem Verhältnis der Lockerungshöhe des Bettmaterials H_L zur Gesamthöhe der Anlage H_{ZWS}, d.h. der relativen Füllhöhe der zirkulierenden Wirbelschicht mit Feststoff.

Bei Verkleinerung der Fr_p-Zahl trifft die Druckverlustkurve für eine konstante Feststoffeinwaage bei $Fr_{p\,max}$ auf die Grenzkurve C (Bild 5.4). Bei Fr_p-Zahlen im Bereich zwischen $Fr_{p\,wf}$ und $Fr_{p\,max}$ sind in der zirkulierenden Wirbelschicht entsprechend der Grenzkurve C zwei Druckgradienten und demnach zwei Beharrungsstrecken vorhanden (Bild 5.5 b). Im unteren Teil der Anlage existiert eine Beharrungsstrecke mit einem Druckgradienten entsprechend dem oberen Ast der Grenzkurve C (Bild 5.4), während im oberen Teil der zirkulierenden Wirbelschicht eine Beharrungsstrecke mit einem Druckgradienten entsprechend dem unteren Ast der Grenzkurve C (Bild 5.4) vorhanden ist. Der Gesamtdruckabfall der Anlage ΔP_{ZWS} bleibt jedoch weiterhin konstant und wird durch die Feststoffeinwaage bzw. die Lockerungshöhe des Bettmaterials entsprechend Gl. (5.3) bzw. (5.3) mit (5.5) und (5.6) festgelegt. Der Übergang zwischen den beiden Beharrungsstrecken bei h_1 (Bild 5.5 b) erfolgt in der Praxis jedoch nicht so plötzlich, wie es in Bild 5.5 b durch die dick ausgezogene theoretische Kurve den Anschein hat. Es handelt sich vielmehr um einen allmählichen Übergang. Die Höhe dieser Übergangszone wird als "Transport-Disengaging-Height" (TDH) bezeichnet.

Bei weiterer Verringerung der Fr_p-Zahl in den Bereich zwischen $Fr_{p\,umf}$ und $Fr_{p\,wf}$ liegen in der zirkulierenden Wirbelschicht ebenfalls zwei Beharrungsstrecken vor. Da die Fr_p-Zahl kleiner als die mit der Einzelkornsinkgeschwindigkeit gebildete Partikel-Froude-Zahl $Fr_{p\,wf}$ ist, kann kein Feststoff aus der Anlage transportiert werden. Demzufolge ist der Druckgradient im unteren Teil der Anlage durch die Druckverlustkurve für das Volumenstromverhältnis Null festgelegt. Im oberen Teil der Anlage befindet sich kein Feststoff, und der Druckgradient wird durch die Abszisse bestimmt. Er ist Null (Bild 5.5 a). Der Feststoff wird in diesem Fr_p-Zahlen-Bereich nur unmittelbar über dem Anströmboden in Form einer blasenbildenden oder turbulenten Wirbelschicht fluidisiert. Der Gesamtdruckabfall der zirkulierenden Wirbelschicht ΔP_{ZWS} ist auch in diesem Fr_p-Bereich nur von der Feststoffeinwaage (Gleichung (5.3)) abhängig. Die dimensionslosen Druckgradienten in den einzelnen Beharrungsstrecken sind in Bild 5.4 dick eingezeichnet.

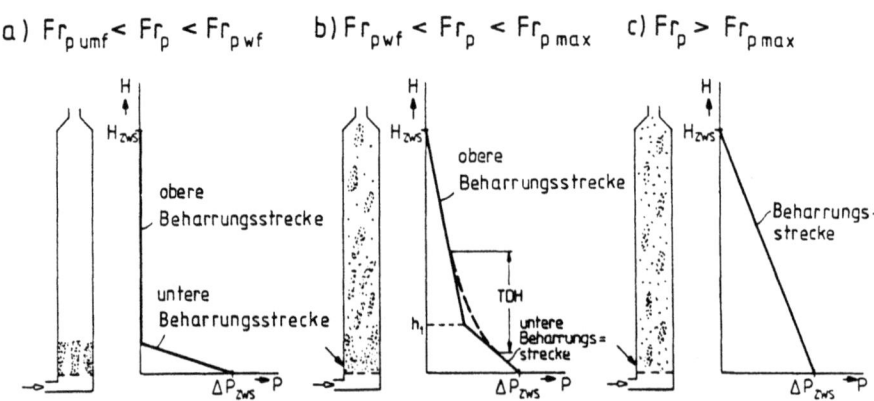

Bild 5.5: Druckprofile in zirkulierenden Wirbelschichten mit Siphon

Die querschnittsgemittelte Feststoffkonzentration in den einzelnen Beharrungsstrecken kann aus den dimensionslosen Druckverlusten in Verbindung mit Gleichung (3.31) berechnet werden. Die querschnittsgemittelte Feststoffkonzentration $(1 - \varepsilon)$ in einem Abschnitt der zirkulierenden Wirbelschicht ist gleich dem Produkt aus dem relativen Anteil der Strähnenquerschnittsfläche an der Wirbelschichtquerschnittsfläche $(1 - \Phi)$ und der Feststoffkonzentration in den Strähnen $(1 - \varepsilon_L)$

$$(1 - \varepsilon) = (1 - \Phi)(1 - \varepsilon_L) . \tag{5.8}$$

Gleichung (3.31) eingesetzt in Gleichung (5.8) ergibt den Zusammenhang zwischen der querschnittsgemittelten Feststoffkonzentration und dem Druckgradienten in zirkulierenden Wirbelschichten

$$(1 - \varepsilon) = \frac{\Delta P}{(\rho_s - \rho_f) g \Delta L} . \tag{5.9}$$

Demnach ist die Feststoffkonzentration in einer bestimmten Höhe der zirkulierenden Wirbelschicht proportional dem dort vorliegendenden Druckgradienten. Nach Gleichung (5.9) ist somit bei Fr_p-Zahlen größer als $Fr_{p\ max}$ die Feststoffkonzentration in axialer Richtung konstant, während bei kleineren Fr_p-Zahlen als $Fr_{p\ max}$ ein axiales Feststoffkonzentrationsprofil in der Anlage auftritt. Bei Verkleinerung der Fr_p-Zahl unter $Fr_{p\ max}$ nimmt die Feststoffkonzentration im oberen Teil der zirkulierenden Wirbelschicht ab, im unteren Teil zu (Bild 5.4). Bei kleineren Fr_p-Zahlen als $Fr_{p\ wf}$ befindet sich kein Feststoff im oberen Teil der Anlage und die Feststoffkonzentration dort ist Null. Im unteren Bereich der Anlage nimmt auch in diesem Fr_p-Bereich die Feststoffkonzentration mit abnehmender Fr_p-Zahl weiter zu. Die maximale Feststoffkonzentration im unteren Teil der zirkulierenden Wirbelschicht erhält man, wenn die Partikel-Froude-Zahl gleich der mit der Lockerungsgeschwindigkeit gebildeten Partikel-Froude-Zahl $Fr_{p\ umf}$ ist, d.h. wenn in der zirkulierenden Wirbelschicht Minimalfluidisation vorliegt. Wie aus Bild 5.4 ersichtlich, ist dann der dimensionslose Druckgradient Eins und entsprechend Gleichung (5.8) die querschnittsgemittelte Feststoffkonzentration maximal $(1 - \varepsilon) = (1 - \varepsilon_L)$.

Die Ursache für die Abnahme der Feststoffkonzentration im oberen Teil der Anlage bei Verringerung der Fr_p-Zahl unter $Fr_{p\ max}$ liegt darin, daß die Gasströmung nur bestimmte, durch die Grenzkurve C festgelegte Feststoffkonzentrationen stabil tragen kann. Das bedeutet, daß in diesem Bereich der Partikel-Froude-Zahl bei den durch die Grenzkurve C festgelegten Feststoffkonzentrationen eine "Sättigung" der Gasströmung mit Feststoffpartikeln vorliegt. Höhere Feststoffkonzentrationen kann die Gasströmung beim Vorliegen von zwei Beharrungsstrecken nicht tragen. Da bei dieser Bauart der zirkulierenden - Wirbelschicht die Bettmasse bei Verringerung der Fr_p-Zahl konstant bleibt, bildet sich für Fr_p-Zahlen kleiner als $Fr_{p\ max}$ aufgrund der Massenerhaltung ein axiales Konzentrationsprofil aus. Die relativen Längen der sich einstellenden Beharrungsstrecken können aus dem Druckverlustdiagramm entnommen werden. Die relative Länge der unteren Beharrungsstrecke h_1/H_{ZWS} (Bild 5.5 b) ist gleich dem Verhältnis der Strecken MN/MO (Bild 5.4) und die der oberen Beharrungsstrecke $(H_{ZWS} - h_1)/H_{ZWS}$ (Bild 5.5 b) gleich dem Streckenverhältnis NO/MO (Bild 5.4).

Bei Fr_p-Zahlen größer als $Fr_{p\ max}$ befindet man sich in dem Bereich des Druckverlustdiagrammes, in dem der gesamte Feststoffinhalt der zirkulierenden Wirbelschicht von der Gasströmung gleichmäßig über die Anlagenhöhe verteilt werden kann.

Während also für Fr_p-Zahlen kleiner als $Fr_{p\ max}$ die "Physik der Gasströmung" für die Feststoffkonzentration in den Beharrungsstrecken verantwortlich ist, die Feststoffeinwaage nur für deren relative Längen, ist für größere Fr_p-Zahlen als $Fr_{p\ max}$ die Feststoffeinwaage und damit die Fahrweise der Anlage für die Feststoffkonzentration in der zirkulierenden Wirbelschicht mit Siphon verantwortlich.

Für unterschiedliche Feststoffeinwaagen erhält man nach Gleichung (5.4) bzw. Gleichung (5.7) jeweils andere dimensionslose Druckgradienten für die gleichmäßige axiale Feststoffverteilung. Die zugehörigen Druckverlustkurven sind Parallelen zur Abszisse. In Bild 5.6 sind für drei unterschiedliche Feststoffeinwaagen die zugehörigen Druckgradienten in den Beharrungsstrecken dick eingezeichnet.

Bei einer relativen Füllhöhe der zirkulierenden Wirbelschicht H_L/H_{ZWS}, die gleich dem mit T indizierten, dem sog. kritischen dimensionslosen Druckgradienten ist, ergibt sich das in Bild 5.6 a dargestellte Druckverlustdiagramm. Für Fr_p-Zahlen im Bereich zwischen $Fr_{p\ umf}$ und $Fr_{p\ max} = Fr_{p\ T}$ liegen in der zirkulierenden Wirbelschicht zwei Beharrungsstrecken vor, für größere Fr_p-Zahlen als $Fr_{p\ max}$ nur eine.

Wird die Fr_p-Zahl mit $Fr_{p\ umf}$ beginnend langsam erhöht, so wird die relative Länge der unteren Beharrungsstrecke immer größer und die der oberen immer kleiner. Bei Annäherung der Fr_p-Zahl an $Fr_{p\ max}$ werden die Druckgradienten in den beiden Beharrungsstrecken gleich groß. Eine Vergrößerung der Fr_p-Zahl über $Fr_{p\ max}$ hinaus hat zur Folge, daß nur noch eine Beharrungsstrecke in der zirkulierenden Wirbelschicht vorliegt.

Eine Feststoffeinwaage, die Betriebspunkte nach Bild 5.6 a zur Folge hat, wird als kritisch bezeichnet. Mit dieser Einwaage

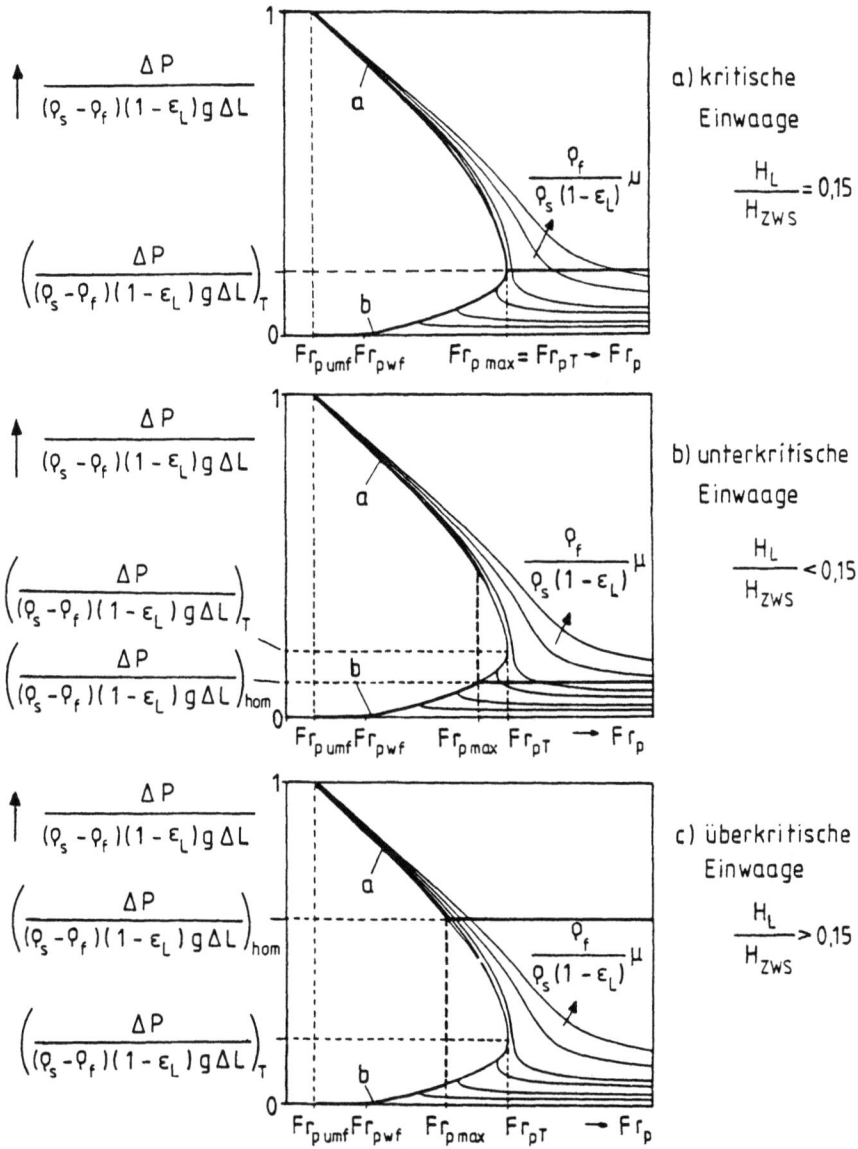

Bild 5.6: Betriebsverhalten von zirkulierenden Wirbelschichten
mit Siphon bei verschiedenen Feststoffeinwaagen
Kurvenzug a: untere Beharrungsstrecke
Kurvenzug b: obere Beharrungsstrecke

erhält man den größten Bereich der Fr_p-Zahl, bei dem in der zirkulierenden Wirbelschicht zwei Beharrungsstrecken auftreten. Bei einer geringeren oder größeren Feststoffeinwaage ist $Fr_{p\,max}$ kleiner als $Fr_{p\,T}$. Der Bereich der Partikel-Froude-Zahl, in dem zwei Beharrungsstrecken in der zirkulierenden Wirbelschicht auftreten, ist deshalb bei diesen Feststoffeinwaagen kleiner als bei der kritischen Feststoffeinwaage. Die kritische Feststoffeinwaage und damit die kritische relative Füllhöhe H_L/H_{ZWS} ist nahezu unabhängig von der Ar-Zahl und beträgt ca. 0,15, d.h. die kritische Feststoffeinwaage liegt dann vor, wenn die Höhe des Bettmaterials bei Minimalfluidisation ca. 15 % der Gesamthöhe der zirkulierenden Wirbelschicht beträgt.

Bei einer unterkritischen Feststoffeinwaage, d.h. wenn die relative Füllhöhe kleiner als 0,15 ist, ergibt sich das in Bild 5.6 b skizzierte Betriebsverhalten. Im Fr_p-Bereich zwischen $Fr_{p\,umf}$ und $Fr_{p\,max}$ liegen wieder zwei Beharrungsstrecken in der zirkulierenden Wirbelschicht vor. Bei Annäherung der Fr_p-Zahl an $Fr_{p\,max}$ von kleinen Fr_p-Zahlen aus wird die untere Beharrungsstrecke zunächst größer, dann immer kleiner und verschwindet bei $Fr_p = Fr_{p\,max}$ vollständig, solange, wie bislang immer Beschleunigungseffekte außer acht gelassen werden, und die obere Beharrungsstrecke dehnt sich auf die gesamte zirkulierende Wirbelschicht aus. Bei weiterer Vergrößerung der Fr_p-Zahl über $Fr_{p\,max}$ hinaus liegt deshalb wieder nur eine Beharrungsstrecke in der zirkulierenden Wirbelschicht vor.

Eine überkritische Feststoffeinwaage liegt vor, wenn die relative Füllhöhe größer als 0,15 ist. Die zirkulierende Wirbelschicht zeigt in diesem Fall ein Betriebsverhalten, wie es in Bild 5.6 c dargestellt ist. Im Fr_p-Bereich zwischen $Fr_{p\,umf}$ und $Fr_{p\,max}$ liegen wiederum zwei Beharrungsstrecken vor, für größere Fr_p-Zahlen als $Fr_{p\,max}$ eine. Bei Vergrößerung der Fr_p-Zahl von $Fr_{p\,umf}$ aus wird die relative Länge der unteren Beharrungsstrecke immer größer und dehnt sich bei Annäherung an $Fr_{p\,max}$ über die gesamte Anlage aus, so daß die obere Beharrungsstrecke verschwindet.

5.2.3 Zirkulierende Wirbelschicht mit Dosiereinrichtung und mit im Druckaufbau begrenzter Feststoffschleuse

Eine weitere mögliche Bauart der zirkulierenden Wirbelschicht ist eine Abwandlung der in Kapitel 5.2.1 beschriebenen Bauart. Während mit der in Bild 5.3 skizzierten Anlage gegen jeden beliebigen Druck in der zirkulierenden Wirbelschicht Feststoff in den Aufstromteil der Anlage eingebracht werden kann, ist mit der in diesem Kapitel erläuterten Bauart nur bis zu einem bestimmten maximalen Druck in der zirkulierenden Wirbelschicht ein Einschleusen von Feststoff möglich. In Bild 5.7 sind zwei Ausführungsformen dieser Bauart dargestellt. Die linke Anlage wird vor allem als Labor- und Technikumsanlage eingesetzt [22, 35], während die rechte vor ihrer Einführung als technischer Reaktor steht [37]. Bei der linken Anlage in Bild 5.7 wird der im Zyklon abgeschiedene Feststoff in einer sog. Buffer- oder Speicherwirbelschicht aufgefangen und über eine Dosiereinrichtung (z.B. eine Klappe) der zirkulierenden Wirbelschicht erneut zugeführt. Die Speicherwirbelschicht wird mit einer kleinen Gasgeschwindigkeit fluidisiert und die Wirbelschichthöhe i.a. durch Zufuhr bzw. Abzug von Feststoff konstant gehalten. Mit dieser Fahrweise ist es möglich, den Bettdruckverlust der Speicherwirbelschicht $\Delta p_{Speicher}$ konstant zu halten. Wegen der Parallelschaltung von Auf- und Abstromteil kann mit der Dosiereinrichtung nur bis zu einem Gesamtdruckverlust der zirkulierenden Wirbelschicht, der maximal gleich dem der Speicherwirbelschicht ist, Feststoff eindosiert werden. Damit ergibt sich nach Gleichung (5.2) für den maximalen dimensionslosen Druckverlust in der zirkulierenden Wirbelschicht bei gleichmäßiger axialer Feststoffverteilung

$$\left(\frac{\Delta p}{(\rho_s - \rho_f)(1-\epsilon_L) g \Delta L} \right)_{hom} = \frac{\Delta p_{Speicher}}{(\rho_s - \rho_f)(1-\epsilon_L) g H_{ZWS}} . \qquad (5.10)$$

Im Bereich des Druckverlustdiagrammes zwischen diesem maximalen dimensionslosen Druckverlust, der Grenzkurve C und der Abszisse (Bild 5.7) kann mit Hilfe der Dosiereinrichtung analog der Bauart nach Bild 5.3 Feststoff in die zirkulierende Wirbelschicht eingebracht werden. Es stellt sich in diesem Bereich immer eine Beharrungsstrecke in der zirkulierenden Wirbelschicht ein, solange Beschleunigungsdruckverluste außer acht gelassen werden. Wird für eine Fr_p-Zahl kleiner als $Fr_{p\,max}$ mit der Dosiereinrichtung ein Volumenstromverhältnis eingestellt, das größer ist als das durch die Grenzkurve C festgelegte, wird die zirkulierende Wirbelschicht mit Feststoff gefüllt, da nur das durch die Grenzkurve C bestimmte Volumenstromverhältnis ausgetragen wird. Das Auffüllen erfolgt solange, bis der Gesamtdruckverlust der zirkulierenden Wirbelschicht maximal gleich dem der Speicherwirbelschicht ist. Die Wirbelschichtanlage verhält sich dann genauso, wie die Bauart mit einem Siphon im Rücklauf (Kap. 5.2.2). Die relativen Längen der Beharrungsstrecken sind analog dem Vorgehen in Kap. 5.2.2 aus dem Druckverlustdiagramm zu berechnen. Das Betriebsverhalten einer zirkulierenden Wirbelschicht mit einer Speicherwirbelschicht und einer Dosiereinrichtung ist somit teilweise analog dem der Bauart nach Bild 5.3 bzw. Bild 5.4.

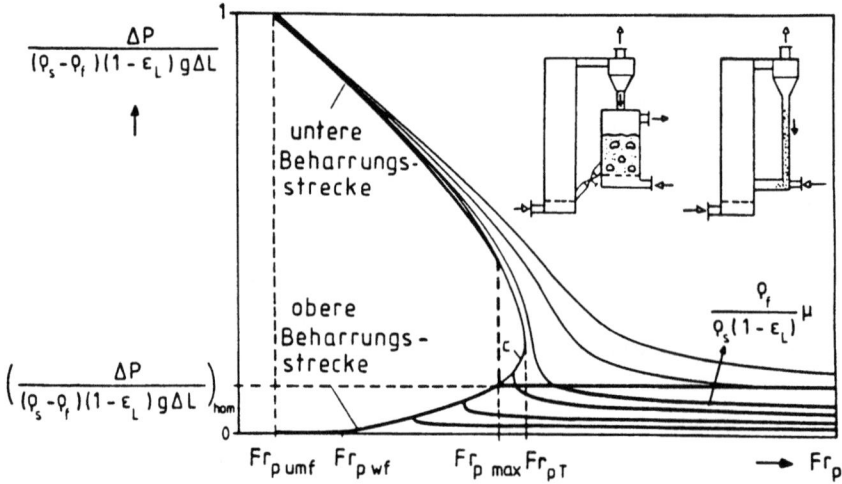

Bild 5.7: Zirkulierende Wirbelschicht mit Dosiereinrichtung und mit im Druckaufbau begrenzter Feststoffschleuse

Bei der rechten in Bild 5.7 skizzierten zirkulierenden Wirbelschicht befindet sich unmittelbar unter dem Zyklon eine Standpipe [37], aus der mit Hilfe eines sog. L-Valves [39] Feststoff in die Wirbelschicht eindosiert wird. Der maximale Druck in der zirkulierenden Wirbelschicht, bis zu dem mit dieser Bauart Feststoff eindosiert werden kann, ist durch den maximal möglichen Druckverlust der Standpipe $\Delta P_{Standpipe}$, der sich im

Zustand der Fluidisation einstellen würde, gegeben. Einen größeren Druckverlust als $\Delta P_{Standpipe}$ kann die Standpipe nicht aufbauen, da sie ansonsten fluidisiert wird und sie sich dann wie eine Speicherwirbelschicht verhält. Damit ergibt sich nach Gleichung (5.2) für den maximalen dimensionslosen Druckverlust in der zirkulierenden Wirbelschicht bei gleichmäßiger axialer Feststoffverteilung

$$\left(\frac{\Delta P}{(\rho_s - \rho_f)(1-\varepsilon_L) g \Delta L} \right)_{hom} = \frac{\Delta P_{Standpipe}}{(\rho_s - \rho_f)(1-\varepsilon_L) g H_{ZWS}} . \quad (5.11)$$

Das Betriebsverhalten dieser Wirbelschichtbauart ist damit identisch mit dem der zirkulierenden Wirbelschicht mit einer Speicherwirbelschicht im Rücklauf.

5.3 Druckgradienten in den Beharrungsstrecken der zirkulierenden Wirbelschicht

Aus dem Zustands- und Druckverlustdiagramm der zirkulierenden Wirbelschicht (Bild 4.4, Bild 5.1, Bild 5.2) kann - wie im vorherigen Kapitel gezeigt - für die einzelnen Wirbelschichtbauarten deren Betriebsverhalten entnommen werden. In diesem Diagramm sind jedoch so viele Informationen enthalten, daß es sinnvoll ist, einzelne Abhängigkeiten separat darzustellen.

Abhängig von der dimensionslosen Leerrohrgasgeschwindigkeit, d.h. der Partikel-Froude-Zahl, stellen sich für ein gegebenes Gas-Feststoff-System (Ar = konst, ε_L = konst, bestimmte Bauart der zirkulierenden Wirbelschicht) eine bzw. zwei Beharrungsstrecken ein, solange Ein- bzw. Auslaufeffekte (Beschleunigungsdruckverluste) außer acht gelassen werden. Für den Fall, daß sich zwei Beharrungsstrecken in der zirkulierenden Wirbelschicht einstellen, sind in Bild 5.8 für Ar = 10 und ε_L = 0,4 die zugehörigen dimensionslosen Druckgradienten in Abhängigkeit von der Fr_p-Zahl dargestellt. Für Fr_p-Zahlen kleiner als die Partikel-Froude-Zahl bei Minimalfluidisation $Fr_{p\,umf}$ liegt eine Festbettdurchströmung vor. Der zugehörige Druckverlust kann nach Schweinzer [38] berechnet werden. Da die Festbettdurchströmung nicht Gegenstand des vorliegenden Buches ist, wurde auf ein Eintragen dieses Druckverlustes verzichtet. Bei

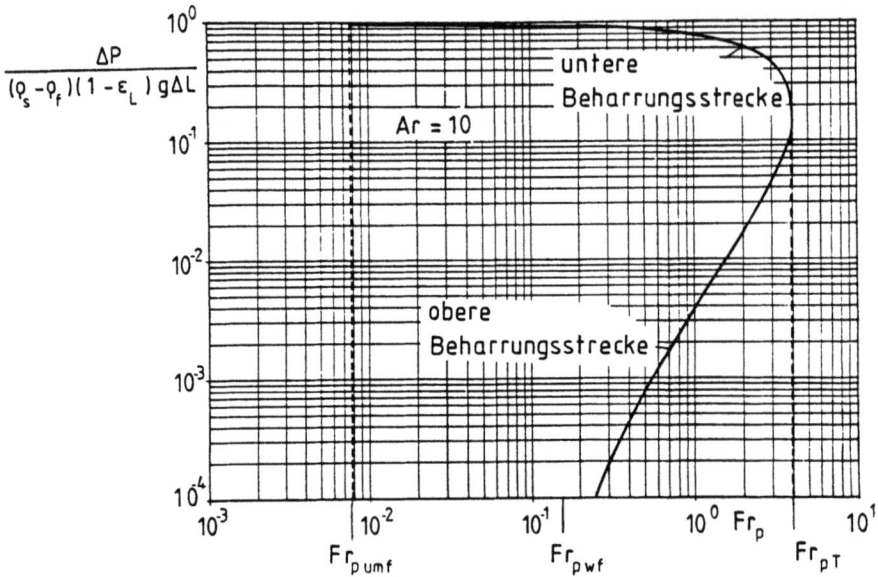

Bild 5.8: Dimensionslose Druckgradienten in den Beharrungsstrecken einer zirkulierenden Wirbelschicht
(Ar = 10, ε_L = 0,4)

$Fr_p = Fr_{p\;umf}$ beginnt die Fluidisation.
Solange die Fr_p-Zahl kleiner als $Fr_{p\;wf}$ ist, findet kein Feststoffaustrag aus der zirkulierenden Wirbelschicht statt. Der Druckgradient in der oberen Beharrungsstrecke ist deshalb gleich Null. Der dimensionslose Druckgradient in der unteren Beharrungsstrecke ist somit für das Volumenstromverhältnis Null mit dem Gleichungssystem (4.15) bis (4.20) berechenbar. Für Fr_p-Zahlen im Bereich zwischen $Fr_{p\;wf}$ und $Fr_{p\;T}$ kann sich in der zirkulierenden Wirbelschicht ein axiales Druckprofil mit einer oder zwei Beharrungsstrecken einstellen, je nach verwendeter Bauart und Fahrweise. Stellen sich bei diesen Fr_p-Zahlen zwei Beharrungsstrecken ein, so sind die zugehörigen dimensionslosen Druckgradienten durch die in Bild 5.8 eingezeichnete Druckverlustkurve festgelegt. Diese entspricht der Kurve C in Bild 4.4. Auf der rechten Seite dieser Kurve befinden sich immer Betriebspunkte, bei denen nur eine Beharrungsstrecke vorliegt. Bei der in Bild 5.8 gewählten logarithmischen Darstellung der dimensionslosen Druckgradienten in den Beharrungsstrecken nähert sich für kleine Feststoffkonzentra-

tionen in der oberen Beharrungsstrecke - d.h. für kleine dimensionslose Druckgradienten - die Druckverlustkurve asymptotisch der mit der Einzelkornsinkgeschwindigkeit gebildeten Partikel-Froude-Zahl $Fr_{p\ wf}$.

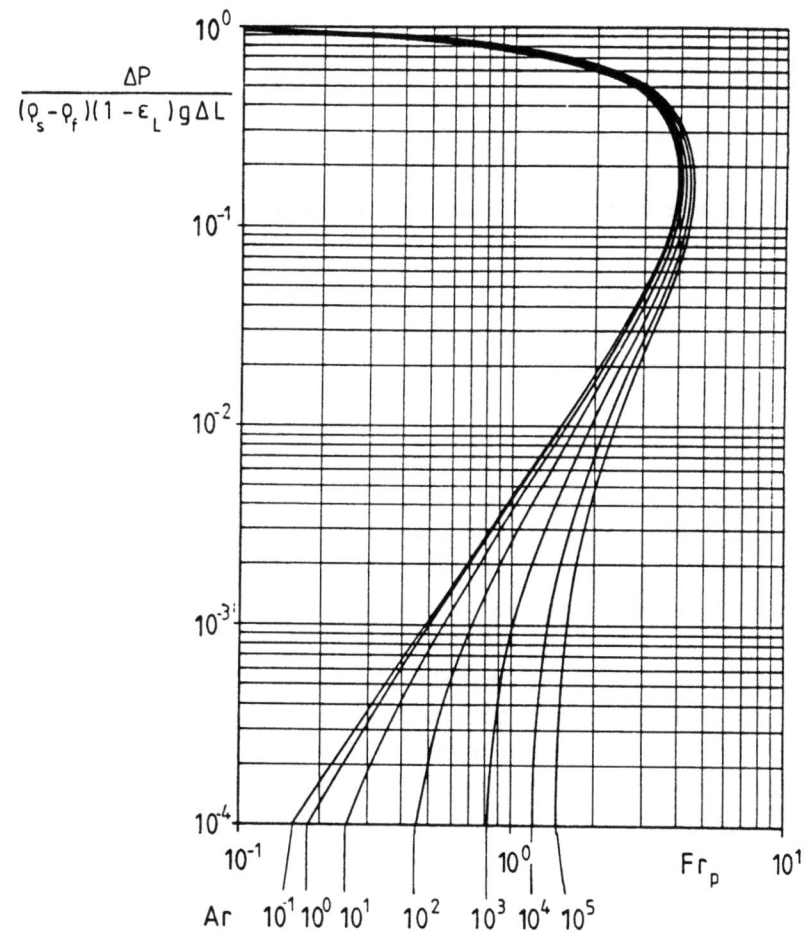

Bild 5.9: Dimensionslose Druckgradienten in den Beharrungsstrecken von zirkulierenden Wirbelschichten ($\varepsilon_L = 0,4$)

Entsprechend der Darstellung in Bild 5.8 sind in Bild 5.9 für verschiedene Archimedes-Zahlen und für $\varepsilon_L = 0,4$ die dimensionslosen Druckgradienten in den beiden Beharrungsstrecken eingezeichnet. Die Archimedes-Zahl und die Lockerungsporosität ε_L haben nur einen geringen Einfluß auf den dimensionslosen Druckgradienten und damit auf die Feststoffkonzentration in der unteren Beharrungsstrecke. Im Gegensatz hierzu weist der dimensionslose Druckgradient in der oberen Beharrungsstrecke, d.h. die dortige Feststoffkonzentration, bei konstanter Partikel-Froude-Zahl eine starke Abhängigkeit von der Archimedes-Zahl auf. Die Ursache hierfür ist darin zu sehen, daß mit abnehmendem dimensionslosen Druckgradienten, d.h. mit abnehmender Feststoffkonzentration, immer stärker die Umströmung der Einzelpartikel für den Strömungszustand in der oberen Beharrungsstrecke an Bedeutung gewinnt. Bei den hohen Feststoffkonzentrationen in der unteren Beharrungsstrecke überwiegt das Widerstandsverhalten der Feststoffsträhnen gegenüber dem der Einzelpartikel. Die Ar-Zahl hat deshalb keinen großen Einfluß auf den dimensionslosen Druckgradienten in dieser Beharrungsstrecke.

5.4 Austragskurven

Für das Auslegen und Betreiben von zirkulierenden Wirbelschichten ist neben den Druckgradienten in den Beharrungsstrecken auch die Kenntnis des ausgetragenen, d.h. des durchgesetzten Feststoffmassenstromes von Bedeutung. Es interessiert hierbei insbesondere dessen Abhängigkeit von der in einem bestimmten Gas-Feststoff-System vorliegenden Leerrohrgasgeschwindigkeit. Zur Darstellung der Austragskurven in dimensionsloser Form werden deshalb die Zustands- und Druckverlustdiagramme (Bild 4.4, Bild 5.1, Bild 5.2) so umgezeichnet, daß die Volumenstromverhältnisse auf der Ordinate in Abhängigkeit der dimensionslosen Leerrohrgeschwindigkeit - der Partikel-Froude-Zahl - dargestellt werden können.

5.4.1 Austragskurven für zirkulierende Wirbelschichten mit zwei Beharrungsstrecken

Betriebspunkte von zirkulierenden Wirbelschichten, bei denen zwei Beharrungsstrecken auftreten, sind dadurch gekennzeichnet, daß die Gasströmung im oberen Teil der Anlage nur eine bestimmte Feststoffkonzentration tragen kann. Die zugehörigen, austragbaren Volumenstromverhältnisse stellen deshalb Maximalwerte dar und sind durch die Grenzkurve C im Zustands- und

Druckverlustdiagramm (Bild 4.4, Bild 5.1, Bild 5.2) festgelegt. Diese Volumenstromverhältnisse können mit dem Gleichungssystem (4.15) bis (4.20) und der Zusatzbedingung (Stabilitätsbedingung) (4.27) berechnet werden. In Bild 5.10 sind die so berechneten Volumenstromverhältnisse als Funktion der Partikel-Froude-Zahl, die sog. Austragskurve, für verschiedene Archimedes-Zahlen dargestellt. Wie aus dem Zustands- und Druckverlustdiagramm der zirkulierenden Wirbelschicht (Bild 4.4, Bild 5.1 und Bild 5.2) ersichtlich, ist die Grenzkurve C nur für Partikel-Froude-Zahlen zwischen $Fr_{p\ wf}$ und der Partikel-Froude-Zahl $Fr_{p\ T}$, bei der die Steigung der Grenzkurve C unendlich ist, definiert. Aus diesem Grunde sind in Bild 5.10 die Austragskurven für die einzelnen Archimedes-Zahlen nur zwischen $Fr_{p\ wf}$ und $Fr_{p\ T}$ vorhanden. Wegen der logarithmischen Auftragung des Volumenstromverhältnisses nähern sich die Austragskurven für kleine Volumenstromverhältnisse asymptotisch der für die einzelnen Archimedes-Zahlen charakteristischen, mit der Einzelkornsinkgeschwindigkeit gebildeten Partikel-Froude-Zahl $Fr_{p\ wf}$.

Die in Bild 5.10 dargestellten Austragskurven sind dadurch bedingt, daß beim Vorliegen von zwei Beharrungsstrecken die Gasströmung nur eine bestimmte von der Partikel-Froude-Zahl und der Archimedes-Zahl abhängige, maximale Feststoffkonzentration tragen kann. Diese Kurven sind demzufolge von der "Physik" der Gas-Feststoff-Strömung abhängig und werden nicht von der Bauart der zirkulierenden Wirbelschicht beeinflußt.

Sobald jedoch nur eine Beharrungsstrecke in der zirkulierenden Wirbelschicht vorliegt, wird die in der Anlage vorhandene Feststoffkonzentration und damit das durchsetzbare Volumenstromverhältnis, d.h. die Austragskurve, von der Bauart und von der Fahrweise der Wirbelschicht bestimmt. Im folgenden werden deshalb für die einzelnen Bauarten von zirkulierenden Wirbelschichten die Austragskurven dargestellt.

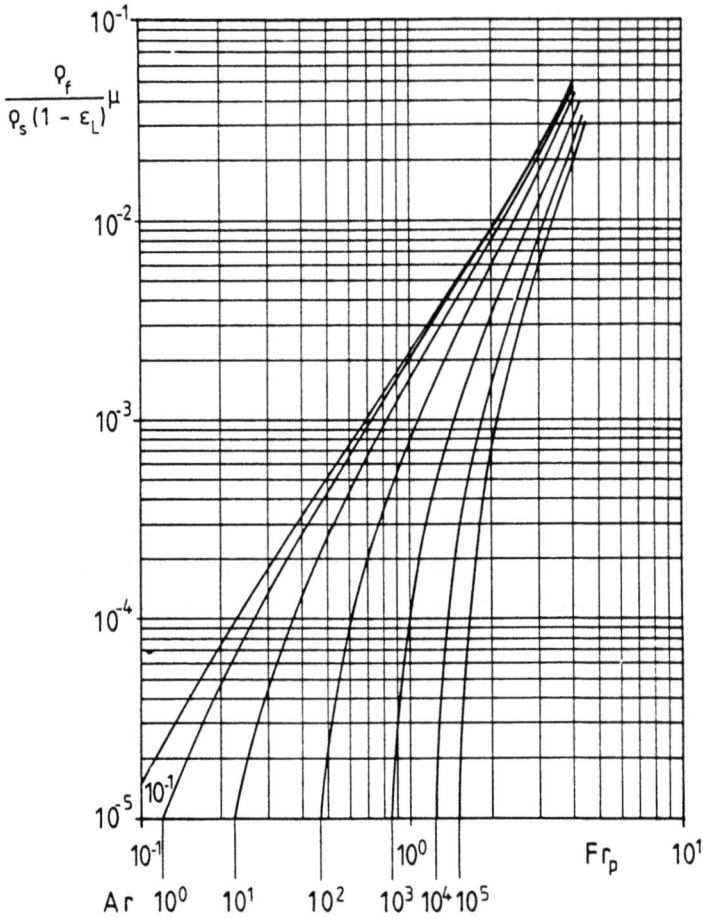

Bild 5.10: Austragsdiagramm für zirkulierende Wirbelschichten beim Vorliegen von zwei Beharrungsstrecken ($\varepsilon_L = 0,4$)

5.4.2 Austragskurven für zirkulierende Wirbelschichten mit Siphon

Liegt in zirkulierenden Wirbelschichten mit einem Siphon in der Rückführleitung (Bild 5.4) nur eine Beharrungsstrecke vor, so ist der Feststoffaustrag für ein bestimmtes Gas-Feststoff-System (Ar = konst, ε_L = konst) neben der Fr_p-Zahl noch von der Feststoffeinwaage, d.h. von der relativen Füllhöhe der Anlage H_L/H_{ZWS} abhängig (Kap. 5.2.2). Die entsprechende Austragskurve ist für eine konstante relative Füllhöhe mit dem Gleichungssystem (4.15) bis (4.20) zu berechnen. Für eine unterkritische Feststoffeinwaage von $H_L/H_{ZWS} = 0,025$ ist das berechnete austragbare Volumenstromverhältnis für $Ar = 10$ und $\varepsilon_L = 0,4$ in Bild 5.11 a als dünner Kurvenzug eingezeichnet. Er läuft bei $Fr_p = Fr_{p\,max}$ auf die Austragskurve beim Vorhandensein von zwei Beharrungsstrecken ein. Liegt eine überkritische Einwaage vor, z.B. $H_L/H_{ZWS} = 0,5$, so ergibt sich die in Bild 5.11 b dargestellte Austragskurve.

Sobald sich in der zirkulierenden Wirbelschicht nur eine Beharrungsstrecke einstellt, ist der Feststoff gleichmäßig über die Wirbelschichthöhe verteilt. Der zugehörige dimensionslose Druckgradient begrenzt deshalb den Feststoffaustrag. Bei einer unterkritischen Einwaage wird folglich für Fr_p-Zahlen zwischen $Fr_{p\,max}$ und $Fr_{p\,T}$ das austragbare Volumenstromverhältnis kleiner, bei einer überkritischen Einwaage größer, als das beim Vorliegen von zwei Beharrungsstrecken der Fall wäre.

In Bild 5.11 c sind für verschiedene unter- und überkritische Feststoffeinwaagen die Austragskurven dargestellt. Bei unterkritischen Feststoffeinwaagen laufen die zugehörigen, dünn eingezeichneten Austragskurven beim Vorliegen von nur einer Beharrungsstrecke von rechts und bei überkritischen Feststoffeinwaagen von links in die dick gezeichnete Austragskurve beim Vorliegen von zwei Beharrungsstrecken ein. Bei großen Fr_p-Zahlen sind die Austragskurven für die verschiedenen Feststoffeinwaagen parallel zur Abszisse. Nach (4.17), (4.18) und (5.7) geht bei konstanter relativer Füllhöhe der zirkulierenden Wirbelschicht ($H_L/H_{ZWS} = $ konst) und großen Fr_p-Zahlen die Geschwindigkeitsdifferenz zwischen den Feststoffpartikeln in der feststoffarmen Gasphase und den Strähnen $v_s - w$ gegen Null. Mit den Gleichungen (4.15), (4.16), (4.19) und (5.7) folgt für das dann austragbare Volumenstromverhältnis

$$\frac{\rho_f}{\rho_s (1 - \varepsilon_L)} \mu = \frac{1}{\varepsilon_L + \frac{\Phi}{1 - \Phi}} . \qquad (5.12)$$

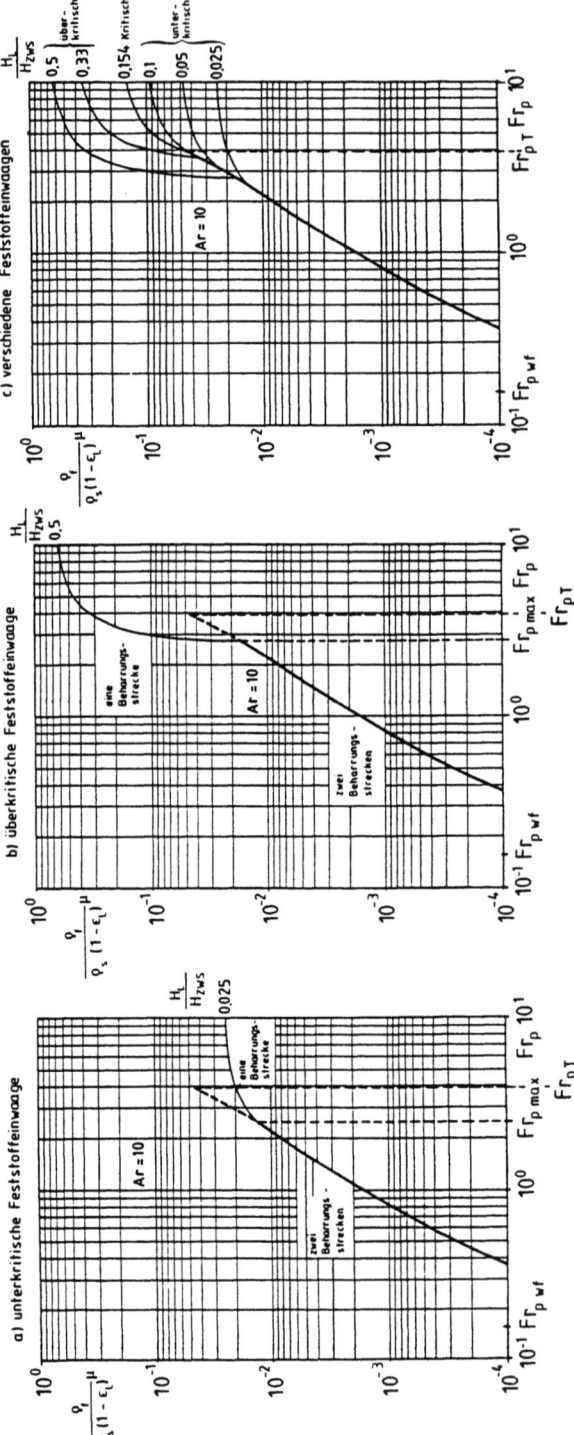

Bild 5.11: Austragsdiagramm für zirkulierende Wirbelschichten mit Siphon bei unterschiedlichen Feststoffeinwaagen (Ar = 10, ε_L = 0,4)

Bei großen Fr_p-Zahlen und konstanter relativer Füllhöhe der Wirbelschicht ist somit das austragbare Volumenstromverhältnis unabhängig von der Partikel-Froude- und der Archimedes-Zahl. Die Austragskurven nähern sich deshalb bei großen Fr_p-Zahlen asymptotisch dem durch Gleichung (5.12) festgelegten Ordinatenwert.

5.4.3 Austragskurven für zirkulierende Wirbelschichten mit Dosiereinrichtung und mit im Druckaufbau begrenzter Feststoffschleuse

Für zirkulierende Wirbelschichten der Bauart nach Bild 5.7 sind - wie in Kap. 5.2.3 erläutert - beim Vorliegen nur einer Beharrungsstrecke der maximal mögliche Druckgradient und damit die maximal möglichen austragbaren Volumenstromverhältnisse durch die Fahrweise der Speicherwirbelschicht (5.10) bzw. der Standpipe (5.11) festgelegt und können zusammen mit dem Gleichungssystem (4.15) bis (4.20) berechnet werden. Diese Volumenstromverhältnisse sind in Bild 5.12 in Abhängigkeit von der Fr_p-Zahl am Beispiel einer zirkulierenden Wirbelschicht mit einer Speicherwirbelschicht im Rücklauf für eine unterkritische (Bild 5.12 a) und eine überkritische (Bild 5.12 b) Fahrweise der Speicherwirbelschicht - d.h. für einen maximalen dimensionslosen Druckgradienten bei gleichmäßiger axialer Feststoffverteilung (5.10) kleiner bzw. größer als dem kritischen dimensionslosen Druckgradienten - als dünn gezeichnete Kurven dargestellt. Für Partikel-Froude-Zahlen, für die sich in der Anlage wieder zwei Beharrungsstrecken einstellen können, d.h. für Fr_p-Zahlen zwischen $Fr_{p\ wf}$ und $Fr_{p\ max}$, sind die maximal möglichen austragbaren Volumenstromverhältnisse durch die Grenzkurve C (Bild 4.4) im Zustands- und Druckverlustdiagramm festgelegt und können wieder mit dem Gleichungssystem (4.15) bis (4.20) und der Zusatzbedingung (4.27) berechnet werden. In Bild 5.12 sind diese Volumenstromverhältnisse durch den dick gezeichneten Kurvenzug dargestellt.

In zirkulierenden Wirbelschichtanlagen entsprechend Bild 5.7 sind somit alle Volumenstromverhältnisse, die auf oder rechts der dick bzw. dünn gezeichneten Austragskurve in Bild 5.12 liegen, einstellbar (siehe Kap. 5.2.3). Bei Betriebspunkten

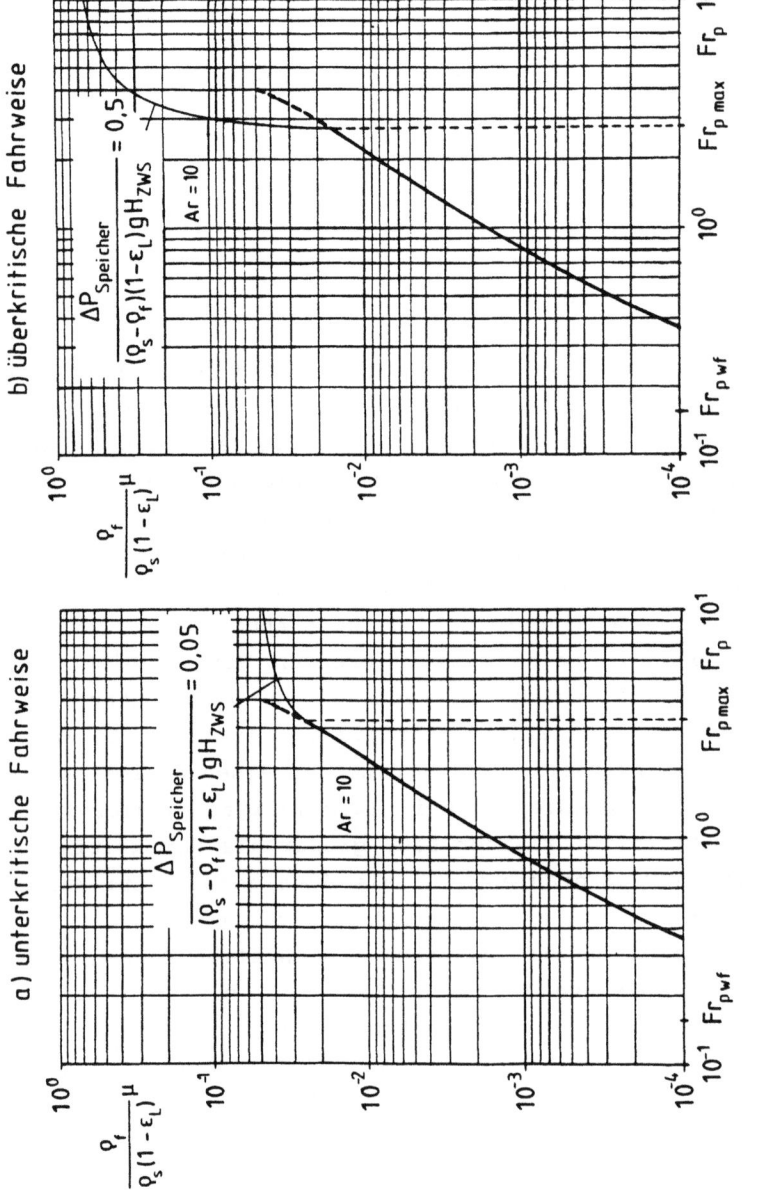

Bild 5.12: Austragsdiagramm für zirkulierende Wirbelschichten mit Dosiereinrichtung und mit im ΔP begrenzter Druckschleuse bei unterschiedlicher Fahrweise der Speicherwirbelschicht ($Ar = 10$, $\varepsilon_L = 0,4$)

auf der dick gezeichneten Austragskurve wird der Feststoffaustrag durch die "Physik" der Gasströmung und auf der dünn gezeichneten Austragskurve durch die Fahrweise der Speicherwirbelschicht bzw. durch den maximalen Druckverlust der Standpipe bestimmt. Die Dosiereinrichtung ist bei diesen Betriebspunkten überflüssig. Nur bei Betriebspunkten, die rechts von der dick bzw. dünn gezeichneten Austragskurve liegen, kann mit der Dosiereinrichtung der zirkulierende Feststoffmassenstrom eingestellt werden. Es liegt dann immer eine Beharrungsstrecke in der zirkulierenden Wirbelschicht vor.

5.4.4 Austragskurven für zirkulierende Wirbelschichten mit Dosiereinrichtung und Druckschleuse

Bei zirkulierenden Wirbelschichten der Bauart nach Bild 5.3 stellt sich - wie in Kap. 5.2.1 erläutert - immer nur e i n e Beharrungsstrecke ein. Der maximale Druckgradient in der Beharrungsstrecke und damit das maximale durch die Wirbelschicht transportierbare Volumenstromverhältnis ist erreicht, wenn der Aufstromteil vollständig von Strähnen ausgefüllt ist. Der relative Flächenanteil der Wirbelschichtquerschnittsfläche, der von Strähnen eingenommen wird, ist dann $(1 - \Phi) = 1$ und nach Gleichung (4.17) ist damit auch der dimensionslose Druckgradient gleich Eins. Mit dem Gleichungssystem (4.15) bis (4.20) erhält man so für das maximale Volumenstromverhältnis

$$\frac{\rho_f}{\rho_s (1 - \varepsilon_L)} \mu = \frac{1}{\varepsilon_L} \left(1 - \frac{Fr_{p\ umf}}{Fr_p} \right) . \qquad (5.13)$$

Die sich damit ergebenden Austragskurven sind in Bild 5.13 für verschiedene Archimedes-Zahlen eingezeichnet, wobei in Gl. (5.13) wieder $Fr_{p\ umf} = 0,05\ Fr_{p\ wf}$ und $\varepsilon_L = 0,4$ eingesetzt wurde. Bei Betriebspunkten auf den Austragskurven ist die Wirbelschicht vollständig mit Feststoff gefüllt $(1 - \Phi) = 1$. Die zugehörigen Volumenstromverhältnisse sind dann die größtmöglichen, welche bei der vertikal-aufwärts gerichteten Gas-Feststoff-Strömung transportiert werden können. Alle rechts der für die einzelnen Archimedes-Zahlen geltenden Austragskurven liegenden Betriebspunkte können mit dieser Wirbelschichtbauart eingestellt werden. Wenn die Leerrohrgasgeschwindigkeit gleich der Lockerungsgasgeschwindigkeit ist, d.h. $Fr_p = Fr_{p\ umf}$, liegt in der zirkulierenden Wirbelschicht Minimalfluidisation vor und der Feststoffdurchsatz, d.h. das Volumenstromverhältnis, ist Null. Bei der logarithmischen Auftragung des Volumenstromverhältnisses in Bild 5.13 schmiegt sich deshalb die Austragskurve für kleine Volumenstromverhältnisse asymptotisch an den Abszissenwert $Fr_p = Fr_{p\ umf}$ an. Bei großen Fr_p-Zahlen wird die in den Strähnen strömende Leckgasmenge, d.h. die Lockerungsgasgeschwindigkeit bzw. $Fr_{p\ umf}$, klein gegen die insgesamt durchgesetzte Gasmenge, d.h. die Leerrohrgasgeschwindigkeit bzw. Fr_p. Das Verhältnis der Partikel-Froude-Zahlen in (5.13) geht gegen Null und das maximal transportierbare Volumenstromverhältnis wird gleich dem Kehrwert der Lockerungsporosität. In diesem Fall ist die durchgesetzte Gasmenge gleich der im Strähnenhohlraum transportierten Gasmenge.

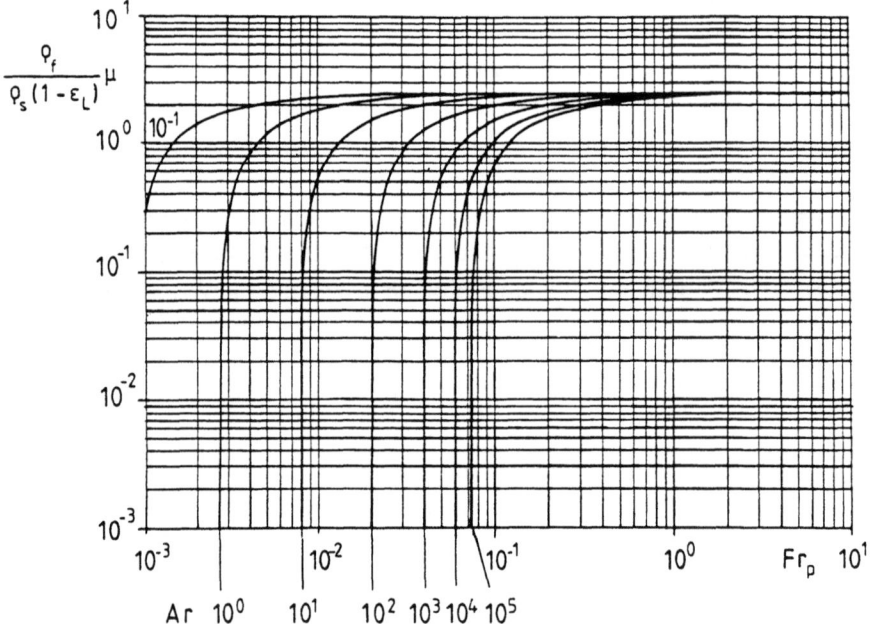

Bild 5.13: Austragsdiagramm für zirkulierende Wirbelschichten mit Dosiereinrichtung und Druckschleuse ($\varepsilon_L = 0,4$)

5.5 Relativgeschwindigkeit in der zirkulierenden Wirbelschicht

Das Verhältnis der Relativgeschwindigkeit zwischen der Gasströmung in der feststoffarmen Gasphase und der Strähnengeschwindigkeit (Bild 3.1) zur Relativgeschwindigkeit der Feststoffpartikeln in der feststoffarmen Gasphase $(v_G - w)/w_f$ kennzeichnet zum einen die unterschiedlichen Relativgeschwindigkeiten in der zirkulierenden Wirbelschicht, zum anderen gibt es an, um das Wievielfache die an der Strähnenoberfläche wirkende Relativgeschwindigkeit größer als die Einzelkornsinkgeschwindigkeit ist. Sind in der zirkulierenden Wirbelschicht zwei Beharrungsstrecken vorhanden, so kann das Relativgeschwindigkeitsverhältnis in der oberen Beharrungsstrecke (unterer Ast der Grenzkurve C in Bild 4.4) mit dem Gleichungssystem (4.15) bis (4.20), der Stabilitätsbedingung (4.27) und der Gleichung (4.23) in Abhängigkeit von der Partikel-Froude-Zahl iterativ berechnet werden. In Bild 5.14 sind diese Relativgeschwindigkeiten als dick gezeichneter Kurvenzug für den Bereich der Fr_p-Zahlen zwischen $Fr_{p\ wf}$ und $Fr_{p\ T}$ dargestellt. Das Relativgeschwindigkeitsverhältnis in der unteren Beharrungsstrecke (oberer Ast der Grenzkurve C in Bild 4.4) kann in diesem Bereich der Fr_p-Zahlen ebenfalls mit dem Gleichungssystem (4.13) bis (4.20), der Stabilitätsbedingung (4.27) und der Gleichung (4.23) iterativ berechnet werden. Für Fr_p-Zahlen im Bereich zwischen $Fr_{p\ umf}$ und $Fr_{p\ wf}$ erhält man das Relativgeschwindigkeitsverhältnis mit dem Gleichungssystem (4.15) bis (4.20), der Gleichung (4.23) und der Bedingung, daß das durchgesetzte Volumenstromverhältnis Null ist. Das so berechnete Relativgeschwindigkeitsverhältnis in der unteren Beharrungsstrecke ist in Bild 5.14 ebenfalls als dicker Kurvenzug eingezeichnet.

Im Bereich der Fr_p-Zahl zwischen $Fr_{p\ umf}$ und $Fr_{p\ wf}$ findet beim Vorliegen von zwei Beharrungsstrecken kein Feststoffaustrag aus der zirkulierenden Wirbelschicht statt. Demzufolge ist die Strähnengeschwindigkeit gleich Null und das Relativgeschwindigkeitsverhältnis gibt an, um das Wievielfache die Gasgeschwindigkeit in der feststoffarmen Gasphase größer als die Einzelkornsinkgeschwindigkeit ist. Wie aus Bild 5.14 ersichtlich, ist bei diesen Fr_p-Zahlen das Relativgeschwindigkeitsverhältnis in der unteren Beharrungsstrecke immer größer als Eins.

Nachdem sich im Bereich der Partikel-Froude-Zahl zwischen $Fr_{p\ umf}$ und $Fr_{p\ wf}$ kein Feststoff in der oberen Beharrungsstrecke befindet, ist das Relativgeschwindigkeitsverhältnis in dieser Beharrungsstrecke nicht definiert. Entsprechend dem in Kap. 3 vorgeschlagenen Modell der entmischten, vertikalen Gas-Feststoff-Strömung kann eine feststoffarme Gasphase nur dann existieren, wenn die Feststoffpartikeln beim Stoß mit den Strähnen Impuls abgeben. Hierzu ist jedoch erforderlich, daß die Geschwindigkeit der Feststoffpartikeln in der feststoffarmen Gasphase größer als Null ist. Da die Relativgeschwindigkeit zwischen der Gasströmung und den Feststoffpartikeln gleich der Einzelkornsinkgeschwindigkeit ist, muß deshalb die Gasgeschwindigkeit in der feststoffarmen Gasphase größer als die Einzelkornsinkgeschwindigkeit sein. Für den Grenzfall, daß die Leerrohrgasgeschwindigkeit gleich der Lockerungsgasgeschwindigkeit wird, d.h. $Fr_p = Fr_{p\ umf}$, ist das Relativgeschwindigkeitsverhältnis Null. In diesem Fall existiert keine feststoffarme Gasphase. Das Rohrelement ist vollständig mit Feststoff im Zustand der Minimalfluidisation gefüllt. Es liegt somit keine entmischte Gas-Feststoff-Strömung vor und damit existieren auch keine Strähnen. Die Feststoffpartikeln werden vom Gas homogen fluidisiert.

Sobald sich in der zirkulierenden Wirbelschicht Strähnen ausbilden, d.h. für Fr_p-Zahlen größer als $Fr_{p\ umf}$, muß an den Strähnenoberflächen durch stoßende Feststoffpartikeln Impuls übertragen werden. Da die Strähnengeschwindigkeit w jedoch immer kleiner als die Feststoffgeschwindigkeit in der feststoffarmen Gasphase v_s ist, bedeutet dies, daß das Relativgeschwindigkeitsverhältnis immer größer als Eins ist. Die an den Strähnenoberflächen wirkende Relativgeschwindigkeit ist deshalb stets größer als die Einzelkornsinkgeschwindigkeit. Das größte Relativgeschwindigkeitsverhältnis in der zirkulierenden Wirbelschicht tritt auf, wenn der dimensionslose Druckgradient in der unteren Beharrungsstrecke gleich 0,5 ist, d.h. wenn 50 % der Wirbelschichtquerschnittsfläche von Strähnen eingenommen werden.

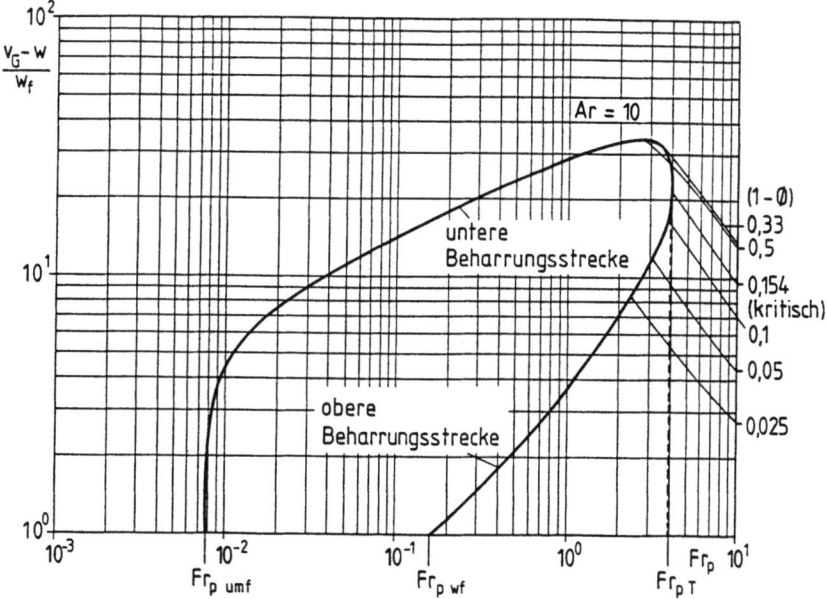

Bild 5.14: Relativgeschwindigkeitsverhältnisse in den Beharrungsstrecken einer zirkulierenden Wirbelschicht ($\varepsilon_L = 0,4$)

Beim Vorliegen von zwei Beharrungsstrecken in der zirkulierenden Wirbelschicht ist das Relativgeschwindigkeitsverhältnis in der unteren Beharrungsstrecke stets größer als das in der oberen.

Für den Fall, daß nur eine Beharrungsstrecke in der zirkulierenden Wirbelschicht vorliegt, sind für verschiedene dimensionslose Druckgradienten die mit Gleichung (4.23) berechneten Relativgeschwindigkeitsverhältnisse in Bild 5.14 eingetragen. Die Kurven beginnen bei unterkritischer Fahrweise der Anlage auf der dick gezeichneten Relativgeschwindigkeitskurve für die obere Beharrungsstrecke und bei überkritischer Fahrweise auf der Relativgeschwindigkeitskurve für die untere Beharrungsstrecke und nähern sich für große Fr_p-Zahlen dem Relativgeschwindigkeitsverhältnis Eins, d.h. die Strähnengeschwindigkeit ist dann gleich der Feststoffgeschwindigkeit in der feststoffarmen Gasphase.

Ist für einen bestimmten Prozeß ein großes Relativgeschwindigkeitsverhältnis erwünscht, so ist bei einem gegebenen dimensionslosen Druckgradienten bei gleichmäßiger axialer Feststoffverteilung die Partikel-Froude-Zahl so zu wählen, daß in der Anlage gerade der Übergang von zwei Beharrungsstrecken zu nur einer vorliegt. Die Partikel-Froude-Zahl ist dann gerade gleich $Fr_{p\ max}$.

In zirkulierenden Wirbelschichten treten somit die größten Relativgeschwindigkeitsverhältnisse auf, wenn eine Fahrweise gewählt wird, bei der sich gerade noch zwei Beharrungsstrecken einstellen. In Bild 5.15 sind deshalb für den Fall, daß zwei Beharrungsstrecken in der zirkulierenden Wirbelschicht vorliegen, für verschiedene Archimedeszahlen die Relativgeschwindigkeitsverhältnisse als Funktion der Partikel-Froude-Zahl für die untere und für die obere Beharrungsstrecke dargestellt. Die Berechnung der Relativgeschwindigkeitsverhältnisse erfolgt hierbei analog dem Vorgehen, das bei der Berechnung der dick eingezeichneten Relativgeschwindigkeitskurve in Bild 5.14 erläutert wurde. Für die Lockerungsporosität wurde wieder $\varepsilon_L = 0,4$ gesetzt und angenommen, daß die Lockerungsgeschwindigkeit 5 % der Einzelkornsinkgeschwindigkeit beträgt, d.h. $Fr_{p\ umf} = 0,05\ Fr_{p\ wf}$.

Mit zunehmender Archimedes-Zahl werden die in zirkulierenden Wirbelschichten auftretenden Relativgeschwindigkeitsverhältnisse immer kleiner. Sind große Relativgeschwindigkeitsverhältnisse erwünscht, so sind kleine Archimedes-Zahlen anzustreben.

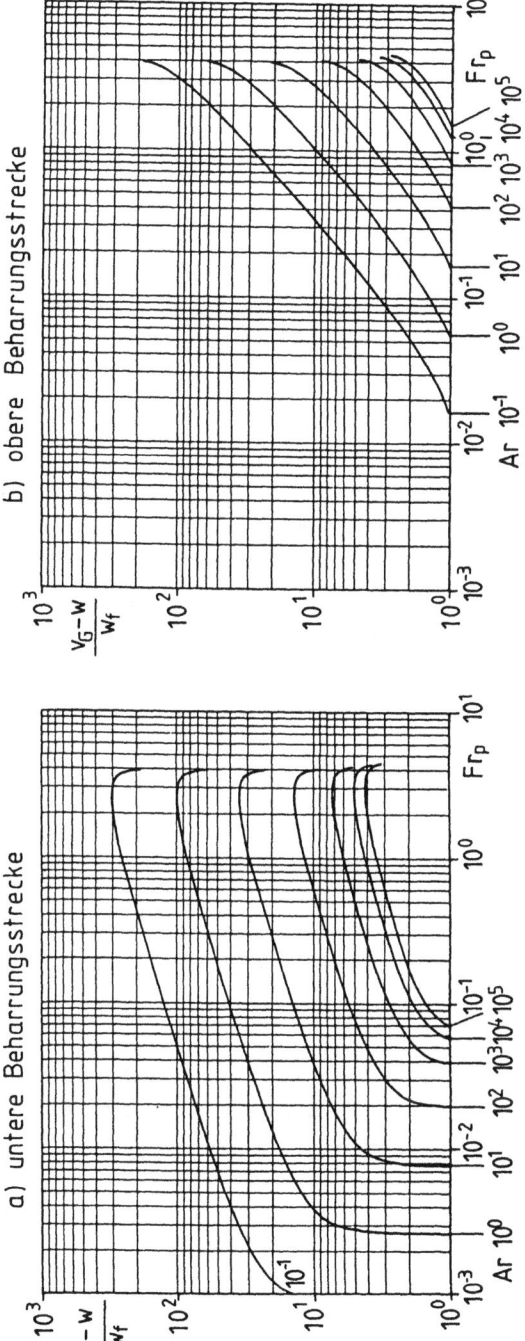

Bild 5.15: Relativgeschwindigkeitsverhältnisse in der unteren und in der oberen Beharrungsstrecke einer zirkulierenden Wirbelschicht ($\varepsilon_L = 0,4$)

5.6 Zustands- und Druckverlustdiagramm der zirkulierenden Wirbelschicht beim Vorliegen einer breiten Korngrößenverteilung des Wirbelbettmaterials

5.6.1 Modellvorstellung für die Überführung des Verhaltens einer breiten Korngrößenverteilung auf das Verhalten von Einkornfraktionen

Das Modell der entmischten, vertikalen Gas-Feststoff-Strömung geht von dem Vorhandensein einer Einkornfraktion des Wirbelschichtmaterials aus. In der Praxis liegt jedoch im allgemeinen eine breite Korngrößenverteilung vor. Um dennoch auch für eine breite Korngrößenverteilung des Bettmaterials die strömungsmechanischen Kenngrößen in der zirkulierenden Wirbelschicht berechnen zu können, ist hierzu eine bestimmte Strategie nötig. Diese besteht im wesentlichen darin, daß man die breite Korngrößenverteilung des Bettmaterials in eine Vielzahl von möglichst engen Korngrößenintervallen unterteilt und für diese Intervalle die Zustands- und Druckverlustdiagramme berechnet. Je nach gesuchter strömungsmechanischer Kenngröße werden die aus den Diagrammen für die einzelnen Korngrößenintervalle erhaltenen Zahlenwerte noch einer spezifischen Wichtung unterzogen, um schließlich die mittleren Daten der Gas-Feststoff-Strömung zu erhalten. Bei dieser Vorgehensweise werden folgende Annahmen gemacht:

- Die einzelnen im Rohrelement vorhandenen Strähnen bestehen jeweils aus Feststoffpartikeln eines einzigen Korngrößenintervalls.

- Es liegt keine gegenseitige Beeinflussung von Strähnen vor. Die einzelnen Strähnen bewegen sich so, als würde eine Einkornfraktion vorliegen.

Wie die experimentelle Erfahrung zeigt, ist insbesondere die erste Annahme in der Praxis nur bedingt erfüllt. Aufgrund dieser Annahme können nur Partikeln mit einer Einzelkornsinkgeschwindigkeit, die kleiner als die Leerrohrgasgeschwindigkeit ist, aus zirkulierenden Wirbelschichten ausgetragen werden. Messungen an unzureichend hohen Anlagen zeigen jedoch, daß

auch größere Partikeln mit der Gasströmung den Aufstromteil
der zirkulierenden Wirbelschicht verlassen. Die Ursache hierfür liegt darin, daß in einer Strähne aus feinkörnigen Partikeln auch grobkörnige Partikeln enthalten sein können - sie
"schwimmen" praktisch mit den feinkörnigen Partikeln. Für den
Impulsaustausch und damit für den Antrieb der Strähnen sind
nur die feinkörnigen Partikeln an der Strähnenoberfläche maßgebend (siehe Kapitel 3). Bei der entmischten, vertikalen Gas-
Feststoff-Strömung werden die Feststoffsträhnen ständig aufgelöst und neu gebildet. Hierdurch können - wenn die Strähnenverweilzeit im Aufstromteil der zirkulierenden Wirbelschicht
groß genug ist - die in den Strähnen befindlichen grobkörnigen
Partikeln an die Strähnenoberfläche und damit letztlich in die
feststoffarme Gasphase gelangen. Da dort die Gasgeschwindigkeit kleiner als die Einzelkornsinkgeschwindigkeit der grobkörnigen Partikeln ist, fallen diese in Richtung der Erdschwere zurück und werden nicht ausgetragen. Eine genügend lange
Strähnenverweilzeit setzt bei gegebener Leerrohrgasgeschwindigkeit voraus, daß die Anlagenhöhe groß genug ist, damit diese Umlagerungsprozesse stattfinden können. Da jedoch i.a. die
Anlagenhöhen nicht groß genug sind, werden auch Partikeln ausgetragen, deren Einzelkornsinkgeschwindigkeit größer als die
Gasgeschwindigkeit ist.

5.6.2 Praxisorientierte Kennzahlkombination für die Darstellung des Zustands- und Druckverlustidagramms

Das Verhalten der entmischten, vertikal-aufwärts gerichteten
Gas-Feststoff-Strömung wird durch die folgenden fünf Kennzahlen beschrieben (siehe Kap. 4.1)

$$f\left(\frac{\Delta P}{(\rho_s-\rho_f)(1-\varepsilon_L) g \Delta L} ; Fr_p ; \frac{f}{\rho_s (1-\varepsilon_L)} \mu ; Ar ; \varepsilon_L\right) = 0 . \quad (5.14)$$

Hierbei ist der Partikeldurchmesser sowohl in der Partikel-
Froude-Zahl als auch in der Archimedes-Zahl enthalten. Für die
praktische Handhabung der Zustands- und Druckverlustdiagramme
(Bild 4.4, 5.1 und 5.2) im Hinblick auf das Verhalten eines
Wirbelbettmaterials mit einer breiten Kornverteilung ist dies
von Nachteil. Zweckmäßiger ist es, wenn der Partikeldurch-

messer nur noch in einer Kennzahl enthalten ist. Ähnliches gilt auch für die Leerrohrgasgeschwindigkeit, die ein Maß für den Lastzustand einer Anlage ist. In der Kennzahlkombination (5.14) ist die Leerrohrgasgeschwindigkeit sowohl in der Partikel-Froude-Zahl als auch im Volumenstromverhältnis enthalten. Für den praktischen Gebrauch wäre es deshalb auch bei dieser Einflußgröße von Vorteil, wenn sie nur noch in einer Kennzahl enthalten wäre. Durch multiplikative Verknüpfung der in Gleichung (5.14) enthaltenen Kennzahlen kann eine Kennzahlkombination erhalten werden, in der die Leerrohrgasgeschwindigkeit und der Partikeldurchmesser jeweils nur noch in einer dimensionslosen Kennzahl enthalten sind.

Für die dimensionslose Leerrohrgasgeschwindigkeit erhält man aus der Partikel-Froude-Zahl und der Archimedes-Zahl, die sog. G-Zahl

$$G = Fr_p \, Ar^{1/6} = \frac{v}{\left(\dfrac{\rho_s - \rho_f}{\rho_f} g \, \nu\right)^{1/3}} \, . \qquad (5.15)$$

Neben der Leerrohrgasgeschwindigkeit sind in dieser Kennzahl nur noch die Dichten der Feststoffpartikeln und des Gases, sowie die kinematische Viskosität des Gases enthalten, jedoch nicht mehr der Partikeldurchmesser.

Durch Verknüpfung des Volumenstromverhältnisses mit der Partikel-Froude-Zahl und der Archimedes-Zahl ergibt sich die Kennzahl Tr für den von der Gasströmung transportierten, flächenbezogenen Feststoffmassenstrom, die im Gegensatz zum Volumenstromverhältnis nicht mehr die Leerrohrgasgeschwindigkeit enthält:

$$Tr = \frac{\rho_f}{\rho_s (1 - \varepsilon_L)} \mu \, Fr_p \, Ar^{1/6} = \frac{\dot{m}_s}{\rho_s (1 - \varepsilon_L) \left(\dfrac{\rho_s - \rho_f}{\rho_f} g \, \nu\right)^{1/3}} \, . \qquad (5.16)$$

Mit der dimensionslosen Leerrohrgasgeschwindigkeit (5.15) anstelle der Partikel-Froude-Zahl und dem dimensionslosen flächenbezogenen Feststoffmassenstrom (5.16) anstelle des Volumenstromverhältnisses ergibt sich aus Gl. (5.14) eine Kennzahlkombination, mit der beim Vorliegen einer breiten Korngrößenverteilung des Wirbelbettmaterials die Zustands- und Druckverlustdiagramme der entmischten, vertikalen Gas-Feststoff-Strömung zweckmäßigerweise dargestellt werden können:

$$f\left(\frac{\Delta P}{(\rho_s - \rho_f)(1 - \epsilon_L) g \Delta L} ; G ; Tr ; Ar ; \epsilon_L\right) = 0 . \quad (5.17)$$

Die Darstellung der Zustands- und Druckverlustdiagramme entsprechend der Kennzahlkombination (5.17) hat jedoch gegenüber der Darstellung mit der Kennzahlkombination (5.14) einen entscheidenden Nachteil. Die dimensionslose Leerrohrgasgeschwindigkeit (5.15) wie auch der dimensionslose, flächenbezogene Feststoffmassenstrom (5.16) können im Gegensatz zur Partikel-Froude-Zahl und dem Volumenstromverhältnis (siehe Kap. 3.4) nicht mehr als Verhältnis zweier Kräfte bzw. Volumenströme physikalisch sinnvoll interpretiert werden.

Die physikalischen Gegebenheiten in entmischten, vertikalen Gas-Feststoff-Strömungen werden bei der Darstellung der Zustands- und Druckverlustdiagramme entsprechend der Kennzahlkombination (5.17) im Vergleich zu den Darstellungen mit der Kennzahlkombination (5.14) nicht berührt. Die Darstellungen entsprechend der Kennzahlkombination (5.17) ergeben somit keine prinzipiell neuen Einsichten in das Problem - sie sind lediglich leichter zu handhaben. Als Beispiel für Darstellungen entsprechend der Kennzahkombination (5.17) sind in Bild 5.16 die bereits in Bild 5.9 dargestellten dimensionslosen Druckgradienten in den Beharrungsstrecken von zirkulierenden Wirbelschichten und in Bild 5.17 das in Bild 5.10 dargestellte Austragsdiagramm umgezeichnet worden.

Im Vergleich zu den Bildern 5.16 und 5.9 bzw. 5.17 und 5.10 ist ein Auseinanderziehen der Kurven aufgrund der multiplikativen Verknüpfungen (5.15) und (5.16) zu erkennen.

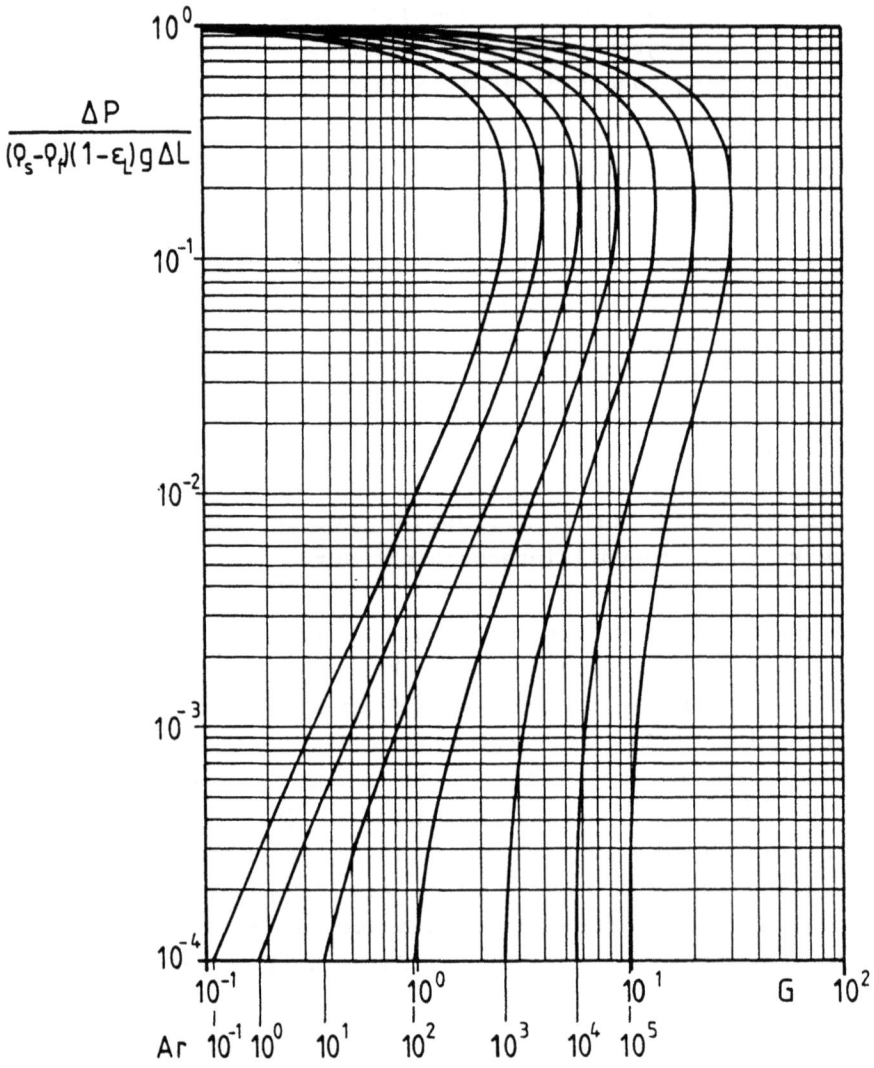

Bild 5.16: Dimensionslose Druckgradienten in den Beharrungsstrecken von zirkulierenden Wirbelschichten ($\varepsilon_L = 0,4$)

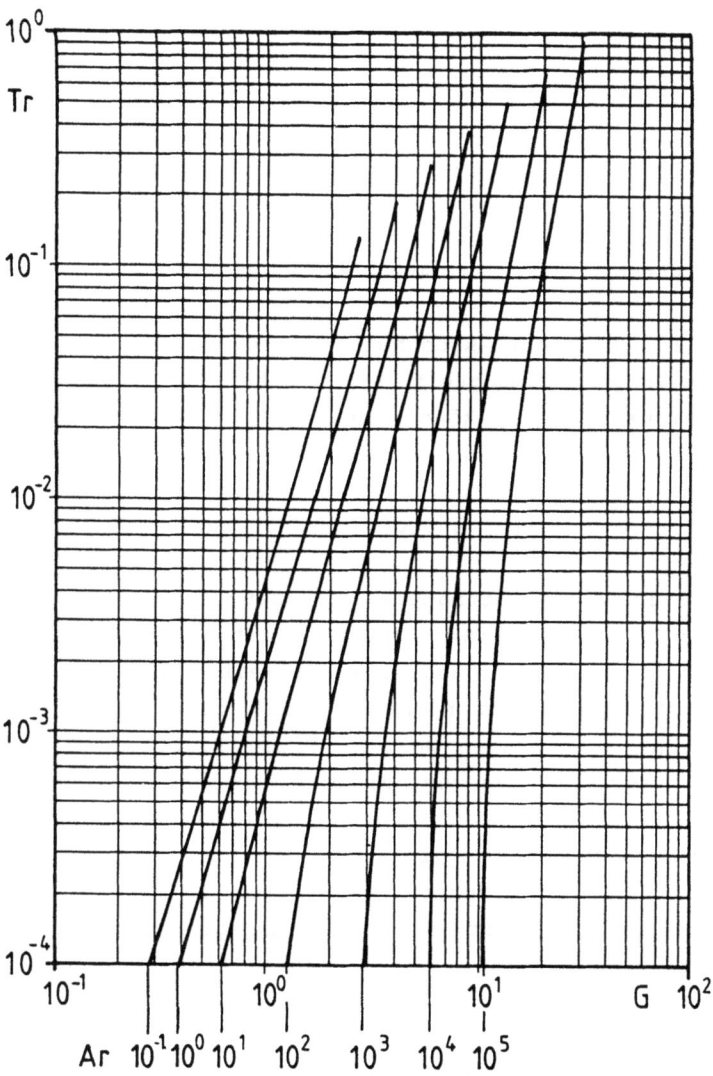

Bild 5.17: Austragsdiagramm für zirkulierende Wirbelschichten beim Vorliegen von zwei Beharrungsstrecken ($\varepsilon_L = 0,4$)

5.6.3 Feststoffaustrag aus zirkulierenden Wirbelschichten beim Vorliegen einer breiten Korngrößenverteilung des Bettmaterials

In zirkulierenden Wirbelschichten lassen sich beim Vorliegen einer breiten Korngrößenverteilung des Wirbelbettmaterials in Abhängigkeit von der eingestellten Leerrohrgasgeschwindigkeit zwei unterschiedliche Strömungszustände unterscheiden:

- Ist die Leerrohrgasgeschwindigkeit größer als die Einzelkornsinkgeschwindigkeit der größten Partikel des Wirbelbettmaterials, so können prinzipiell alle Feststoffpartikeln ausgetragen werden. Abhängig von der Fahrweise der zirkulierenden Wirbelschicht können in der Anlage eine oder zwei Beharrungsstrecken auftreten.

- Sind im Wirbelbettmaterial Feststoffpartikeln enthalten, deren Einzelkornsinkgeschwindigkeiten größer als die eingestellte Leerrohrgasgeschwindigkeit sind, so können diese Feststoffpartikeln nicht aus der zirkulierenden Wirbelschicht ausgetragen werden. Diese Partikeln liegen, wenn die Leerrohrgasgeschwindigkeit größer als deren Lockerungsgeschwindigkeit ist, unmittelbar oberhalb des Anströmbodens im fluidisierten Zustand vor. Es existieren dann immer zwei Beharrungsstrecken in der zirkulierenden Wirbelschicht. Ist die Lockerungsgeschwindigkeit dieser Partikeln größer als die eingestellte Leerrohrgasgeschwindigkeit, bilden sie auf dem Anströmboden eine Festbettschicht und wirken praktisch als Gasverteiler. Das Festbett bildet dann eine weitere Beharrungsstrecke.

Wird in einer zirkulierenden Wirbelschicht ständig Feststoff eingebracht, so ist beim Vorhandensein von Feststoffpartikeln mit einer Einzelkornsinkgeschwindigkeit größer als die eingestellte Leerrohrgasgeschwindigkeit Sorge dafür zu tragen, daß diese Feststoffpartikeln ständig unmittelbar oberhalb des Anströmbodens aus der zirkulierenden Wirbelschicht abgezogen werden. Würde dieses Abziehen unterbleiben, so würden sich diese Feststoffpartikeln in der zirkulierenden Wirbelschicht anreichern, was u.a. ein Ansteigen des Anlagendruckverlustes mit der Zeit zur Folge hätte.

Zur Bestimmung des Feststoffaustrages unterteilt man die Korngrößenverteilung des Wirbelbettmaterials in eine Vielzahl möglichst schmaler Korngrößenintervalle und berechnet deren Archimedes-Zahlen. Aus Bild 5.16 entnimmt man, daß bei gegebener dimensionsloser Leerrohrgasgeschwindigkeit der Druckverlust in der unteren Beharrungsstrecke von der Archimedes-Zahl abhängt. Er ist bei konstanter, dimensionsloser Leerrohrgasgeschwindigkeit umso größer, je größer die Archimedes-Zahl ist. Demzufolge müßte in der unteren Beharrungsstrecke eine Sichtung nach der Partikelgröße vorliegen. Wie jedoch aus Bild 5.16 zu entnehmen, sind die Druckgradienten und ist damit die Feststoffkonzentration in diesem Bereich der Anlage relativ hoch. Es ist deshalb praktisch kaum möglich, daß in der unteren Beharrungsstrecke keine Wechselwirkung zwischen den aus Feststoffpartikeln der einzelnen Kornklassen bestehenden Strähnen vorliegt. Eine nicht ganz abwegige Annahme ist dann, daß dort eine nahezu vollständige Mischung des Wirbelbettmaterials vorliegt und der Druckgradient dieser durchmischten Schicht praktisch unabhängig von deren Höhe ist. Die relative Querschnittsbedeckung in dieser Schicht mit Feststoffpartikeln einer Kornklasse ist dann gleich dem Massenanteil dieser Klasse am Wirbelbettmaterial. Man kann dann davon ausgehen, daß die untere Beharrungsstrecke aus nebeneinander angeordneten Feststoffsäulen besteht. Die einzelnen Feststoffsäulen bestehen aus Feststoffpartikeln einer Kornklasse mit dem mittleren Partikeldurchmesser d_{pi}. Die relative Wirbelschichtquerschnittsfläche, die die einzelnen Säulen einnehmen, ist gleich dem Massenanteil der jeweiligen Kornklasse am Wirbelbettmaterial ΔQ_3 $_{uBi}$. Für drei Kornklassen sind die Feststoffsäulen in der unteren Beharrungsstrecke schematisch in Bild 5.18 dargestellt. Der Feststoffaustrag aus den einzelnen Feststoffsäulen der unteren Beharrungsstrecke erfolgt in gleicher Weise wie beim Vorliegen einer Einkornfraktion.

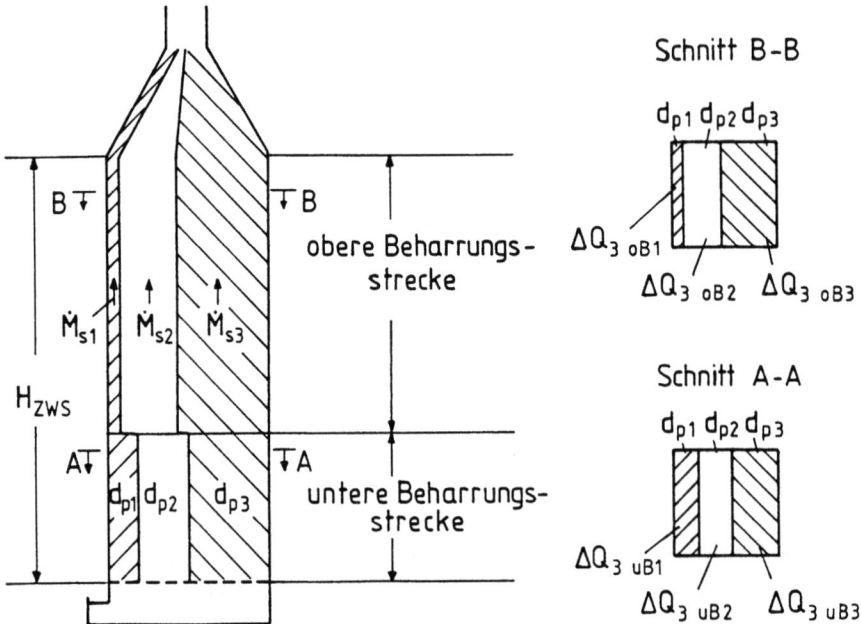

Bild 5.18: Modellvorstellung zum Berechnen des Feststoffaustrages aus zirkulierenden Wirbelschichten beim Vorliegen einer breiten Korngrößenverteilung des Wirbelbettmaterials

Für den Fall, daß zwei Beharrungsstrecken vorliegen, sind in Bild 5.17 die flächenbezogenen Feststoffausträge in Abhängigkeit von der Leerrohrgasgeschwindigkeit mit dem Partikeldurchmesser als Parameter in dimensionsloser Form dargestellt. Aus dieser Abbildung entnimmt man bei der vorgegebenen Leerrohrgasgeschwindigkeit für die mittleren Partikeldurchmesser der einzelnen Korngrößenintervalle die entsprechenden Ordinatenwerte und berechnet daraus die jeweiligen flächenbezogenen Feststoffausträge $\dot{m}_{si}$. Da die einzelnen Feststoffsäulen in der unteren Beharrungsstrecke nicht die gesamte Wirbelschichtquerschnittsfläche einnehmen, sondern nur den Anteil der ihrem Massenanteil am Wirbelbettmaterial $\Delta Q_{3\ uBi}$ entspricht, ergibt sich für den Feststoffaustrag der einzelnen Kornklassen

$$\dot{M}_{si} = \dot{m}_{si}\ F\ \Delta Q_{3\ uBi}\ , \qquad (5.18)$$

wobei F die Wirbelschichtquerschnittsfläche ist.

Bei großen Leerrohrgasgeschwindigkeiten können die Feststoffpartikeln einzelner Kornklassen axial gleich verteilt sein. Für diese Kornklassen existiert dann nur noch eine Beharrungsstrecke. Der maximale Druckgradient bei axialer Gleichverteilung der Feststoffpartikeln

$$\left(\frac{\Delta P}{(\rho_s - \rho_f)(1 - \varepsilon_L) g \Delta L} \right)_{hom}$$

hängt von der Bauart und der Fahrweise der zirkulierenden Wirbelschicht ab. Dieser Druckgradient wird bei großen Leerrohrgasgeschwindigkeiten bzw. kleinen mittleren Partikeldurchmessern der Kornklassen für den Feststoffaustrag limitierend (Kap. 5.4). Auch wenn eine derartige Limitierung vorliegt, erfolgt die Berechnung des Feststoffaustrages nach Gleichung (5.18). Den flächenbezogenen Feststoffaustrag $\dot{m}_{si}$ entnimmt man dann der entsprechenden Austragskurve beim Vorliegen einer Beharrungsstrecke.

Den insgesamt ausgetragenen Feststoffmassenstrom erhält man schließlich durch Summation der ausgetragenen Feststoffmassenströme der einzelnen Kornklassen

$$\dot{M}_s = \sum_{i=1}^{n} \dot{M}_{si} , \qquad (5.19)$$

wobei n die Anzahl der Korngrößenintervalle der Korngrößenverteilung des Wirbelbettmaterials darstellt.

Durch den Feststoffaustrag befinden sich auch Partikeln der einzelnen Kornklassen in der oberen Beharrungsstrecke und in der Rückführleitung. Dies hat zur Folge, daß in der unteren Beharrungsstrecke diese Kornklassen an Feststoffpartikeln verarmen. Da die Masse der Feststoffpartikeln, die sich in der oberen Beharrungsstrecke und in der Rückführleitung befinden, nicht für alle Kornklassen gleich groß ist, verändert sich die Kornverteilung in der unteren Beharrungsstrecke und damit der Massenanteil der einzelnen Kornklassen in diesem Bereich der zirkulierenden Wirbelschicht gegenüber der Kornverteilung des

Wirbelbettmaterials im Ruhezustand der Anlage. Diese Veränderung kann jedoch nur dann berücksichtigt werden, wenn Angaben über die "Speicherfähigkeit" der Rückführleitung vorhanden sind. Die Masse der Feststoffpartikeln der einzelnen Kornklassen in der oberen Beharrungsstrecke $M_{s\ oBi}$ kann aus dem ausgetragenen Feststoffmassenstrom $\dot{M}_{si}$ und der Strähnenverweilzeit berechnet werden. Die Strähnenverweilzeit ergibt sich aus der Höhe dieser Beharrungsstrecke H_{oB} und der Strähnengeschwindigkeit w_i (Kap. 5.5, Kap. 5.6.4):

$$M_{s\ oBi} = \dot{M}_{si}\ \frac{H_{oB}}{w_i}. \qquad (5.20)$$

Die Berechnung des ausgetragenen Feststoffmassenstromes der einzelnen Kornklassen kann dabei nur iterativ erfolgen. Man startet mit der Korngrößenverteilung des Wirbelbettmaterials im Ruhezustand der Anlage als der Korngrößenverteilung, die in der unteren Beharrungsstrecke vorliegt und berechnet die ausgetragenen Feststoffmassenströme der einzelnen Kornklassen. Anschließend berechnet man mit Gleichung (5.20) und Annahmen bzw. Angaben zur "Speicherfähigkeit" der Rückführleitung die Masse der Feststoffpartikeln der einzelnen Kornklassen, die sich in diesen Anlagenteilen befinden. Mit der verbleibenden Masse der einzelnen Kornklassen in der unteren Beharrungsstrecke kann dann für diesen Bereich der Anlage eine neue Korngrößenverteilung berechnet werden, mit der erneut in die Berechnungsschleife gegangen wird. Diesen Vorgang wiederholt man solange, bis sich die Änderung des insgesamt ausgetragenen Feststoffmassenstromes innerhalb einer vorgegebenen Schranke bewegt.

Die Rückwirkung des Feststoffaustrages auf die Korngrößenverteilung in der unteren Beharrungsstrecke hat im Vergleich zur Korngrößenverteilung im Ruhezustand der Anlage eine Verschiebung dieser Verteilung ins Grobe zur Folge. Daraus ergibt sich im Vergleich zur Nichtberücksichtigung dieser Rückwirkung ein geringerer Feststoffaustrag.

Die Korngrößenverteilung des die zirkulierende Wirbelschicht verlassenden Feststoffmassenstromes kann mit den Gleichungen (5.18) und (5.19) berechnet werden. Der Massenanteil der einzelnen Kornklassen im ausgetragenen Feststoffmassenstrom ΔQ_3 ausi ist dann

$$\Delta Q_{3 \text{ ausi}} = \frac{\dot{M}_{si}}{\dot{M}_s} \, . \tag{5.21}$$

Die hier vorgeschlagene Vorgehensweise zum Berechnen des Feststoffaustrages aus zirkulierenden Wirbelschichten beim Vorliegen einer breiten Korngrößenverteilung des Wirbelbettmaterials sollte nur dann angewandt werden, wenn eine gute Durchmischung des Feststoffes in der unteren Beharrungsstrecke gewährleistet ist. Liegt beispielsweise eine bimodale Kornverteilung aus sehr fein- und sehr grobkörnigem Material vor, so kann es in der unteren Beharrungsstrecke zu Entmischungserscheinungen kommen. Die groben Feststoffpartikeln befinden sich unmittelbar oberhalb des Anströmbodens und wirken auf die feinkörnigen Partikeln wie ein zusätzlicher Anströmboden. In der unteren Beharrungsstrecke tritt eine Sichtung des Wirbelbettmaterials hinsichtlich der Partikelgröße auf. Der ausgetragene Feststoffmassenstrom aus den zirkulierenden Wirbelschichten stellt sich in diesem Fall so ein, als wäre der feinkörnige Feststoff allein in der Anlage.

5.6.4 Druckgradient in der oberen Beharrungsstrecke einer zirkulierenden Wirbelschicht beim Vorliegen einer breiten Korngrößenverteilung des Bettmaterials

Die Modellvorstellung zur Berechnung des Feststoffaustrages aus zirkulierenden Wirbelschichten mit einer breiten Korngrößenverteilung des Wirbelbettmaterials (Kap. 5.6.1) geht davon aus, daß keine Wechselwirkung zwischen den Strähnen besteht. Demzufolge wird der aus der unteren Beharrungsstrecke ausgetragene Feststoffmassenstrom in Form von parallelen Feststoffsträhnen durch die obere Beharrungsstrecke transportiert, wobei die einzelnen Strähnen aus Feststoffpartikeln einer Kornklasse gebildet werden. Völlig offen ist zunächst, mit welcher Geschwindigkeit sich diese Strähnen in diesem Bereich der zirkulierenden Wirbelschicht bewegen und welchen Anteil der Wirbelschichtquerschnittsfläche die aus Feststoffpartikeln einer Kornklasse gebildeten Strähnen einnehmen, da noch keine

Aussage über die dort vorhandene Feststoffkonzentration gemacht werden kann.

In der zirkulierenden Wirbelschicht werden ständig Strähnen aufgelöst und neu gebildet. Hierdurch ist es möglich, daß sich die aus der unteren Beharrungsstrecke ausgetragenen Strähnen so umlagern, daß in einer bestimmten Anlagenhöhe der dort vorliegende, statische Druck an jeder Stelle der Wirbelschichtquerschnittsfläche derselbe ist. Das bedeutet, daß der durch den Strähnentransport verursachte Druckgradient unabhängig von der mittleren Korngröße der Feststoffpartikeln ist, aus denen die einzelnen Strähnen aufgebaut sind. Nach Gleichung (5.9) ist die Feststoffkonzentration in einem Höhenelement der zirkulierenden Wirbelschicht proportional dem dort vorliegenden Druckgradienten. Somit ist auch die querschnittsgemittelte Feststoffkonzentration, mit der die Strähnen der einzelnen Kornklassen durch die obere Beharrungsstrecke transportiert werden, unabhängig vom mittleren Korndurchmesser der Korngrößenintervalle. Der ausgetragene Massenstrom der Feststoffpartikeln eines Korngrößenintervalls $\dot{M}_{si}$ ist dann gleich dem Produkt aus Partikeldichte ρ_s, Feststoffkonzentration $(1 - \epsilon)$, Strähnengeschwindigkeit w_i und der Wirbelschichtquerschnittsfläche, die von den Strähnen dieses Korngrößenintervalls eingenommen wird, wobei diese Wirbelschichtquerschnittsfläche gleich der gesamten Wirbelschichtquerschnittsfläche F multipliziert mit dem relativen Anteil der Wirbelschichtquerschnittsfläche, der von den Strähnen in der oberen Beharrungsstrecke eingenommen wird $\Delta Q_{3\ oBi}$, ist

$$\dot{M}_{si} = \rho_s (1 - \epsilon) w_i \Delta Q_{3\ oBi} F . \qquad (5.22)$$

Aufgrund der Massenerhaltung ist dieser Feststoffmassenstrom gleich dem, der aus der unteren Beharrungsstrecke ausgetragen wird (5.18). Die Strähnengeschwindigkeiten w_i für die einzelnen Korngrößenintervalle können bei vorgegebener Leerrohrgasgeschwindigkeit und vorgegebenem Druckgradienten mit dem Gleichungssystem (4.15) bis (4.20) berechnet werden. Diese Berechnung muß bei Variation des Druckgradienten solange wiederholt werden, bis die Summe der relativen Querschnittsflächen $\Delta Q_{3\ oBi}$, die von den Strähnen der jeweiligen Korngrößenintervalle eingenommen werden, gleich Eins ist. Damit erhält man nicht nur den Druckgradienten in der oberen Beharrungsstrecke, sondern auch die lokale Korngrößenverteilung der Feststoffpartikeln in diesem Anlagenteil. Die Massenanteilsummenkurve $Q_{3\,oB}$ dieser Korngrößenverteilung ergibt sich durch Aufsummierung der relativen Querschnittsflächen $\Delta Q_{3\,oBi}$. Weiterhin erhält man bei der Berechnung des Druckgradienten die Strähnengeschwindigkeiten für die einzelnen Korngrößenintervalle. Mit diesen kann der für den Ablauf chemischer Reaktionen wichtige "Schlupf", d.h. die an den Feststoffpartikeln wirkende Relativgeschwindigkeit, erhalten werden. Mit den Strähnengeschwindigkeiten kann aber auch - in Verbindung mit Gleichung (5.20) - die Rückwirkung des Feststoffaustrages auf die Korngrößenzusammensetzung in der unteren Beharrungsstrecke berechnet werden.

6 Experimentelle Untersuchungen zum strömungsmechanischen Verhalten von zirkulierenden Wirbelschichten

6.1 Versuchsaufbau und verwendete Versuchsgüter

6.1.1 Versuchsaufbau

Zur Überprüfung des theoretisch abgeleiteten Zustands- und Druckverlustdiagrammes der zirkulierenden Wirbelschicht wurden experimentelle Untersuchungen durchgeführt. Die hierzu verwendete Versuchsanlage ist schematisch in Bild 6.1 dargestellt. Mit Hilfe einer Durchflußregelung über Blenden kann der Gasvolumenstrom und damit die Leerrohrgasgeschwindigkeit in der zirkulierenden Wirbelschicht eingestellt werden. Als Druckerzeuger wird ein Drehkolbengebläse mit einem maximalen Differenzdruck von 1 bar eingesetzt. Das Fluidisiergas wird über einen Anströmboden (Lochboden) der Wirbelschicht zugeführt. Beim Durchströmen der unmittelbar über dem Anströmboden befindlichen Feststoffschicht wird die Gasströmung mit Feststoff beladen. Die sich dadurch einstellende Gas-Feststoff-Strömung wird am oberen Ende der Wirbelschicht über einen zentrisch angeordneten Konus, der eine Erhöhung der Leerrohrgasgeschwindigkeit um den Faktor vier bewirkt, einem Zyklon zugeführt. Im Zyklon wird der ausgetragene Feststoff von der Gasströmung getrennt. Bei den Versuchen zeigte sich, daß für die Feststoffabscheidung ein Zyklon ausreichend ist. Während die Gasströmung nach einer Feinreinigung die zirkulierende Wirbelschichtanlage verläßt, wird der abgeschiedene Feststoff über die Rückführleitung unmittelbar über dem Anströmboden der Wirbelschicht erneut zugeführt.

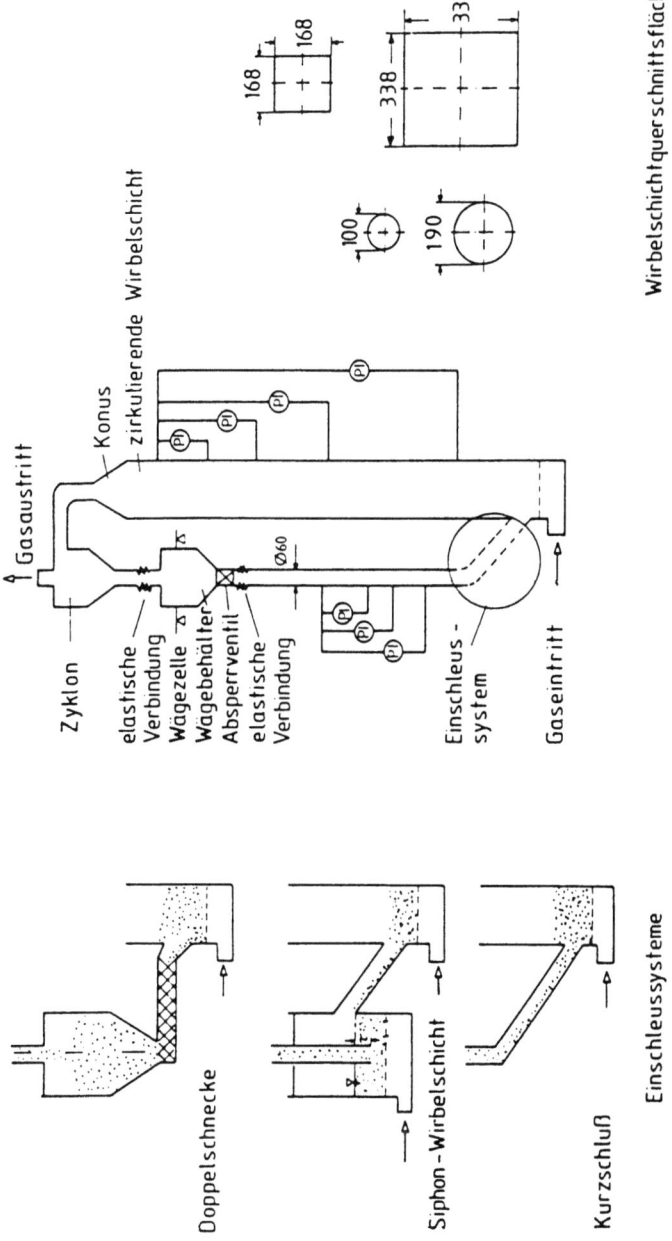

Bild 6.1: Versuchsanlage

Unterhalb des Zyklons ist ein Wägebehälter angeordnet. Dieser Behälter sitzt auf einer Wägezelle und ist elastisch mit der übrigen Anlage verbunden. Durch kurzzeitiges Schließen des am Wägebehälter befindlichen Ventils wird der ausgetragene und im Zyklon abgeschiedene Feststoff gesammelt und verwogen. Aus der Zunahme des Behältergewichtes mit der Zeit erhält man bei Bezug auf die Wirbelschichtquerschnittsfläche die pro Quadratmeter und Sekunde ausgetragene Feststoffmenge, den sog. spezifischen Feststoffmassenstrom. Die im Schlauchfilter bei der Feinreinigung der Gasströmung anfallende Feststoffmenge konnte bei der Feststoffbilanz vernachlässigt werden.

Im Aufstromteil der zirkulierenden Wirbelschicht konnten verschiedene Querschnittsflächen eingebaut werden. Neben kreisförmigen Querschnitten mit $D = 0{,}1$ m und $D = 0{,}19$ m wurden auch quadratische Querschnitte mit einer Kantenlänge von $a = 0{,}168$ m und $a = 0{,}338$ m eingesetzt. Die Querschnittsfläche der quadratischen Wirbelschicht mit der Kantenlänge $a = 0{,}168$ m ist praktisch gleich jener der kreisförmigen Wirbelschicht mit einem Durchmesser von $D = 0{,}19$ m. Die Höhe des Aufstromteils der zirkulierenden Wirbelschicht, d.h. der Abstand zwischen dem Anströmboden und der Unterkante des Konus' beträgt 10 m bis 11,45 m, abhängig von der verwendeten Wirbelschichtquerschnittsfläche.

Die kreisförmige, vertikale Falleitung hat einen Durchmesser von $D = 0{,}06$ m und eine Länge von ca. 6,2 m.

Im Aufstromteil der zirkulierenden Wirbelschicht können mit Hilfe von 13 Differenzdruckaufnehmern und im Abstromteil (Falleitung) mit 6 Differenzdruckaufnehmern die jeweiligen axialen Druckprofile aufgenommen und mit einem Meßdatenerfassungssystem verarbeitet werden.

Zum Wiedereinbringen des Feststoffes in die zirkulierende Wirbelschicht konnten zwischen dem unteren Ende der Falleitung und dem Aufstromteil der Anlage verschiedene Einschleussysteme eingebaut werden:

Einbau einer Doppelschnecke mit Vorratsbehälter
Die Doppelschnecke wirkt gleichzeitig als Feststoffdosiereinrichtung und Druckschleuse. Mit ihr ist es möglich, einen definierten Feststoffmassenstrom von dem am unteren Ende der Falleitung vorliegenden Druck gegen den im Aufstromteil herrschenden Druck in die zirkulierende Wirbelschicht zu dosieren. Gleichzeitig wirkt die Doppelschnecke in erster Näherung als Gasabsperrarmatur, so daß bei der Versuchsauswertung davon ausgegangen werden kann, daß keine Bypass-Strömung des Gases durch die Falleitung vorliegt. Die Leerrohrgasgeschwindigkeit in der Falleitung ist demnach näherungsweise gleich Null.

Die zirkulierende Wirbelschicht mit diesem Einschleussystem entspricht demnach der in Kap. 5.2.1 erläuterten Wirbelschichtbauart mit Dosiereinrichtung und Druckschleuse.

Einbau eines Siphons
Zwei verschiedene Siphonausführungen können eingesetzt werden.

a) Siphon in Form einer blasenbildenden Wirbelschicht
   Bei dieser Siphonform mündet das untere Ende der Falleitung in eine blasenbildende Wirbelschicht, deren Überlauf mit dem Aufstromteil der zirkulierenden Wirbelschicht verbunden ist (Bild 6.1). Die Eintauchtiefe der Falleitung in die blasenbildende Wirbelschicht τ kann stufenlos eingestellt werden. Die Fluidisiergasmenge der Siphonwirbelschicht wurde so eingestellt, daß gerade die Minimalfluidisation überschritten ist und sich erste Blasen zeigen. Bei der Auswertung der Versuche wurde davon ausgegangen, daß die gesamte Fluidisiergasmenge der Siphonwirbelschicht durch den Überlauf in den Aufstromteil der zirkulierenden Wirbelschicht strömt und so die Leerrohrgasgeschwindigkeit in der Falleitung Null ist. In der Falleitung liegt somit keine By-Pass-Strömung des Gases vor. Die Annahme ist auch aufgrund der geringen Fluidisiergasmenge der Siphonwirbelschicht im Vergleich zur Gasmenge im Aufstromteil der zirkulierenden Wirbelschicht gerechtfertigt.

b) Siphon in Form eines Kurzschlusses
   Eine weitere Siphonausführung besteht darin, die Falleitung direkt mit dem Aufstromteil der zirkulierenden Wirbel-

schicht zu koppeln. In diesem Fall wird der Siphon nicht separat mit Fluidisierluft versorgt. Die im Verbindungsteil zwischen der Falleitung und der zirkulierenden Wirbelschicht befindliche Feststoffschicht wird von einem Teil der in die Wirbelschicht eingebrachten Gasströmung fluidisiert. Optisch konnte festgestellt werden, daß die Blasenaktivität in diesem Verbindungsstück sehr gering ist, so daß auch bei dieser Anlagenkonfiguration davon ausgegangen werden kann, daß näherungsweise keine Bypass-Strömung des Gases über die Falleitung vorliegt. Es kann deshalb angenommen werden, daß die Leerrohrgasgeschwindigkeit in der Falleitung gleich Null ist.

Die Anlagenkonfiguration mit Siphonwirbelschicht bzw. Kurzschluß entspricht der in Kap. 5.2.2 beschriebenen Bauart der zirkulierenden Wirbelschicht mit Siphon.

6.1.2 Versuchsgüter

Das Zustands- und Druckverlustdiagramm der zirkulierenden Wirbelschicht wurde für Einkornfraktionen abgeleitet. Zur Überprüfung des Diagrammes werden deshalb Versuchsgüter eingesetzt, die eine sehr enge Kornverteilung aufweisen, so daß näherungsweise von Einkornfraktionen gesprochen werden kann. Neben ihrer Korngröße (Sauterdurchmesser [39]) unterscheiden sich die einzelnen Versuchsgüter hauptsächlich hinsichtlich ihrer Dichte. Während der Sauterdurchmesser etwa um den Faktor 7 variiert wurde, unterscheidet sich die Feststoffdichte etwa um den Faktor 12 (Tabelle 6.1). Von jedem Versuchsgut wurde die Wirbelschichtkennlinie [30] aufgenommen und daraus die Lockerungsgeschwindigkeit u_{mf} und die Lockerungsporosität ε_L bestimmt. Zur Überprüfung des Einflusses der Breite der Korngrößenverteilung auf den Feststoffaustrag wurden bei den Versuchen noch zwei breite Quarzsandfraktionen eingesetzt (Bild 6.2). Die Einzelkornsinkgeschwindigkeit w_f wurde für den Sauterdurchmesser unter der Annahme kugelförmig vorliegender Partikeln mit (4.12) berechnet.

	Kataly-sator	Kupfer	Glas	Quarz	Eisen	Quarz (breit)
d_p [µm]	25	67	86	140	145	160
ρ_s [$\frac{kg}{m^3}$]	740	8850	2780	2632	7534	2630
u_{mf} [$\frac{m}{s}$]	0,0016	0,0176	0,0079	0,032	0,060	0,046
ε_L [-]	0,548	0,434	0,438	0,553	0,427	0,52
w_f [$\frac{m}{s}$]	0,013	0,86	0,47	0,97	2,23	1,13
Ar [-]	0,4	95	63	256	816	383
Geldart-gruppe	A	B	B	B	B	B

Tabelle 6.1: Versuchsgüter

Nach der Schüttgutklassifikation von Geldart [8] gehört der Katalysator der Gruppe A an, während alle anderen Versuchsgüter der Gruppe B zuzuordnen sind.

Mit der Glaskugelfraktion (d_p = 86 µm) wurden Versuche mit allen drei Einschleussystemen (Bild 6.1) durchgeführt. Bei den restlichen Versuchsgütern wurde als Einschleussystem die Siphonwirbelschicht eingesetzt. Bis auf die breite Quarzsandfraktion, die nur in der kreisförmigen Wirbelschicht mit D = 0,19 m untersucht wurde, sind alle anderen Feststoffe in den beiden kreisförmigen und der kleinen quadratischen Wirbelschicht mit a = 0,168 m zum Einsatz gekommen. In der großen quadratischen Wirbelschicht a = 0,338 m wurden nur der Katalysator und die Quarzsandfraktion d_p = 140 µm untersucht.

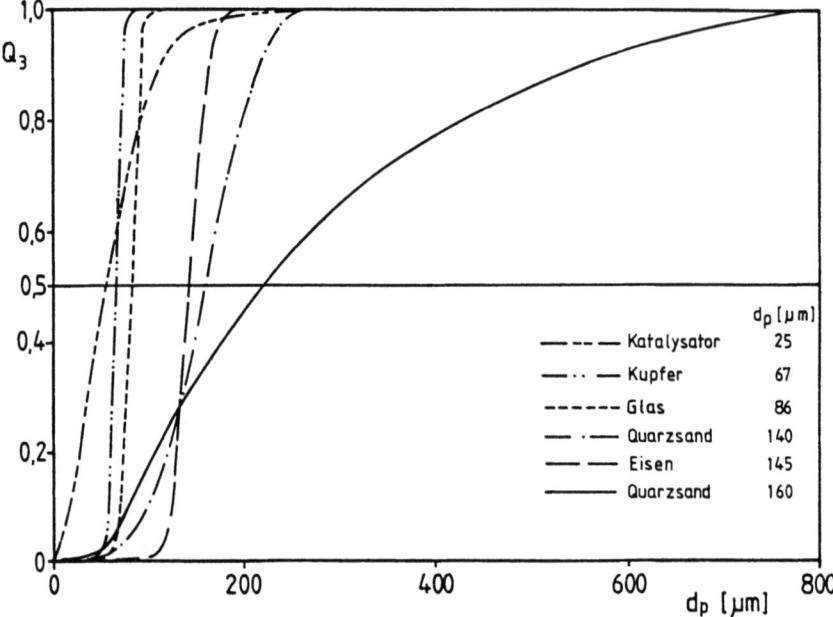

Bild 6.2: Kornverteilungen der verwendeten Versuchsgüter

6.2 Axiale Druckprofile

Bei allen untersuchten Querschnitten der zirkulierenden Wirbelschicht befinden sich über die Höhe verteilt 14 Druckmeßstutzen. Die Messung der axialen Druckprofile erfolgte durch Bestimmung der Differenzdrücke gegenüber dem obersten Druckmeßstutzen in der Wirbelschicht (Bild 6.1). Sobald sich in der zirkulierenden Wirbelschicht ein stationärer Zustand eingestellt hat, wird mit Hilfe eines Meßdatenerfassungssystems das Druckprofil aufgenommen, abgespeichert und dokumentiert.

Beispielhaft werden im folgenden einige Druckprofilmessungen für die Glaskugelfraktion d_p = 86 µm in der kleinen quadratischen Wirbelschicht a = 0,168 m mitgeteilt.

Beim Einsatz der Doppelschnecke als Einschleussystem wurde die Leerrohrgasgeschwindigkeit in der zirkulierenden Wirbelschicht konstant gehalten und durch Variation der Schneckendrehzahl der eindosierte Feststoffmassenstrom stufenweise erhöht. In Bild 6.3 sind für eine Leerrohrgasgeschwindigkeit die gemessenen Druckprofile wiedergegeben. Parameter ist der durchgesetzte, flächenbezogene, spezifische Feststoffmassenstrom. Die Druckmeßstellen sind durch kleine, horizontale Striche angedeutet. Bei kleinen, spezifischen Feststoffmassenströmen lassen sich im Druckprofil drei Bereiche unterscheiden:

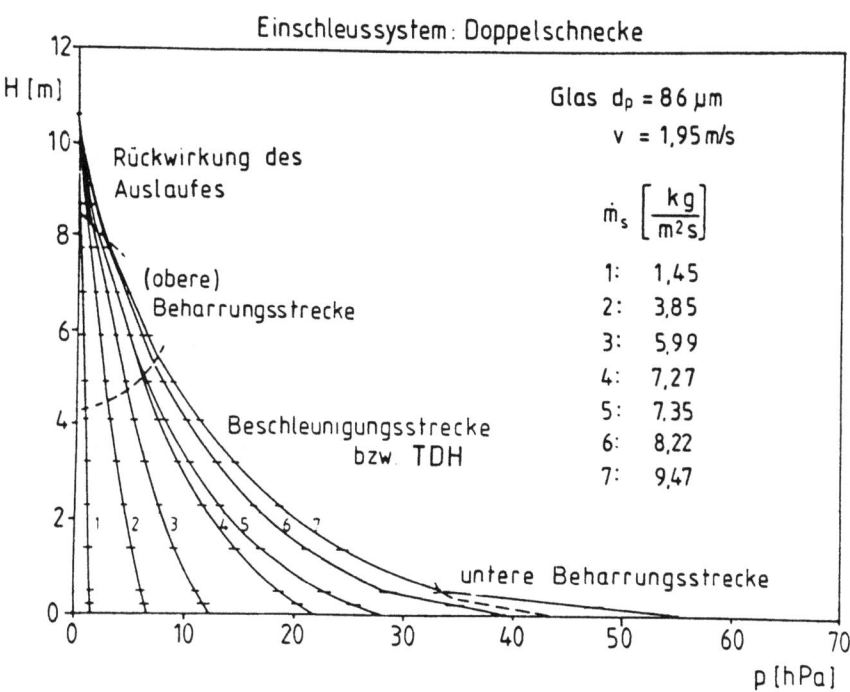

Bild 6.3: Axiale Druckprofile für Glaskugeln (d_p = 86 µm) bei Verwendung der Doppelschnecke als Einschleussystem

1) Im unteren Bereich der Wirbelschicht wird der eindosierte Feststoff von der Gasströmung beschleunigt. Dadurch nimmt die Feststoffkonzentration und damit der Druckgradient mit zunehmender Anlagenhöhe ab. Die Beschleunigungsstrecke beträgt in der quadratischen Wirbelschicht mit a = 0,168 m im allgemeinen 3 bis 6 m. Dies war auch bei allen anderen untersuchten Feststoffen der Fall. Bei einem probeweisen Einsatz von Glaskugeln mit d_p = 200 µm ergaben sich Beschleunigungsstrecken von über 8 m. Da die Höhe der zirkulierenden Wirbelschicht nur ca. 11,5 m beträgt, wurde auf eine weitere Untersuchung dieses relativ grobkörnigen Materials verzichtet.

2) Im mittleren Bereich der Wirbelschicht ist die Feststoffbeschleunigung abgeschlossen und die Feststoffkonzentration bzw. der Druckgradient konstant. Der Anlagenabschnitt, in dem ein konstanter Druckgradient vorliegt, wird als Beharrungsstrecke bezeichnet.

3) Der Feststoffauslauf wirkt auf das Druckprofil zurück. Dadurch ist der Druckgradient im oberen Teil der Anlage kleiner als in der Beharrungsstrecke.

Mit zunehmendem, eindosierten Feststoffmassenstrom wird die Beharrungsstrecke immer kleiner und die beiden anderen Bereiche immer größer. Bei einem bestimmten spezifischen Feststoffmassenstrom [9,47 kg/(m^2 s)] ist schließlich die Stabilitätsgrenze erreicht. Wird der zudosierte Feststoffmassenstrom weiter erhöht, so wird mit dem überschüssigen Feststoffmassenstrom die Anlage mit Feststoff gefüllt. Es bildet sich unmittelbar über dem Anströmboden ein Bereich mit großer Feststoffkonzentration aus, dessen Höhe mit der Zeit immer größer wird. Da der Druckgradient in diesem Bereich konstant bleibt, wird dieser Abschnitt der zirkulierenden Wirbelschicht als untere Beharrungsstrecke bezeichnet.

Beim Durchströmen der unteren Beharrungsstrecke wird von der Gasströmung mehr Feststoff herausgeschleudert, als von ihr gerade noch stabil getragen werden kann. Der überschüssige Feststoff fällt zurück. Dadurch verringert sich die Feststoffkonzentration und damit der Druckgradient mit zunehmender Anlagenhöhe. Nach einer bestimmten Höhe, der sog. "Transport-Disengaging-Height" (TDH), hat sich die Feststoffkonzentration soweit verringert, daß sie von der Gasströmung stabil getragen werden kann. Die Feststoffkonzentration bzw. der Druckgradient bleibt deshalb mit zunehmender Höhe wieder konstant. Dieser Bereich der zirkulierenden Wirbelschicht wird beim Vorliegen einer unteren Beharrungsstrecke als obere Beharrungsstrecke bezeichnet. Unmittelbar am Anlagenkopf wirkt wieder der Auslauf auf das Druckprofil zurück.

Zur Bestimmung einer Beharrungsstrecke seien an dieser Stelle noch einige prinzipielle Anmerkungen gemacht. Damit eine Beharrungsstrecke detektiert werden kann, muß diese länger als der Abstand von zwei Druckmeßstellen sein. Je mehr Meßstellen innerhalb der Beharrungsstrecke liegen, desto sicherer ist deren Bestimmung. Aus versuchstechnischen Gründen steht jedoch immer nur eine begrenzte Anzahl von Druckaufnehmern zur Verfügung, so daß ein bestimmter Meßstellenabstand nicht unterschritten werden kann. Es ist deshalb nicht immer möglich, die Beharrungsstrecke zu bestimmen. Dies gilt insbesondere für die untere Beharrungsstrecke.

Bei Verwendung der Siphonwirbelschicht bzw. des Kurzschlusses (Bild 6.1) als Einschleussystem erhält man ähnliche Druckprofile wie beim Einsatz der Doppelschnecke (Bild 6.4). Versuchsgut ist wiederum die Glaskugelfraktion d_p = 86 µm. Bei einem Siphon in der Rückführleitung einer zirkulierenden Wirbelschicht in Form einer Siphonwirbelschicht oder des Kurzschlusses, wird eine bestimmte Feststoffmenge in die Anlage eingefüllt. Die Druckprofile werden bei unterschiedlichen Gasgeschwindigkeiten aufgenommen. Bei den in Bild 6.4 dargestellten Messungen beträgt die Höhe der Feststoffschicht im Zustand der Minimalfluidisation beim Einsatz der Siphonwirbelschicht 0,1 m und bei Verwendung des Kurzschlusses 0,3 m. Bei kleinen Leerrohrgasgeschwindigkeiten treten in der zirkulierenden Wirbelschicht zwei Beharrungsstrecken auf. Die Gasströmung kann bei diesen Geschwindigkeiten nur einen bestimmten, maximalen spezifischen Feststoffmassenstrom aus der zirkulierenden Wirbelschicht austragen. Deshalb kann die Gasströmung nur einen Teil der in der Anlage vorhandenen Feststoffmenge in den oberen Bereich der zirkulierenden Wirbelschicht tragen. Der restliche Teil des Feststoffes befindet sich unmittelbar über dem Anströmboden in der unteren Beharrungsstrecke. Mit zunehmender Leerrohrgasgeschwindigkeit kann die Gasströmung eine immer größere Feststoffmenge im oberen Teil der Anlage tragen. Dadurch verringert sich - da die in der zirkulierenden Wirbelschicht vorhandene Feststoffmenge konstant ist - die Feststoffmenge in der unteren Beharrungsstrecke und damit deren Länge. Diesem Vorgang wirkt jedoch die Expansion der unteren Beharrungsstrecke entgegen. Abhängig davon, welcher der beiden Effekte überwiegt, tritt eine Vergrößerung oder Verkleinerung der unteren Beharrungsstrecke mit zunehmender Leerrohrgasgeschwindigkeit ein.

Bei großen, relativen Füllhöhen, d.h. bei relativen Füllhöhen, die größer als die kritische Füllhöhe von ca. 0,15 sind, überwiegt der Expansionseffekt, während bei kleinen, relativen Füllhöhen der erstgenannte Effekt, d.h. die Reduzierung der Länge der unteren Beharrungsstrecke durch Verbringen von Feststoff in den oberen Teil der Anlage für die Ausdehnung der unteren Beharrungsstrecke von entscheidender Bedeutung ist. Bei großen, relativen Füllhöhen wird deshalb die untere Beharrungsstrecke mit zunehmender Gasgeschwindigkeit immer länger. Bei kleinen, relativen Füllhöhen, die fast ausschließlich bei den durchgeführten Versuchen vorgelegen haben, nimmt die Länge der unteren Beharrungsstrecke mit zunehmender Gasgeschwindigkeit ab. Schließlich kann bei großen Leerrohrgasgeschwindigkeiten keine untere Beharrungsstrecke mehr existieren. In diesem Fall spricht man davon, daß der Feststoff gleichmäßig über die Anlagenhöhe verteilt ist, was jedoch wegen der Beschleunigungseffekte im unteren Bereich der Anlage und der Rückwirkung des Auslaufes nur bedingt richtig ist.

Durch die Feststoffzirkulation befindet sich immer auch Feststoff in der Rückführleitung und im Zyklon. Diese Teile der zirkulierenden Wirbelschichtanlage wirken deshalb wie ein Feststoffspeicher, in dem sich abhängig von der Leerrohrgasgeschwindigkeit eine bestimmte Feststoffmenge befindet. Da die in der zirkulierenden Wirbelschicht vorhandene Feststoffmenge konstant ist, ändert sich ebenfalls in Abhängigkeit von der Leerrohrgasgeschwindigkeit die Feststoffmenge im Aufstromteil der zirkulierenden Wirbelschicht. Dies äußert sich darin, daß der Gesamtdruckverlust der zirkulierenden Wirbelschicht bei Änderung der Leerrohrgasgeschwindigkeit nicht konstant bleibt. Die Ausführungsform des Siphons, als Siphonwirbelschicht oder als Kurzschluß hat - wie aus dem Vergleich der einzelnen Kurven für $v = 1,15$ m/s bzw. $v = 1,18$ m/s in Bild 6.4 ersichtlich - keinen Einfluß auf den Verlauf der Druckprofile.

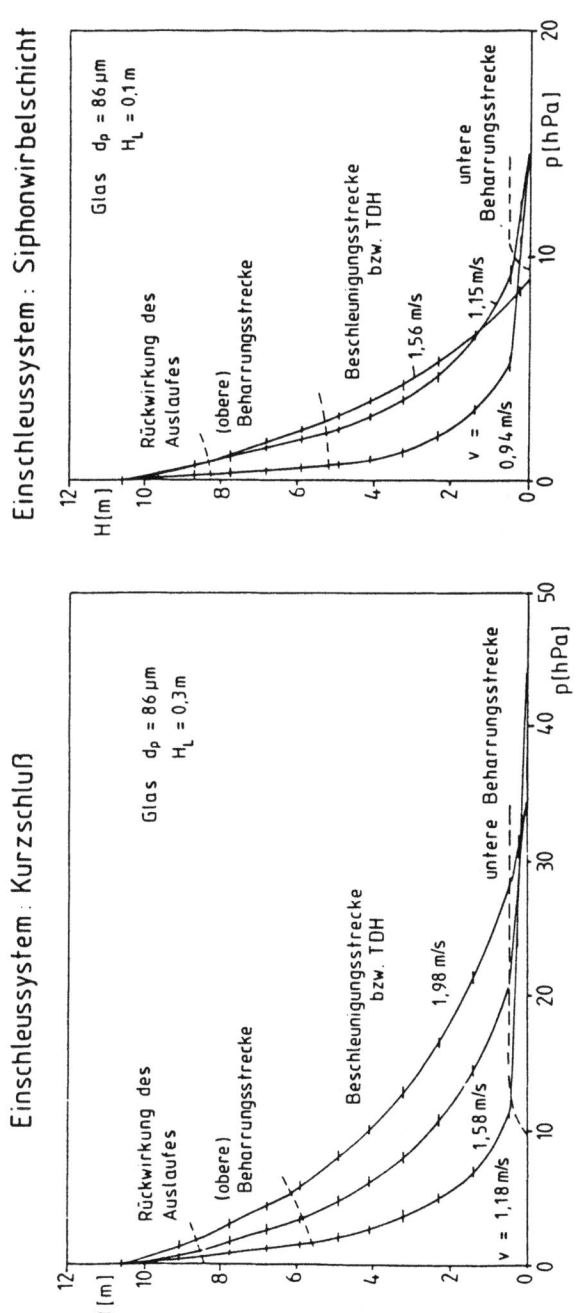

Bild 6.4: Axiale Druckprofile für Glaskugeln (d_p = 86 μm) beim Einsatz einer Siphonwirbelschicht bzw. eines Kurzschlusses als Einschleussystem

6.3 Einfluß des Auslaufes der zirkulierenden Wirbelschicht auf die Ausbildung von Wandsträhnen

Bei allen untersuchten Wirbelschichtquerschnittsflächen konnte die Gas-Feststoff-Strömung visuell beobachtet werden. Im Bereich der Beschleunigungsstrecke bzw. der TDH und der (oberen) Beharrungsstrecke konnten bei allen Versuchen an der Wand Strähnen beobachtet werden. Gelangen Feststoffpartikeln in den unmittelbaren Wandbereich, so bilden sie dort Wandsträhnen, die in Richtung der Erdschwere nach unten fallen. Nach einer bestimmten Fallstrecke lösen sie sich wieder auf, und die Feststoffpartikeln können erneut nach oben transportiert werden. Aus der visuellen Beobachtung der Gas-Feststoff-Strömung erhält man ein qualitatives Bild für die radiale Verteilung der Feststoffkonzentration (Bild 6.5). In der Kernströmung werden die Feststoffpartikeln und die Feststoffsträhnen vertikal-aufwärts transportiert. Die Feststoffkonzentration ist dort konstant. Im Wandbereich fallen unmittelbar an der Wand Feststoffsträhnen nach unten. Im Grenzbereich zur Kernströmung wird der von aufgelösten Wandsträhnen stammende Feststoff wieder vertikal-aufwärts transportiert. Es liegt somit im Wandbereich eine interne Feststoffzirkulation vor. Für die Feststoffkonzentration folgt damit, daß diese in Richtung zur Wand zunimmt. Somit ergibt sich das Bild einer zweigeteilten Gas-Feststoff-Strömung: es existiert ein Wandbereich und ein von diesem unabhängiger Kernbereich.

Unmittelbar unterhalb des zentrisch angeordneten Auslaufkonus' sind - wie visuell zu beobachten - keine Wandsträhnen vorhanden. Diese bilden sich erst allmählich mit zunehmender Entfernung vom Auslauf aus. Dadurch wird die querschnittsgemittelte Feststoffkonzentration aufgrund der Ausbildung von Wandsträhnen mit zunehmendem Abstand vom Auslauf immer größer, bis sie schließlich im Bereich der (oberen) Beharrungsstrecke, wo ausgebildete Wandsträhnen vorliegen, konstant bleibt. Im Druckprofil äußert sich dies darin, daß der Druckgradient unmittelbar unterhalb des Auslaufes relativ klein ist und mit zunehmender Entfernung vom Auslauf zunimmt. Im Bereich der vollausgebildeten Wandsträhnen, d.h. in der (oberen) Beharrungsstrecke, ist dann der Druckgradient konstant.

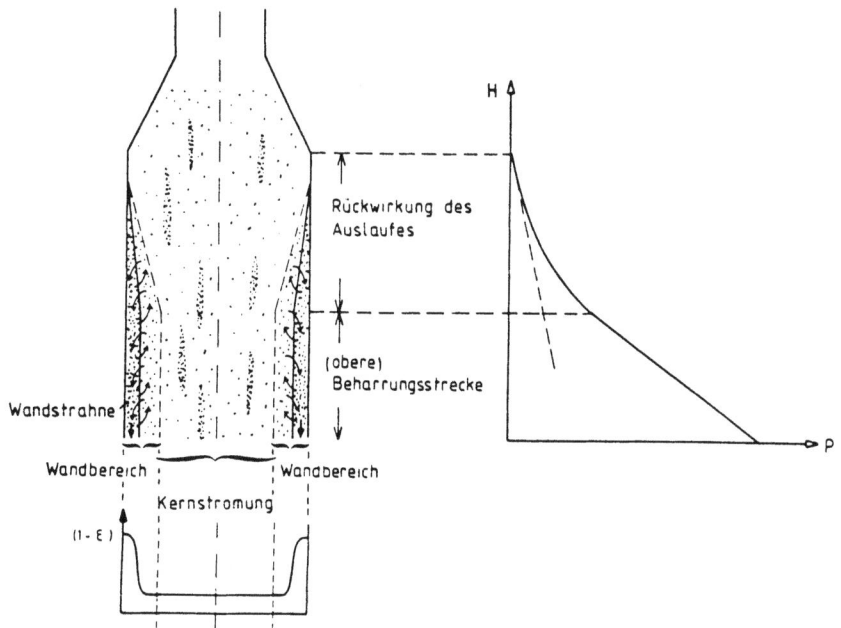

Bild 6.5: Druckprofil und Strömungsstruktur im Bereich des Auslaufkonus'

Bei Verwendung eines zentrisch angeordneten Konus' als Wirbelschichtauslauf werden alle Feststoffpartikeln, die sich unmittelbar unterhalb des Auslaufes befinden, aus der Wirbelschicht ausgetragen. Bei einem seitlichen Wirbelschichtauslauf hingegen findet unmittelbar am Auslauf in der zirkulierenden Wirbelschicht eine interne Feststoffabscheidung statt. Hierdurch können sich in unmittelbarer Nähe des Auslaufes Wandsträhnen bilden und die Feststoffkonzentration bzw. der Druckgradient ist größer als bei Anwendung eines zentrisch angeordneten Auslaufkonus' und größer als in der (oberen) Beharrungsstrecke [46]. Wegen der internen Feststoffabscheidung ist bei einem seitlichen Wirbelschichtauslauf auch der ausgetragene Feststoffmassenstrom kleiner als bei Verwendung eines zentrischen Auslaufkonus'. Testmessungen mit der Glaskugelfraktion bestätigen diesen Sachverhalt.

Da bei allen Versuchen ein zentrisch angeordneter Auslaufkonus verwendet wurde, kann wegen der fehlenden Wandsträhnen aus dem Druckgradienten unmittelbar unterhalb des Auslaufes die Feststoffkonzentration in der Kernströmung berechnet werden. Das Verhältnis des Druckgradienten unmittelbar unterhalb des Auslaufes zum Druckgradienten in der (oberen) Beharrungsstrecke gibt an, wie groß der Einfluß der Wandsträhnen auf den Druckgradienten und damit auf die Feststoffkonzentration in der (oberen) Beharrungsstrecke ist. Unabhängig von der Querschnittsform, der Querschnittsfläche der zirkulierenden Wirbelschicht und vom eingesetzten Versuchsgut ergeben sich für das Verhältnis der Druckgradienten Werte zwischen 0,6 und 0,8. Daraus kann gefolgert werden, daß 20 bis 40 % der in der (oberen) Beharrungsstrecke vorhandenen Feststoffkonzentration im Wandbereich in Form von Wandsträhnen an einer internen Feststoffzirkulation teilnehmen.

6.4 Einfluß von Querschnittsform und Querschnittsfläche der zirkulierenden Wirbelschicht auf das axiale Druckprofil

Die kreisförmige Wirbelschicht mit $D = 0,19$ m und die quadratische Wirbelschicht mit einer Kantenlänge von $a = 0,168$ m haben eine nahezu gleich große Querschnittsfläche. Mit diesen beiden Wirbelschichten wurden Versuche zum Einfluß der Wirbelschichtquerschnittsform auf das axiale Druckprofil durchgeführt. Bei allen durchgeführten Versuchen ergab sich, daß die Druckprofile bei gleichen Betriebsbedingungen im Rahmen der bei Differenzdruckmessungen auftretenden Meßwertschwankungen keine Unterschiede zeigen. Ein Einfluß der Querschnittsform der zirkulierenden Wirbelschicht auf das axiale Druckprofil kann nicht festgestellt werden.

Zum Einfluß der Wirbelschichtquerschnittsfläche auf das axiale Druckprofil wurden unter vergleichbaren Bedingungen Versuche an der kreisförmigen zirkulierenden Wirbelschicht mit $D = 0,1$ m und $D = 0,19$ m durchgeführt. Als Beispiel sind in Bild 6.6 zwei Druckprofile bei Verwendung der Kupferfraktion als Versuchsgut dargestellt. Im Gegensatz zur zirkulierenden Wirbelschicht mit dem großen Durchmesser $D = 0,19$ m wird in der Anlage mit dem kleinen Durchmesser $D = 0,1$ m aus der unmittelbar über dem Anströmboden befindlichen, unteren Beharrungsstrecke von der Gasströmung der Feststoff herauskatapultiert. Dieser fliegt - wie auch visuell leicht feststellbar -

bis in eine Höhe von ca. 4 - 6 m. Erst bei dieser Höhe beginnt dann das für den TDH-Bereich typische "Ausregnen", d.h. das Zurückfallen des zuviel aus der unteren Beharrungsstrecke heraustransportierten Feststoffes. Dieser Vorgang ist am oberen Ende der zirkulierenden Wirbelschicht noch nicht abgeschlossen. Aus diesem Grunde kann bei der zirkulierenden Wirbelschicht mit dem kleinen Durchmesser D = 0,1 m keine obere Beharrungsstrecke detektiert werden. Bei der Anlage mit dem großen Durchmesser D = 0,19 m tritt das Hochkatapultieren des Feststoffes nicht auf. Bei dieser Anlage reicht deshalb die Höhe der zirkulierenden Wirbelschicht von ca. 11 m aus, um die obere Beharrungsstrecke zu bestimmen. Das Hochkatapultieren von Feststoff in der zirkulierenden Wirbelschicht mit dem kleinen Durchmesser D = 0,1 m trat auch bei anderen Versuchsgütern auf.

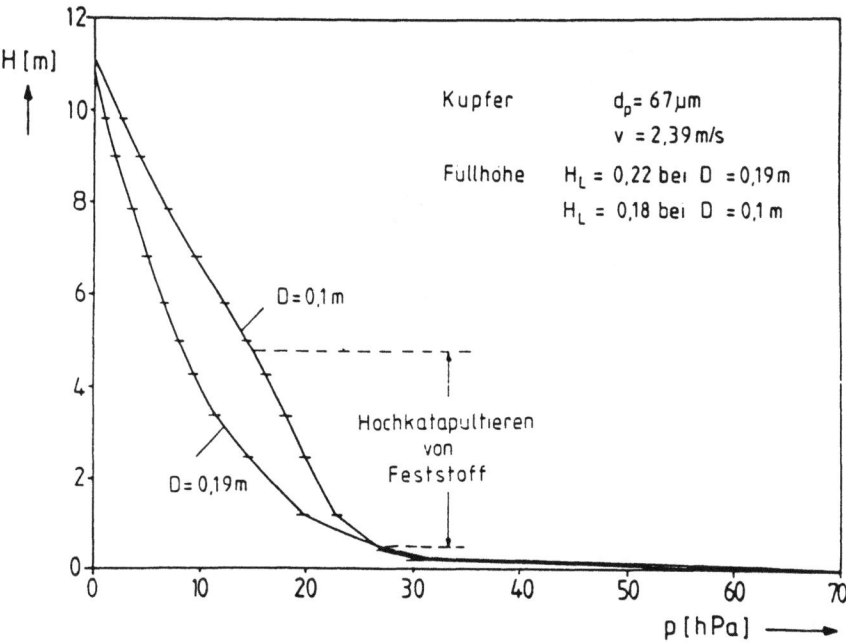

Bild 6.6: Einfluß des Wirbelschichtdurchmessers auf das axiale Druckprofil (Einschleussystem: Siphonwirbelschicht)

Einige wenige Messungen des Druckprofils in der zirkulierenden Wirbelschicht mit der großen quadratischen Querschnittsfläche a = 0,338 m zeigen keinen Unterschied zu den Profilen in der kreisförmigen Wirbelschicht mit D = 0,19 m und den in der quadratischen mit a = 0,168 m.

6.5 Feststoffaustrag

Parallel zur Bestimmung des axialen Druckprofils wurde mit der in Kap. 6.1 beschriebenen Meßeinrichtung der Feststoffaustrag aus der zirkulierenden Wirbelschicht bestimmt.

Durch Verwendung des zentrischen Auslaufkonus' am oberen Ende der Wirbelschicht werden alle Feststoffpartikeln, die sich unmittelbar unterhalb des Auslaufes befinden, von der Gasströmung ausgetragen. Damit ist der ausgetragene Feststoffmassenstrom proportional zu der unmittelbar unterhalb des Auslaufkonus' vorhandenen Feststoffkonzentration. Solange diese Feststoffkonzentration unabhängig von der Querschnittsform und der Querschnittsfläche der zirkulierenden Wirbelschicht ist und eine obere und untere Beharrungsstrecke detektiert werden kann, gibt der gemessene Feststoffaustrag den maximalen, stabil von der Gasströmung transportierbaren Feststoffmassenstrom wieder. Da bis auf die kreisförmige Wirbelschicht mit D = 0,1 m bei allen anderen Wirbelschichtkonfigurationen bei vergleichbaren Betriebsbedingungen die axialen Druckprofile identisch sind, ist für diese zirkulierenden Wirbelschichten auch der flächenbezogene, spezifische Feststoffaustrag unabhängig von der Wirbelschichtquerschnittsform und der Wirbelschichtquerschnittsfläche. In Bild 6.7 ist für das Versuchsgut Katalysator der flächenbezogene, spezifische Feststoffaustrag für die kreisförmige Wirbelschicht D = 0,19 m und für die beiden quadratischen Wirbelschichten a = 0,168 m und a = 0,338 m aufgetragen. Im Rahmen der Meßgenauigkeit sind für alle drei Wirbelschichten die Austragskurven gleich.

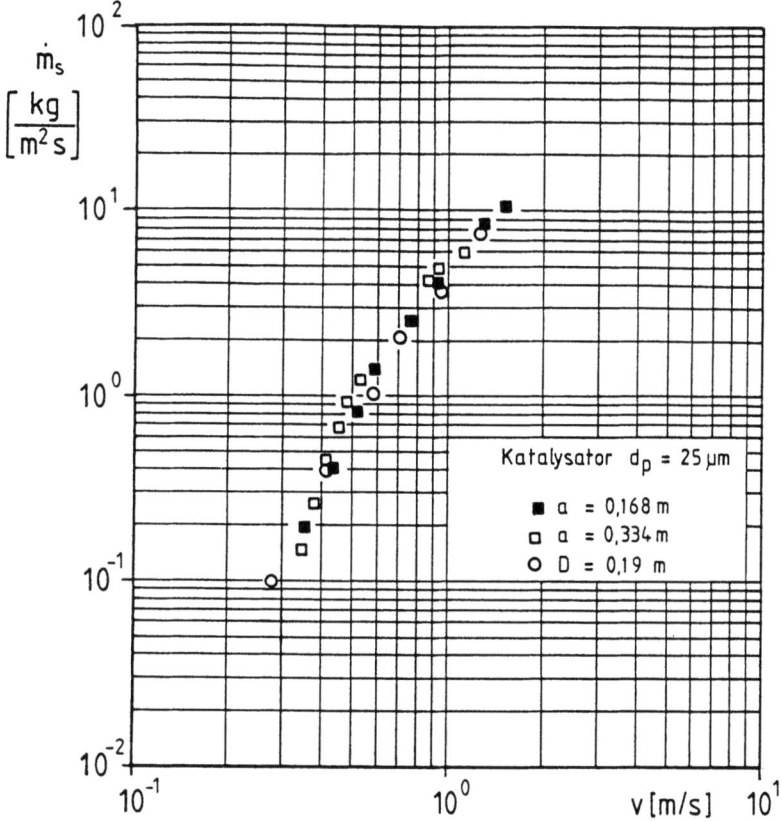

Bild 6.7: Flächenbezogener, spezifischer Feststoffaustrag in Abhängigkeit von der Leerrohrgasgeschwindigkeit bei verschiedenen Wirbelschichtquerschnittsflächen

7 Experimentelle Überprüfung der berechneten Zustands- und Druckverlustdiagramme zirkulierender Wirbelschichten

7.1 Experimenteller Nachweis der Phasenentmischung

Das Modell der entmischten, vertikalen Gas-Feststoff-Strömung geht von einer Phasenentmischung aus. Daß diese Voraussetzung keine Fiktion ist, kann mit Hilfe eines einfachen Versuches nachgewiesen werden.

Mit der Glaskugelfraktion d_p = 86 µm wurde in der zirkulierenden Wirbelschicht ein Betriebspunkt eingestellt, bei dem praktisch keine Wandsträhnen auftreten. Bei einer eingestellten Leerrohrgasgeschwindigkeit von 3,2 m/s und einem Feststoffdurchsatz von 50 kg/(m² s) ergab sich ein Druckgradient von 3 hPa/m. Nach Gl. (5.9) kann der Druckgradient in die querschnittsgemittelte Feststoffkonzentration umgerechnet werden $(1 - \varepsilon)$ = 0,011. Geht man von der Vorstellung aus, daß keine Entmischung vorliegt, daß also der Feststoff gleichmäßig über den Rohrquerschnitt, d.h. homogen verteilt ist, so ergibt sich aus dem gemessenen Feststoffdurchsatz für die Feststoffgeschwindigkeit

$$v_{s\ gleich} = \frac{\dot{m}_s}{\rho_s (1 - \varepsilon)} \ .$$

Mit der aus der Druckverlustmessung erhaltenen Feststoffkonzentration $1 - \varepsilon$ = 0,011 erhält man für die Feststoffgeschwindigkeit $v_{s\ gleich}$ = 1,63 m/s. Die Relativgeschwindigkeit zwischen der Leerrohrgasgeschwindigkeit und der Feststoffgeschwindigkeit ergibt sich schließlich zu 1,57 m/s. Diese Geschwindigkeit ist um den Faktor 3,35 größer als die Einzelkornsinkgeschwindigkeit der Glaskugeln.

Untersuchungen mit homogenen Wirbelschichten zeigen, daß die Relativgeschwindigkeit zwischen der Fluidströmung und den homogen verteilten Feststoffpartikeln immer kleiner als die Einzelkornsinkgeschwindigkeit ist [30]. Die im Vergleich zur Einzelkornsinkgeschwindigkeit größere Relativgeschwindigkeit in zirkulierenden Wirbelschichten ist deshalb nur mit einer Phasenentmischung zu erklären.

7.2 Vergleich der gemessenen mit den berechneten Druckgradienten in den Beharrungsstrecken

Das dem Zustands- und Druckverlustdiagramm der zirkulierenden Wirbelschicht zugrundeliegende strömungsmechanische Modell geht von einer im zeitlichen Mittel radialen Gleichverteilung der Feststoffkonzentration und der Strähnengeschwindigkeit aus. Ein Wandeinfluß, wie er sich bei der Ausbildung von Wandsträhnen in der (oberen) Beharrungsstrecke zeigt, wird nicht berücksichtigt. Das Modell beschreibt demnach die in Kap. 6.3 erläuterte Kernströmung. Die Wandströmung bewirkt lediglich eine interne Feststoffzirkulation und hat nur eine Erhöhung der querschnittsgemittelten Feststoffkonzentration und damit des Druckgradienten zur Folge, jedoch keinen Einfluß auf den ausgetragenen Feststoffmassenstrom. Wie in Kap. 6.3 ausgeführt, liegt unmittelbar unterhalb des bei den Versuchen benützten zentrisch angeordneten Auslaufkonus' die in der (oberen) Beharrungsstrecke vorhandene Kernströmung ohne Wandsträhnen vor. Dies bedeutet, daß in diesem Bereich der zirkulierenden Wirbelschicht kein Wandeinfluß vorhanden ist und die dort durchgeführten Druckverlustmessungen beim Vorliegen einer (oberen) Beharrungsstrecke mit den berechneten Druckgradienten verglichen werden können.

In Bild 7.1 sind die gemessenen Druckgradienten für das Versuchsgut Eisen in der unteren Beharrungsstrecke und unmittelbar unterhalb des Auslaufes beim Vorliegen einer oberen Beharrungsstrecke in dimensionsloser Form über der Partikel-Froude-Zahl aufgetragen. Die Versuche wurden in der quadratischen Wirbelschicht a = 0,168 m und mit der Siphonwirbelschicht als

Einschleussystem durchgeführt. Aus dem gemessenen Gesamtdruckabfall der zirkulierenden Wirbelschicht und der Gesamthöhe kann nach Gl. (5.2) der dimensionslose Druckgradient bei axialer Gleichverteilung des Feststoffes berechnet werden. Er ist zusätzlich in Bild 7.1 in Form von Kreuzen eingetragen.

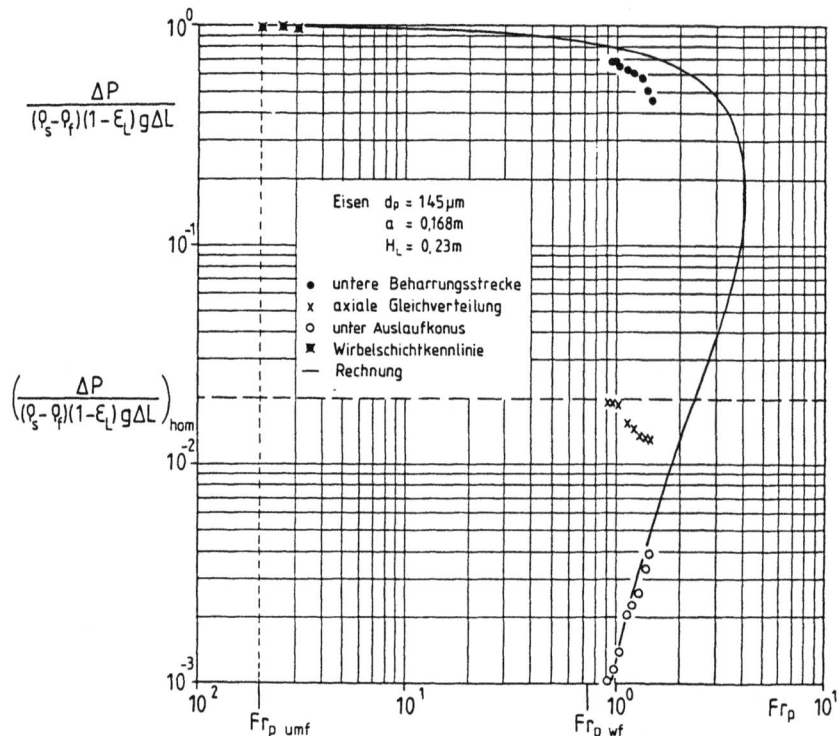

Bild 7.1: Vergleich zwischen gemessenen und berechneten Druckgradienten in den Beharrungsstrecken bzw. unmittelbar unterhalb des Auslaufkonus' für Eisen d_p = 145 µm

Nach Gl. (5.7) läßt sich aus der Lockerungshöhe des Bettmaterials H_L und der Gesamthöhe der zirkulierenden Wirbelschicht H_{ZWS} der dimensionslose Druckgradient bei axialer Gleichverteilung des Feststoffes berechnen. Mit den entsprechenden Höhen erhält man für die in Bild 7.1 dargestellten Versuchspunkte mit Gl. (5.7)

$$\frac{H_L}{H_{ZWS}} = 0,02 \; ,$$

d.h. die Lockerungshöhe des Bettmaterials beträgt 2 % der Gesamtanlagenhöhe. Dieser dimensionslose, von der Fr_p-Zahl unabhängige Druckgradient bei axialer Gleichverteilung des Feststoffes ist in Bild 7.1 als gestrichelte Kurve eingezeichnet. Im Vergleich zu dieser Kurve sind die aus den Druckverlustmessungen erhaltenen dimensionslosen Druckgradienten bei axialer Gleichverteilung des Feststoffes kleiner. Die Differenz ist dadurch bedingt, daß vor allem bei größeren Leerrohrgasgeschwindigkeiten - bei größeren Fr_p-Zahlen also - Feststoff vom Aufstrom- in den Abstromteil, d.h. in die Rückführleitung der zirkulierenden Wirbelschichtanlage verlagert wird. Aufgrund dieser Speicherfähigkeit der Rückführleitung verarmt der Aufstromteil an Feststoff mit der Folge, daß der Gesamtdruckabfall im Aufstromteil der zirkulierenden Wirbelschicht mit zunehmender Fr_p-Zahl kleiner wird und damit auch der nach Gl. (5.2) berechnete Druckgradient bei axialer Gleichverteilung des Feststoffes. Bei der Berechnung des dimensionslosen Druckgradienten bei axialer Gleichverteilung des Feststoffes mit Hilfe der Lockerungshöhe des Bettmaterials nach Gl. (5.7) wird hingegen davon ausgegangen, daß keine Verlagerung von Feststoff stattfindet.

Zusätzlich sind in Bild 7.1 die bei der Aufnahme der Wirbelschichtkennlinie im Bereich der Minimalfluidisation gemessenen Druckgradienten in dimensionsloser Form eingetragen.

Zum Vergleich sind als ausgezogene Kurve die für dieses Versuchsgut mit dem Gleichungssystem (4.15) bis (4.20) und der Stabilitätsbedingung Gl. (4.27) berechneten Druckgradienten beim Vorliegen von zwei Beharrungsstrecken eingezeichnet. Die kritische Feststoffeinwaage, d.h. die kritische, relative Füllhöhe, beträgt für dieses Versuchsgut 0,155. Da die bei den Versuchen vorliegende relative Füllhöhe kleiner als dieser Wert ist, liegt somit eine unterkritische Feststoffeinwaage vor (Kap. 5.2.2). Bei unterkritischen Feststoffeinwaagen verringert sich - wie in Kap. 5.2.2 erläutert - die Länge der unteren Beharrungsstrecke mit zunehmender Leerrohrgasgeschwindigkeit. Dieses Verhalten der zirkulierenden Wirbelschicht konnte auch visuell beobachtet werden. Die Leerrohrgasgeschwindigkeit konnte aus versuchstechnischen Gründen allerdings nicht so weit erhöht werden, daß keine untere Beharrungsstrecke mehr zu beobachten ist. Bei den eingestellten Leerrohrgasgeschwindigkeiten war die untere Beharrungsstrecke jedoch schon so klein, daß diese nur noch mit einer Differenzdruckmessung bestimmt werden konnte. Bei diesen Geschwindigkeiten ist es durchaus möglich, daß die untere Beharrungsstrecke kürzer als der Abstand zwischen den beiden untersten Druckmeßstellen in der zirkulierenden Wirbelschicht ist. Dadurch ist es möglich, daß der dieser Beharrungsstrecke zugeordnete Druckgradient zu klein ist. In Bild 7.1 erkennt man dies daran, daß die gemessenen, dimensionslosen Druckgradienten der unteren Beharrungsstrecke bei großen Fr_p-Zahlen kleiner als die berechneten sind.

In Bild 7.2 sind die gemessenen und berechneten Druckgradienten für das Versuchsgut Katalysator in dimensionsloser Form dargestellt. Zusätzlich ist wieder der dimensionslose Druckgradient bei axialer Gleichverteilung des Feststoffes eingezeichnet. Wie aus diesen Werten ersichtlich ist, beträgt die relative Füllhöhe der Anlage ca. 0,075 und liegt somit unter der kritischen Füllhöhe von 0,155. Sobald die dimensionslosen Druckgradienten für die axiale Gleichverteilung des Feststoffes rechts von der berechneten Kurve liegen, kann in der zirkulierenden Wirbelschicht nur noch eine Beharrungsstrecke existieren. Da eine unterkritische Feststoffeinwaage vorliegt, verschwindet die untere Beharrungsstrecke, die obere dehnt sich über die gesamte Anlage aus. Da der Druckgradient unmittelbar unterhalb des Auslaufkonus' wegen der fehlenden Wandsträhnen ca. 20 bis 40 % kleiner als der in der (oberen) Beharrungsstrecke ist, liegen die gemessenen Druckgradienten um den entsprechenden Betrag unter denen bei axialer Gleichverteilung des Feststoffes.

Sowohl für das Versuchsgut Eisen mit der Archimedes-Zahl 816, wie auch für Katalysator mit einer um den Faktor 10 kleineren Feststoffdichte und einer um den Faktor 2000 kleineren Archimedes-Zahl wird der Druckgradient in der unteren Beharrungsstrecke und unmittelbar unterhalb des Wirbelschichtauslaufes beim Vorliegen einer (oberen) Beharrungsstrecke und einer Auslaufform, durch die keine Feststoffabscheidung am Anlagenkopf auftritt (wie z.B. im Falle eines zentrisch angeordneten Konus'), mit ausreichender Genauigkeit durch die berechneten

Druckgradienten wiedergegeben. Der Druckgradient in der (oberen) Beharrungsstrecke ist dann - bedingt durch Wandsträhnen (Wandströmung) - um ca. 20 bis 40 % größer als der unmittelbar unterhalb des Auslaufes.

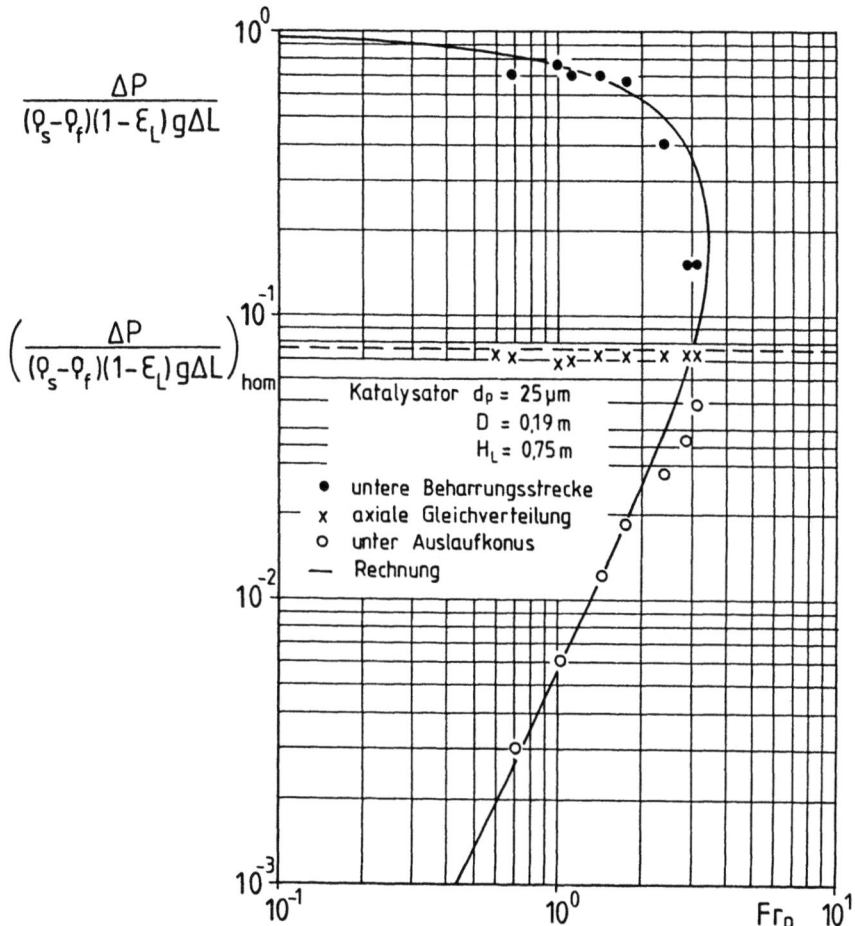

Bild 7.2: Vergleich zwischen gemessenen und berechneten Druckgradienten in den Beharrungsstrecken bzw. unmittelbar unterhalb des Auslaufkonus' für Katalysator $d_p = 25$ μm

7.3 Vergleich der gemessenen Feststoffausträge mit den berechneten Austragskurven

7.3.1 Austragskurven beim Vorliegen von zwei Beharrungsstrecken

Liegen in der zirkulierenden Wirbelschicht zwei Beharrungsstrecken vor, so ist der Feststoffaustrag bei einer bestimmten Leerrohrgasgeschwindigkeit unabhängig von der Bauart und der Fahrweise der Anlage. Für diesen Fall sind in Bild 7.3 die gemessenen Feststoffausträge in dimensionsloser Form über der dimensionslosen Leerrohrgasgeschwindigkeit (der Fr_p-Zahl) dargestellt. Zum Vergleich sind für die einzelnen Versuchsgüter die mit dem Gleichungssystem (4.15) bis (4.20) und der Stabilitätsbedingung (4.27) berechneten dimensionslosen Austragskurven eingezeichnet. Die gemessenen Volumenstromverhältnisse erstrecken sich über einen Bereich von ca. zwei Zehnerpotenzen. Die Austragsmessungen sind zu kleinen Volumenstromverhältnissen hin wegen des dann geringen Feststoffaustrages durch die Genauigkeit des Wägesystems begrenzt, während bei großen Volumenstromverhältnissen die Geometrie des Abstromteils der zirkulierenden Wirbelschicht limitierend wirkt (Verstopfungen) und/oder der TDH-Bereich so groß ist, daß keine obere Beharrungsstrecke detektiert werden kann und deshalb auf das Aufnehmen des Feststoffaustrages verzichtet wurde.

Obwohl das Versuchsgut Katalysator eine relativ breite Kornverteilung aufweist, werden die gemessenen Feststoffausträge gut durch die berechnete Austragskurve wiedergegeben, wenn in den dimensionslosen Größen der Sauterdurchmesser als charakteristische Partikelabmessung eingesetzt wird.

Liegt in der zirkulierenden Wirbelschicht nur **e i n e** Beharrungsstrecke vor, so ist der ausgetragene Feststoffmassenstrom von der Bauart und der Fahrweise der zirkulierenden Wirbelschicht abhängig.

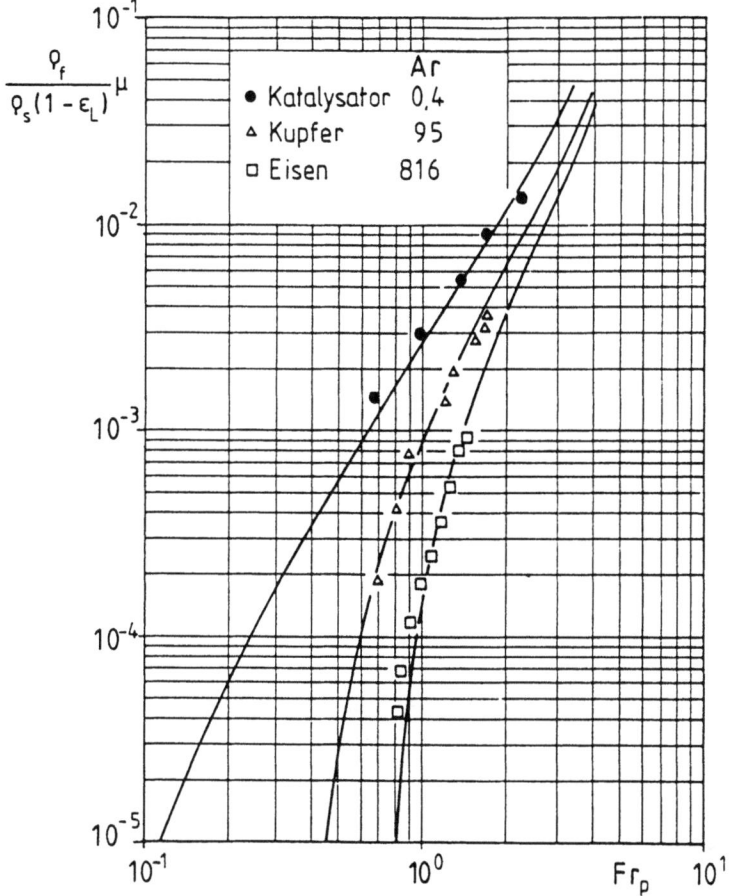

Bild 7.3: Vergleich zwischen den gemessenen Feststoffausträgen und den berechneten Austragskurven beim Vorliegen von zwei Beharrungsstrecken

7.3.2 Zirkulierende Wirbelschicht mit Dosiereinrichtung und Druckschleuse

Zirkulierende Wirbelschichten mit Dosiereinrichtung und Druckschleuse können unterschiedlich gefahren werden:

a) Einstellen, d.h. Konstanthalten der Leerrohrgasgeschwindigkeit und Variation des Feststoffdurchsatzes. Die dritte Größe, der Druckgradient in der Beharrungsstrecke, stellt sich entsprechend ein.

b) Einstellen, d.h. Konstanthalten des Feststoffdurchsatzes und Variation der Leerrohrgasgeschwindigkeit. In diesem Fall stellt sich wieder automatisch der entsprechende Druckgradient in der Beharrungsstrecke ein.

c) Einstellen, d.h. Konstanthalten des Druckgradienten in der Beharrungsstrecke und Variation der Leerrohrgasgeschwindigkeit. In diesem Fall wird über eine Regelung der Feststoffdurchsatz so eingestellt, daß der Druckgradient in der Beharrungsstrecke konstant bleibt.

Zwei der drei Fahrweisen, nämlich die entsprechend Punkt a) und c), wurden bei den Versuchen durchgeführt. Es wurde die zirkulierende Wirbelschicht mit quadratischer Querschnittsform a = 0,168 m verwendet und als Dosiereinrichtung und Druckschleuse, d.h. als Einschleussystem, die Doppelschnecke eingesetzt.

7.3.2.1 Fahrweise mit konstanter Leerrohrgasgeschwindigkeit

Bei dieser Fahrweise wurde die Leerrohrgasgeschwindigkeit in der zirkulierenden Wirbelschicht konstant gehalten und durch Veränderung der Schneckendrehzahl der zudosierte Feststoffmassenstrom stufenweise erhöht. Als Versuchsgut wurde die Glasfraktion eingesetzt. Bei geringen Feststoffdurchsätzen bildet sich in der Anlage nur e i n e Beharrungsstrecke aus (Bild 6.3) - der Feststoff ist axial nahezu gleichmäßig verteilt. Die Gasströmung kann den gesamten, eindosierten Feststoffmassenstrom durch die Anlage transportieren. Bei einem bestimmten eindosierten Feststoffmassenstrom wird die Stabilitätsgrenze erreicht. Eine weitere Erhöhung des Feststoffmassenstromes hat das Auffüllen der zirkulierenden Wirbelschicht zur Folge. Nur noch der stabil von der Gasströmung transportierbare Feststoffmassenstrom wird aus der Anlage ausgetragen. Der restliche Anteil des eindosierten Feststoffmassenstromes wird zum Auffüllen der zirkulierenden Wirbelschicht verwendet. Es bilden sich dadurch zwei Beharrungsstrecken in der zirkulierenden Wirbelschicht aus. Wenn die gesamte Anlage mit Feststoff gefüllt ist, wird wieder der gesamte eindosierte Feststoffmassenstrom ausgetragen. Es liegt dann wiederum nur e i n e   Beharrungsstrecke vor, bei einem allerdings erhöhten Druckgradienten.

Im Austragsdiagramm (Bild 7.4) bedeutet diese Fahrweise, daß bei konstanter Fr_p-Zahl das Volumenstromverhältnis schrittweise erhöht wird.

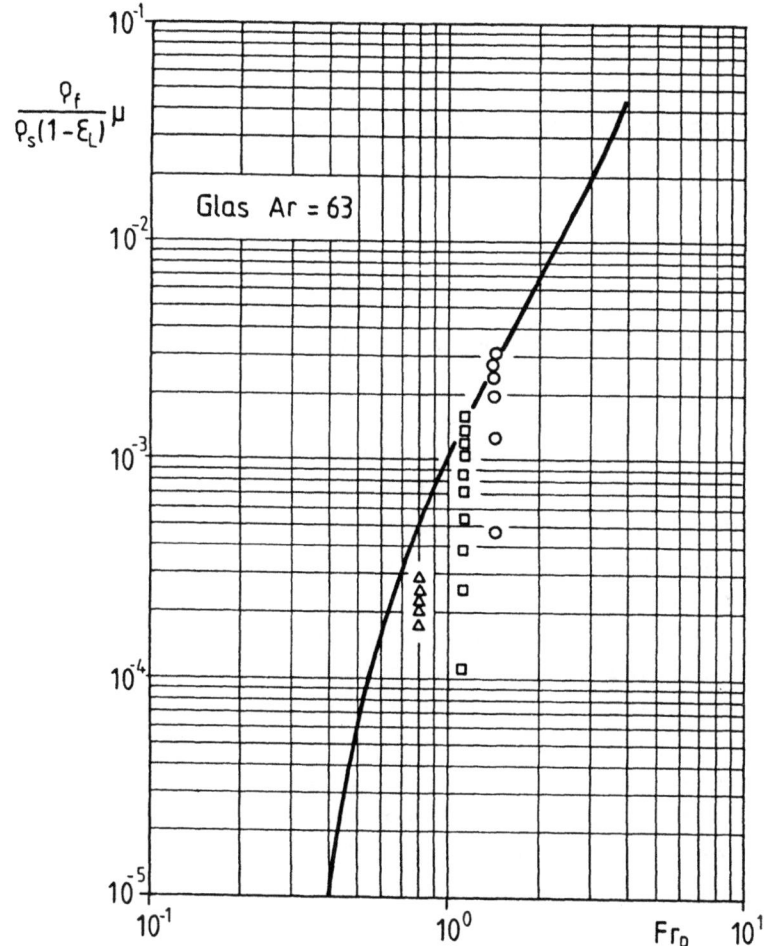

Bild 7.4: Vergleich zwischen den gemessenen Feststoffausträgen und der beim Vorliegen von zwei Beharrungsstrecken berechneten Austragskurve beim Einsatz der Doppelschnecke als Einschleussystem

Das Volumenstromverhältnis, bei dem gerade das Auffüllen der Anlage beginnt, d.h. bei dem sich z w e i Beharrungsstrecken ausbilden, ist gleich dem mit dem Gleichungssystem (4.15) bis (4.20) und der Stabilitätsbedingung (4.27) berechneten. Die mit diesen Gleichungen berechnete Austragskurve beim Vorliegen von zwei Beharrungsstrecken ist in Bild 7.4 eingezeichnet. Bei Betriebspunkten, die rechts von dieser Austragskurve liegen, existiert in der zirkulierenden Wirbelschicht immer nur e i n e Beharrungsstrecke. Da die Anlage für einen bestimmten Innendruck ausgelegt ist, konnte aus sicherheitstechnischen Gründen die zirkulierende Wirbelschicht nicht mit Feststoff gefüllt werden und somit konnten auch keine größeren Volumenstromverhältnisse als beim Vorliegen von zwei Beharrungsstrecken ausgetragen werden.

7.3.2.2 Fahrweise mit konstantem Druckgradienten

In der gleichen Anlage wurde mit demselben Versuchsgut noch eine zweite Fahrweise der zirkulierenden Wirbelschicht untersucht. Durch Regelung des eindosierten Feststoffmassenstromes wurde der Druckgradient in der Beharrungsstrecke konstant gehalten und der durchgesetzte Feststoffmassenstrom in Abhängigkeit von der eingestellten Leerrohrgasgeschwindigkeit aufgenommen (Bild 7.5). Der eingeregelte Druckgradient in der Beharrungsstrecke ist deshalb in Bild 7.5 Parameter. Bei großen Leerrohrgasgeschwindigkeiten - d.h. bei großen Fr_p-Zahlen - wird der gesamte eindosierte Feststoffmassenstrom von der Gasströmung aus der Anlage ausgetragen. Es liegt in der zirkulierenden Wirbelschicht eine Beharrungsstrecke vor. Bei Verringerung der Leerrohrgasgeschwindigkeit und bei gleichzeitigem Konstanthalten des Druckgradienten in der Beharrungsstrecke wird von der Gasströmung ein immer kleinerer Feststoffmassenstrom und damit ein immer kleineres Volumenstromverhältnis durch die Anlage transportiert. Wird eine bestimmte Leerrohrgasgeschwindigkeit unterschritten, kann von der Gasströmung der gewünschte Druckgradient in der Beharrungsstrecke nicht mehr aufrechterhalten werden. Die Gasströmung kann dann nur noch einen bestimmten Feststoffmassenstrom stabil transportieren und der zugehörige Druckgradient ist kleiner als der gewünschte. Die Folge davon ist, daß durch die Druckgradientenregelung ein immer größerer Feststoffmassenstrom eindosiert wird. Da die Gasströmung nur einen bestimmten Feststoffmassenstrom austragen kann, wird die zirkulierende Wirbelschicht mit Feststoff gefüllt, so daß sich wieder zwei Beharrungsstrecken ausbilden. Die Versuche mußten jedoch wieder beim Beginn des Auffüllvorganges abgebrochen werden, da der Innendruck der Anlage den Auslegungswert überstieg. Die Meßpunkte laufen deshalb in die mit dem Gleichungssystem (4.15) bis (4.20) und der Stabilitätsbedingung (4.27) berechnete Austragskurve ein (Bild 7.5), da diese Kurve den Strömungszustand in der zirkulierenden Wirbelschicht beim Vorliegen von zwei Beharrungsstrecken kennzeichnet. Die beim Vorliegen von nur e i n e r Beharrungsstrecke gemessenen Feststoffausträge sind in Bild 7.5 mit den mit dem Gleichungssystem (4.15) bis (4.20) berechneten verglichen. Bei den Rechnungen wurde der in der Beharrungsstrecke eingeregelte Druckgradient eingesetzt. Die so berechneten Austragskurven beim Vorliegen nur einer Beharrungsstrecke sind in Bild 7.5 dünn eingezeichnet. Mit diesen Kurven ergeben sich im Vergleich zu den Messungen größere Volumenstromverhältnisse. Der Grund hierfür ist, daß - wie in Kap. 6.3 erläutert - der Druckgradient in der Beharrungsstrecke neben der den Feststoffaustrag bestimmenden Kernströmung auch den nur einen erhöhten Druckverlust bewirkenden Wandbereich erfaßt. Bei der Berechnung der Austragskurve wird jedoch davon ausgegangen, daß kein Wandbereich existiert und der in die Gleichungen eingesetzte Druckgradient nur durch den Feststoffaustrag bewirkt wird. Setzt man hingegen in das Gleichungssystem den nur die Kernströmung charakterisierenden Druckgradienten unmittelbar unterhalb des konischen Auslaufes der zirkulierenden Wirbelschicht ein, so sind die berechneten Volumenstromverhältnisse praktisch mit den aus den Messungen erhaltenen identisch.

Bei den Versuchen konnten aus den oben beschriebenen, sicherheitstechnischen Gründen nur dimensionslose Druckgradienten eingestellt werden, die kleiner als der kritische Druckgradient sind. Die gemessenen Austragskurven laufen deshalb von rechts in die beim Vorliegen von zwei Beharrungsstrecken ein. Austragskurven für überkritische Druckgradienten würden von links einlaufen.

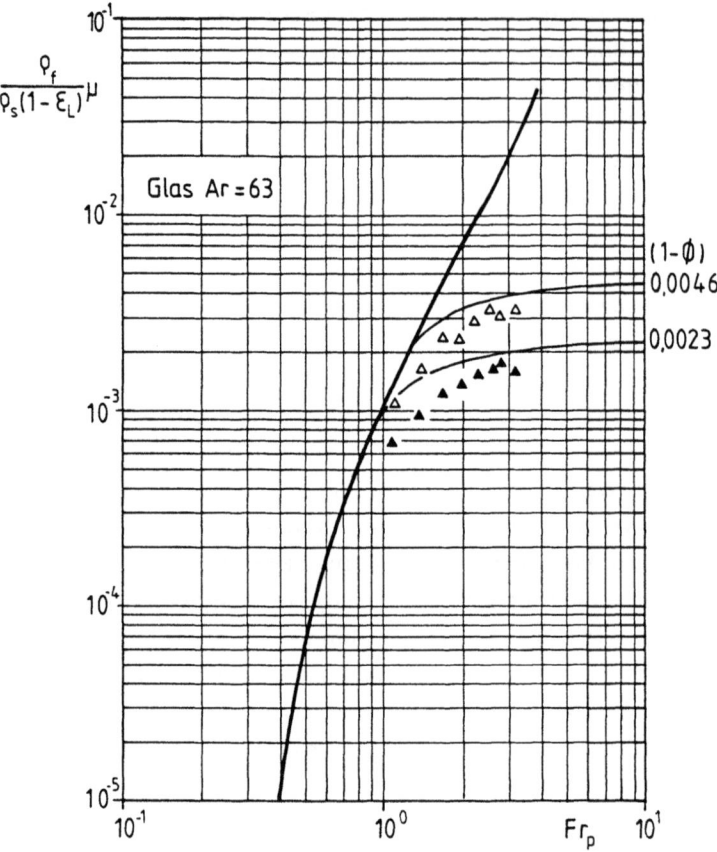

Bild 7.5: Vergleich zwischen den gemessenen und berechneten Feststoffausträgen bei konstant gehaltenem Druckgradienten in der (oberen) Beharrungsstrecke beim Einsatz der Doppelschnecke als Einschleussystem

7.3.3 Zirkulierende Wirbelschicht mit Siphon

Mit dieser Bauart der zirkulierenden Wirbelschicht wurden die meisten Austragsversuche durchgeführt. Dabei wurde sowohl die Siphonwirbelschicht als auch der Kurzschluß als Einschleussystem eingesetzt. Es wurde bereits erwähnt, daß die axialen Druckprofile unabhängig vom verwendeten Siphontyp sind. Sind bei einer bestimmten Leerrohrgasgeschwindigkeit die Druckgradienten in der (oberen) Beharrungsstrecke davon unabhängig, ob eine Siphonwirbelschicht oder der Kurzschluß eingesetzt wird, so ist auch der Feststoffaustrag unabhängig von der eingesetzten Siphonart. Als Beispiel für den Feststoffaustrag aus einer zirkulierenden Wirbelschicht mit einem Siphon als Einschleussystem werden deshalb die Meßergebnisse bei Verwendung der Siphonwirbelschicht mitgeteilt. Die Versuche wurden wieder mit Glaskugeln und der quadratischen Wirbelschicht a = 0,168 m durchgeführt.

Bei dieser Bauart der zirkulierenden Wirbelschicht ist neben der Leerrohrgasgeschwindigkeit die Feststoffeinwaage, d.h. die relative Füllhöhe der Anlage H_L/H_{ZWS} die zweite Einstellgröße. Für eine vorgegebene Feststoffeinwaage wurde die Leerrohrgasgeschwindigkeit schrittweise erhöht. Bei kleinen Leerrohrgasgeschwindigkeiten liegen in der Anlage zwei Beharrungsstrecken vor (Bild 6.4). Die Gasströmung kann nur einen geringen Teil der in der Anlage vorhandenen Feststoffmenge in den oberen Bereich der zirkulierenden Wirbelschicht transportieren. Der restliche Teil bildet die in Form einer turbulenten Wirbelschicht fluidisierte untere Beharrungsstrecke. Ist die Leerrohrgasgeschwindigkeit groß genug, kann die gesamte in der Anlage vorhandene Feststoffmenge gleichmäßig über die Höhe der zirkulierenden Wirbelschicht verteilt werden. Bei diesen Leerrohrgasgeschwindigkeiten liegt nur noch e i n e Beharrungsstrecke vor. Die Leerrohrgasgeschwindigkeit, ab der nur noch e i n e Beharrungsstrecke vorliegt, hängt von der Feststoffeinwaage, d.h. von der relativen Füllhöhe der Anlage ab. In Bild 7.6 sind die gemessenen Feststoffausträge in dimensionsloser Form mit der mit dem Gleichungssystem (4.15) bis (4.20) und der Stabilitätsgleichung (4.27) berechneten Austragskurve (dick gezeichneter Kurvenzug) beim Vorliegen von zwei Beharrungsstrecken verglichen. Solange zwei Beharrungsstrecken in der zirkulierenden Wirbelschicht vorliegen, also bei kleinen Fr_p-Zahlen, werden die gemessenen Feststoffausträge durch die dick gezeichnete Austragskurve wiedergegeben. Sobald nur noch eine Beharrungsstrecke in der Anlage vorliegt, sind - da bei den Versuchen unterkritische, relative Füllhöhen vorlagen - die ausgetragenen Volumenstromverhältnisse kleiner als beim Vorliegen von zwei Beharrungsstrecken. Bei überkritischen Feststoffeinwaagen sind die Feststoffausträge beim Vorliegen nur einer Beharrungsstrecke größer als beim Vorliegen von zwei, die Meßwerte würden auf der linken Seite der berechneten Austragskurve zum Liegen kommen (Bild 5.11).

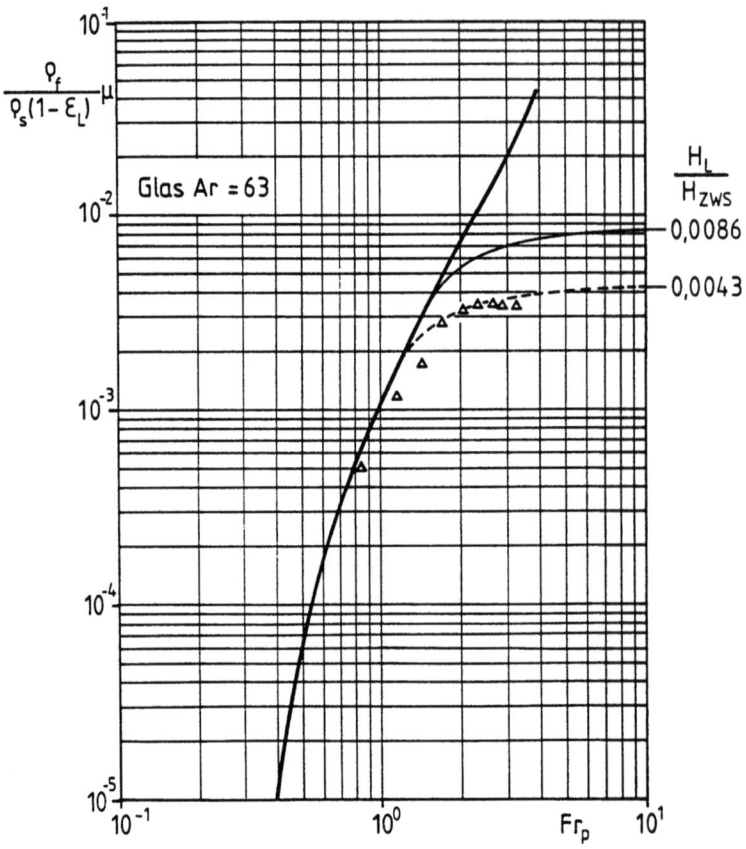

Bild 7.6: Vergleich zwischen den gemessenen und berechneten Feststoffausträgen aus einer Wirbelschicht mit einer Siphonwirbelschicht als Einschleussystem

Für die eingestellte relative Füllhöhe der Anlage H_L/H_{ZWS} = 0,0086 ist in Bild 7.6 die mit dem Gleichungssystem (4.15) bis (4.20) berechnete Austragskurve beim Vorliegen nur einer Beharrungsstrecke als dünne Kurve eingezeichnet. Mit dieser Kurve ergeben sich im Vergleich zu den Messungen deutlich größere Feststoffausträge. Ein Grund für die Abweichung ist, daß der dimensionslose Druckgradient bei axialer Gleichverteilung des Feststoffes, den man mit Gleichung (5.7) aus der relativen Füllhöhe der Anlage berechnet, neben dem für den Feststofftransport verantwortlichen Kernbereich der Strömung auch den nur einen erhöhten Druckverlust bewirkenden Wandbereich umfaßt. Bei der Berechnung der Austragskurve wird jedoch davon

ausgegangen, daß kein Wandbereich existiert und die in die
Gleichungen eingesetzte relative Füllhöhe nur eine Kernströmung bewirkt. Weiterhin wird nicht das gesamte in der Anlage
vorhandene Bettmaterial axial gleichmäßig im Aufstromteil der
zirkulierenden Wirbelschicht verteilt, wie dies bei Anwendung
der Gleichung (5.7) vorausgesetzt wird. Vielmehr befindet sich
auch ein Teil des Bettmaterials im Zyklon und im Abstromteil
der Anlage. Eine nicht unrealistische Annahme dürfte sein, daß
sich ungefähr die Hälfte des Bettmaterials im Aufstromteil und
die andere Hälfte im Abstromteil der zirkulierenden Wirbelschicht befindet. Die relative Füllhöhe des Aufstromteiles ist
damit nur noch halb so groß wie die mit dem gesamten Bettmaterial berechnete. Für diesen Fall ist in Bild 7.6 die mit dem
Gleichungssystem (4.15) bis (4.20) berechnete Austragskurve
gestrichelt eingezeichnet. Diese Austragskurve gibt die gemessenen Feststoffausträge mit befriedigender Genauigkeit wieder.

7.4 Bestimmung des Strähnenantriebskoeffizienten

Zur Berechnung des Zustands- und Druckverlustdiagrammes der
zirkulierenden Wirbelschicht muß der Strähnenantriebskoeffizient λ experimentell bestimmt werden (Kap. 4). In der kreisförmigen zirkulierenden Wirbelschicht D = 0,19 m mit der Siphonwirbelschicht als Einschleussystem wurden bei einer Gasgeschwindigkeit und einer relativen Füllhöhe der Anlage, bei der
zwei Beharrungsstrecken vorlagen, fünf Austragsversuche durchgeführt. Als Versuchsgut wurde eine enge Quarzsandfraktion mit
einem Sauterdurchmesser von d_p = 150 µm verwendet. Der Mittelwert des gemessenen Feststoffaustrages wurde in dimensionsloser Form als Volumenstromverhältnis und die Leerrohrgasgeschwindigkeit als Fr_p-Zahl in das Gleichungssystem (4.15) bis
(4.20) bei Berücksichtigung der Stabilitätsgleichung (4.27)
eingesetzt und der Strähnenantriebskoeffizient λ berechnet.
Es ergibt sich ein Strähnenantriebskoeffizient von λ = 0,0053.
Er wurde bei allen Berechnungen eingesetzt. Der Vergleich der
Meßwerte mit den berechneten Werten in den vorangegangenen Kapiteln zeigt, daß - wie im Modell der entmischten, vertikalen
Gas-Feststoff-Strömung vorausgesetzt - der Strähnenantriebskoeffizient unabhängig vom verwendeten Versuchsgut ist.

7.5 Einfluß der Korngrößenverteilung auf den Feststoffaustrag

Zur Überprüfung des Einflusses der Korngrößenverteilung auf den Feststoffaustrag wurden an der kreisförmigen Wirbelschicht D = 0,19 m mit der Siphonwirbelschicht als Einschleussystem Austragsversuche mit den beiden Quarzsandverteilungen durchgeführt. Bei diesen Versuchen wurde zusätzlich die Korngrößenverteilung des ausgetragenen Feststoffes bestimmt. Nach jedem Austragsversuch wurde für die Kornanalyse eine Probe aus der Feststoffrückführleitung entnommen, die Kornanalyse (Trockensiebung) durchgeführt und das Kornanalysematerial wieder in die zirkulierende Wirbelschicht gegeben. Erst danach wurde ein neuer Austragsversuch durchgeführt.

In Bild 7.7 sind die gemessenen Feststoffausträge für den Quarzsand mit der breiten Korngrößenverteilung d_p = 160 µm dargestellt. Zum Vergleich ist die mit dem Gleichungssystem (4.15) bis (4.20) und der Stabilitätsgleichung (4.27) berechnete Austragskurve beim Vorliegen von zwei Beharrungsstrecken als durchgezogener Kurvenzug eingezeichnet. Bei der Berechnung dieser Kurve wurde in den dimensionslosen Kennzahlen der Sauterdurchmesser d_p = 160 µm der Kornverteilung eingesetzt. Weiterhin wurde der Feststoffaustrag entsprechend der in Kap. 5.6 beschriebenen Vorgehensweise berechnet. Die so ermittelten Feststoffausträge sind durch den gestrichelt eingezeichneten Kurvenzug in Bild 7.7 dargestellt. Deutlich ist die starke Abweichung der gemessenen spezifischen Feststoffausträge von den mit dem Sauterdurchmesser berechneten Feststoffausträgen zu erkennen. Diese Abweichungen treten verstärkt bei kleinen Leerrohrgasgeschwindigkeiten auf. Bei diesen Gasgeschwindigkeiten liegt eine Sichtung in der zirkulierenden Wirbelschicht vor. Die feinkörnigen Partikeln können von der Gasströmung ausgetragen werden, während die grobkörnigen nicht an der Feststoffzirkulation teilnehmen. In diesem Bereich der Leerrohrgasgeschwindigkeit ist es deshalb nicht mehr sinnvoll den Feststoff durch einen mittleren Partikeldurchmesser, den Sauterdurchmesser, zu charakterisieren. Die intervallweise Berechnung des Feststoffaustrages hingegen gibt die gemessenen Werte mit ausreichender Genauigkeit wieder. Bei größeren Leerrohrgasgeschwindigkeiten laufen die mit dem Sauterdurchmesser und die intervallweise berechneten Austragskurven zusammen.

Bei diesen Geschwindigkeiten werden die gemessenen Feststoffausträge mit genügender Genauigkeit durch die leichter zu berechnende Austragskurve bei Verwendung des Sauterdurchmessers beschrieben.

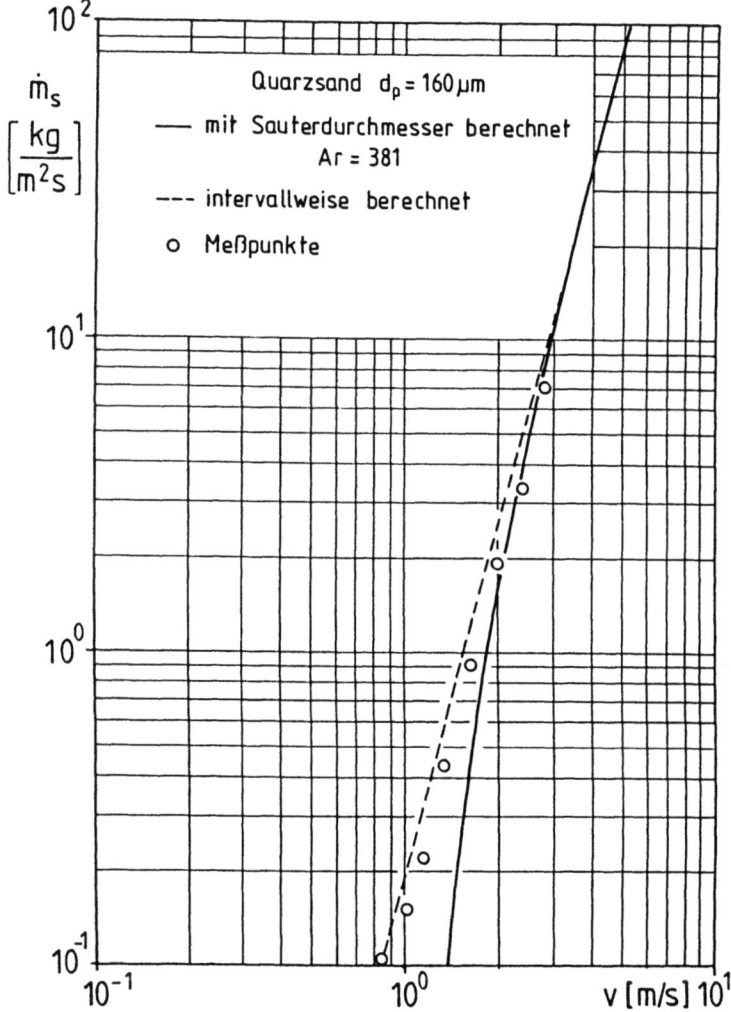

Bild 7.7: Vergleich zwischen den gemessenen und berechneten Feststoffausträgen aus der zirkulierenden Wirbelschicht für die breite Quarzsandfraktion d_p = 160 µm

Neben den spezifischen Feststoffausträgen wurde die Kornverteilung des ausgetragenen Feststoffes bestimmt. Entsprechend der in Kap. 5.6 beschriebenen Vorgehensweise sind in Bild 7.8

für zwei Leerrohrgasgeschwindigkeiten die berechneten Kornverteilungen des ausgetragenen Feststoffes den gemessenen Kornverteilungen gegenübergestellt.

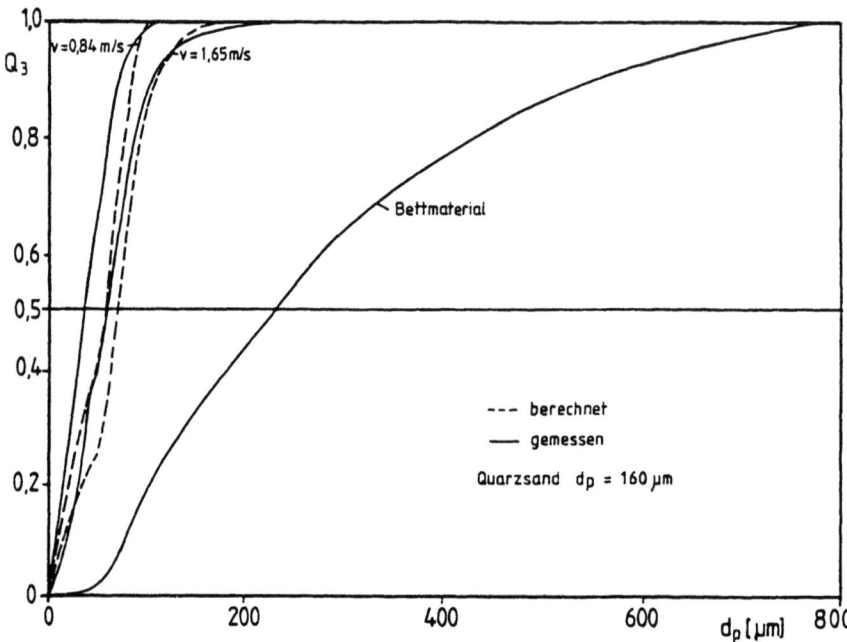

Bild 7.8: Vergleich zwischen den gemessenen und berechneten Korngrößenverteilungen des Feststoffaustrages für die breite Qarzsandfraktion d_p = 160 µm als Bettmaterial

Die durchgezogenen Kurven stellen die gemessenen Kornverteilungen des Feststoffaustrages für v = 0,84 m/s und v = 1,65 m/s und der Ausgangskornverteilung dar. Die gestrichelt gezeichneten Kurven geben die berechneten Kornverteilungen wieder. Bei der Leerrohrgasgeschwindigkeit v = 0,84 m/s können nur 18 % der gesamten in der Wirbelschicht vorhandenen Bettmasse aus der zirkulierenden Wirbelschicht ausgetragen werden. Die Einzelkornsinkgeschwindigkeit der restlichen Feststoffpartikeln ist größer als die eingestellte Leerrohrgasgeschwindigkeit. Diese Partikeln können deshalb nicht an der Feststoffzirkulation teilnehmen. Der Anteil des austragbaren Feststoffes beträgt bei der Leerrohrgasgeschwindigkeit v = 1.65 m/s ca. 38 %.

Obwohl nur ein geringer Massenanteil des in der zirkulierenden Wirbelschicht vorhandenen Bettmaterials an der Feststoffzirkulation teilnehmen kann, werden die gemessenen Kornverteilungen mit ausreichender Genauigkeit durch die nach Kap. 5.6 berechneten Kornverteilungen wiedergegeben.

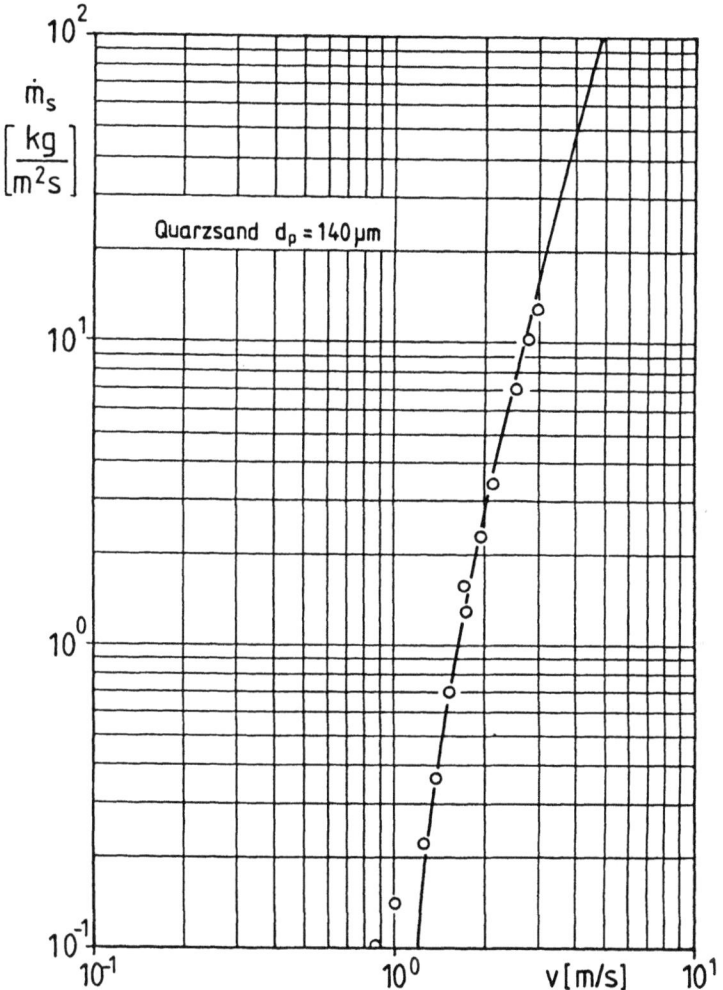

Bild 7.9: Vergleich zwischen den gemessenen und berechneten Feststoffausträgen aus der zirkulierenden Wirbelschicht für die Quarzsandverteilung d_p = 140 µm

Mit einer weiteren Quarzsandverteilung d_p = 140 µm wurden in derselben Anlage Austragsversuche durchgeführt. Diese Quarzsandverteilung hat einen ähnlichen Sauterdurchmesser wie die breite Quarzsandverteilung d_p = 160 µm; sie hat jedoch einen geringeren Feingut- und Grobgutanteil. In Bild 7.9 sind die gemessenen Feststoffausträge mit der mit dem Sauterdurchmesser berechneten Austragskurve verglichen [mit dem Gleichungssystem (4.15) bis (4.20) und der Stabilitätsgleichung (4.27)]. Die gemessenen Feststoffausträge werden mit ausreichender Genauigkeit durch die mit dem Sauterdurchmesser berechnete Austragskurve wiedergegeben. Nur bei kleinen Leerrohrgasgeschwindigkeiten tritt eine Abweichung zwischen den gemessenen und berechneten Feststoffausträgen auf. In diesem Geschwindigkeitsbereich muß der Feststoffaustrag entsprechend der Vorgehensweise in Kap. 5.6 intervallweise berechnet werden. Die mit dem Sauterdurchmesser berechnete Einzelkornsinkgeschwindigkeit beträgt w_f = 0,94 m/s. Die Leerrohrgasgeschwindigkeit, die dieser Einzelkornsinkgeschwindigkeit entspricht, gibt näherungsweise die Grenze an, von welcher ab der Feststoffaustrag intervallweise bzw. mit dem Sauterdurchmesser berechnet werden kann.

Bei der breiten Quarzsandverteilung d_p = 160 µm beträgt die Einzelkornsinkgeschwindigkeit der Partikeln mit dem Sauterdurchmesser w_f = 1,13 m/s. Ist die Leerrohrgasgeschwindigkeit größer als diese Sinkgeschwindigkeit, kann der Feststoffaustrag mit dem Sauterdurchmesser berechnet werden, ansonsten muß die Berechnung des Feststoffaustrages intervallweise erfolgen. Die mit dem Sauterdurchmesser gebildete Einzelkornsinkgeschwindigkeit - bzw. die mit dieser Geschwindigkeit und dem Sauterdurchmesser gebildete Fr_p-Zahl bei dimensionsloser Darstellung der Austragskurve - ist jedoch keine feste Grenze für die unterschiedliche Vorgehensweise beim Berechnen des Feststoffaustrages. Es ist vielmehr so, daß für deutlich größere Leerrohrgasgeschwindigkeiten bzw. größere Fr_p-Zahlen der mit dem Sauterdurchmesser als charakteristische Partikelabmessung berechnete Feststoffaustrag ausreichend genaue Ergebnisse liefert. Die zeitaufwendigere, intervallweise Berechnung des Feststoffaustrages muß jedoch immer dann angewandt werden, wenn die Leerrohrgasgeschwindigkeit bzw. die Fr_p-Zahl kleiner ist als die mit dem Sauterdurchmesser gebildete Einzelkornsinkgeschwindigkeit bzw. die mit dieser Geschwindigkeit und dem Sauterdurchmesser gebildete Fr_p-Zahl. Ein Beispiel für die Gültigkeit dieser Vorgehensweise ist der Vergleich der gemessenen und berechneten Feststoffausträge für das Versuchsgut Katalysator (Bild 7.3). Dieses Versuchsgut weist ebenfalls eine breite Kornverteilung auf (Bild 6.2). Die mit dem Sauterdurchmesser und der zugehörigen Einzelkornsinkgeschwindigkeit gebildete Fr_p-Zahl beträgt 0,033. Die eingestellten Leerrohrgasgeschwindigkeiten - somit die Fr_p-Zahlen - sind jedoch deutlich größer. Die gemessenen Feststoffausträge werden deshalb hinreichend mit der mit dem Sauterdurchmesser berechneten Feststoffaustragskurve wiedergegeben.

8 Zustands- und Druckverlustdiagramme der entmischten, vertikalen Abwärtsförderung

Das in Kap. 3 erläuterte Modell der entmischten, vertikalen Gas-Feststoff-Strömung ist frei von einer Vorgabe der Strömungsrichtung des Gases und des Feststoffes. Die experimentellen Untersuchungen im Aufstromteil der zirkulierenden Wirbelschicht bestätigen die Anwendbarkeit dieses Modells zur Berechnung der entmischten, vertikal-aufwärts gerichteten Gas-Feststoff-Strömung. Eine extreme Überprüfung des Modells liegt jedoch dann vor, wenn mit ihm - ohne Änderung des experimentell bestimmten Strähnenantriebskoeffizienten - auch die Berechnung des Strömungszustandes der vertikalen Abwärtsförderung möglich ist. Aus diesem Grund wird deshalb im weiteren das Zustands- und Druckverlustdiagramm der entmischten, vertikalen Abwärtsförderung berechnet und mit einigen Schlüsselversuchen überprüft.

8.1 Berechnung des Druckverlustdiagrammes

Das in Kap. 3.2 beschriebene Modell der entmischten, vertikalen Gas-Feststoff-Strömung gilt unabhängig von der Transportrichtung des Feststoffes und der Richtung der Gasströmung. Demzufolge gelten die in Kap. 3.4 aufgestellten Massenbilanzen, Gleichung (3.26) und (3.27), als auch die Kräftebilanzen, Gleichung (3.31) und (3.39), und die dimensionslose Form der Schlupfgleichung (4.1) auch für die entmischte, vertikale Abwärtsförderung. In Verbindung mit den Gleichungen (3.15 a), (3.15 b) und (3.15 c) zur Bestimmung der radialen Schwankungsgeschwindigkeit des Gases und der Gleichung zur Berechnung der dimensionslosen Einzelkornsinkgeschwindigkeit (4.12), sowie der dimensionslosen Form der Lockerungsgeschwindigkeit (4.13) kann das Druckverlustdiagramm berechnet werden. Der Berechnungsvorgang kann jedoch vereinfacht werden, wenn zunächst von den Gleichungen (3.15 a), (3.15 b) und (3.15 c) diejenige Gleichung ermittelt wird, die für die radiale Schwankungsgeschwindigkeit des Gases in der Gasphase in (3.39) eingesetzt werden muß.

Bei der vertikalen Abwärtsförderung wird der Feststoff in Richtung der Erdschwere transportiert. Mit der Vorzeichenfestlegung in Kap. 3.2 gilt deshalb für den Feststoffmassenstrom

$$\dot{M}_s < 0 \; .$$

Mit Gleichung (3.18) folgt damit für die Strähnengeschwindigkeit

$$w < 0 \; ,$$

wodurch die Ungleichung

$$v_G - w > v_G$$

stets erfüllt ist.

Damit das Kräftegleichgewicht (3.32) an den Feststoffsträhnen erfüllt werden kann, muß die Strähnenantriebskraft entgegen der Gewichtskraft der Strähne wirken. Dies ist jedoch nur dann möglich, wenn die Relativgeschwindigkeit zwischen den Feststoffpartikeln in der feststoffarmen Gasphase v_S und den Strähnen w größer als Null ist (3.14)

$$v_S - w > 0 \; ,$$

d.h. wenn gilt:

$$v_S > w \; .$$

Somit ergibt sich folgende Ungleichung:

$$v_G - w > v_G - v_s .$$

Die beiden Ungleichungen in (3.15 b) sind somit bei der vertikalen Abwärtsförderung stets erfüllt. Für die radiale Schwankungsgeschwindigkeit des Gases in der feststoffarmen Gasphase kann somit

$$v_r = c_{r2} |v_G - w|$$

gesetzt werden.

Da $v_s > w$ und die Einzelkornsinkgeschwindigkeit w_f immer größer Null ist, folgt mit der Schlupfgleichung (3.1), daß stets

$$(v_G - w) > 0$$

ist. Die Absolutstriche in der Gleichung für die radiale Schwankungsgeschwindigkeit können deshalb weggelassen werden

$$v_r = c_{r2} (v_G - w) .$$

Diese Gleichung eingesetzt in (3.39) ergibt somit

$$Fr_p^2 = \frac{1}{c\, c_{r2}} (1 - \epsilon_L) \Phi (1 - \Phi) \frac{1}{\left(\dfrac{v_G}{v} - \dfrac{w}{v}\right)\left(\dfrac{v_s}{v} - \dfrac{w}{v}\right)} . \qquad (8.1)$$

Die Konstanten in (8.1) werden wieder zu einem Strähnenantriebskoeffizienten λ zusammengefaßt, und zwar zu

$$\lambda = c\, c_{r2} ,$$

so daß sich ergibt:

$$Fr_p^2 = \frac{1}{\lambda} (1 - \epsilon_L) \Phi (1 - \Phi) \frac{1}{\left(\dfrac{v_G}{v} - \dfrac{w}{v}\right)\left(\dfrac{v_s}{v} - \dfrac{w}{v}\right)} . \qquad (8.2)$$

Für die Effizienz des Impulsaustausches zwischen der feststoffarmen Gasphase und den Strähnen sind die Richtungen der Geschwindigkeiten und damit die Transportrichtung des Feststoffes ohne Bedeutung. Der die Güte des Impulsaustausches charakterisierende Strähnenantriebskoeffizient λ sollte daher unabhängig von der Richtung des Feststofftransportes bzw. von der Richtung der Gasströmung sein. Der Strähnenantriebskoeffizient bei der entmischten, vertikalen Abwärtsförderung wird deshalb gleich dem bei der entmischten, vertikal-aufwärts gerichteten Gas-Feststoff-Strömung gesetzt: $\lambda = 0{,}0053$.

Für die Berechnung des Druckverlustdiagrammes der vertikalen Abwärtsförderung steht somit folgendes Gleichungssystem zur Verfügung:

- die beiden Massenbilanzen (3.26) und (3.27) bei Berücksichtigung der Gleichungen (3.31), (3.38) und (4.13)

$$\frac{v_G}{v} = \frac{1}{\Phi} \left[1 - \varepsilon_L \frac{w}{v} (1 - \Phi) - \frac{Fr_{p\,umf}}{Fr_p} (1 - \Phi)^2 \right] \qquad (8.3)$$

$$\frac{w}{v} = \frac{1}{(1 - \Phi)} \frac{\rho_f}{\rho_s (1 - \varepsilon_L)} \mu \qquad (8.4)$$

- die beiden Kräftebilanzen (3.31) und (8.2)

$$\frac{\Delta P}{(\rho_s - \rho_f)(1 - \varepsilon_L) g \Delta L} = (1 - \Phi) \qquad (8.5)$$

$$Fr_p^2 = \frac{1}{\lambda} (1 - \varepsilon_L) \Phi (1 - \Phi) \frac{1}{\left(\dfrac{v_G}{v} - \dfrac{w}{v}\right)\left(\dfrac{v_s}{v} - \dfrac{w}{v}\right)} \qquad (8.6)$$

- die dimensionslose Schlupfgleichung (4.1) bei Berücksichtigung der Gleichungen (3.38) und (4.4)

$$\frac{v_s}{v} = \frac{v_G}{v} - \frac{Fr_{p\,wf}}{Fr_p} \qquad (8.7)$$

- die dimensionslose Einzelkornsinkgeschwindigkeitsgleichung (4.12)

$$18\,Fr_{p\,wf}\,Ar^{-0,5} + 3\,Fr_{p\,wf}^{1,5}\,Ar^{-0,25} + 0,3\,Fr_{p\,wf}^{2} = 1\,. \qquad (8.8)$$

- und die gemessene oder berechnete Lockerungsgeschwindigkeit in dimensionsloser Form (4.14).

Bis auf Gl. (8.6) ist das Gleichungssystem (8.3) bis (8.8) identisch mit dem Gleichungssystem (4.15) bis (4.20) zum Berechnen des Druckverlustdiagrammes der entmischten, vertikalaufwärts gerichteten Gas-Feststoff-Strömung. Die sechs Gleichungen des Gleichungssystems (8.3) bis (8.8) verknüpfen dieselben dimensionslosen Kennzahlen [Gleichung (4.21)] wie das Gleichungssystem für die vertikale Aufwärtsförderung (4.15) bis (4.20). Die Druckverlustdiagramme der entmischten, vertikalen Abwärtsförderung können deshalb in derselben Form wie die Druckverlustdiagramme bei entmischter, vertikaler Aufwärtsförderung dargestellt werden. Auf der Ordinate wird der dimensionslose Druckgradient aufgetragen und auf der Abszisse die Partikel-Froude-Zahl. Parameter ist wieder das Volumenstromverhältnis. Die Archimedeszahl Ar und die Lockerungsporosität ε_L kennzeichnen ein bestimmtes Gas-Feststoff-System und sind deshalb für ein Druckverlustdiagramm wieder konstant.

Mit den Gleichungen (8.3) bis (8.8) ist keine explizite Darstellung des Druckverlustes möglich. Die Berechnung des Druckverlustdiagrammes muß deshalb wieder nach einem bestimmten Formalismus erfolgen:

Analog dem in Kap. 4.1 beschriebenen Vorgehen wird zunächst mit Gleichung (8.8) für eine bestimmte Archimedeszahl die dimensionslose Einzelkornsinkgeschwindigkeit $Fr_{p\,wf}$ berechnet. Mit den gemessenen oder berechneten Kenndaten bei Minimalfluidisation in Form der dimensionslosen Lockerungsgeschwindigkeit $Fr_p\,umf$ und der Lockerungsporosität ε_L und dem dimensionslosen Druckverlust (8.5) als Laufvariable erhält man für ein konstantes Volumenstromverhältnis aus (8.4) einen Zahlenwert für w/v. Mit diesen Größen berechnet man aus (8.3) das Geschwindigkeitsverhältnis v_G/v. Anschließend kann mit (8.7) in Verbindung mit (8.6) die zu diesem Datensatz zugehörige Partikel-Froude-Zahl berechnet werden. Danach startet man mit einem neuen dimensionslosen Druckverlust erneut die Berechnungsschleife. In Bild 8.1 ist für eine Archimedes-Zahl von Ar = 10, für eine Lockerungsporosität von ε_L = 0,4 und wie in Kap. 4.1 für eine Lockerungsgeschwindigkeit, die 5 % der Einzelkornsinkgeschwindigkeit beträgt, das berechnete Druckverlustdiagramm dargestellt. Bei den Rechnungen wird der bei der entmischten, vertikal-aufwärts gerichteten Gas-Feststoff-Strömung aus Experimenten bestimmte Strähnenantriebskoeffizient λ = 0,0053 eingesetzt.

Im Bereich positiver Partikel-Froude-Zahlen liegt eine Gegenströmung von Feststoff und Gas vor. Für den in Richtung der Erdschwere geförderten Feststoffmassenstrom gilt

$$\dot{M}_s < 0 \, ,$$

während für den Gasmassenstrom

$$\dot{M}_f > 0$$

gültig ist. Für das Volumenstromverhältnis

$$\frac{\rho_f}{\rho_s (1 - \varepsilon_L)} \mu = \frac{\rho_f}{\rho_s (1 - \varepsilon_L)} \frac{\dot{M}_s}{\dot{M}_f}$$

hat dies zur Folge, daß es im Bereich positiver Partikel-Froude-Zahlen negativ ist.

Im Bereich negativer Partikel-Froude-Zahlen ist die Strömungsrichtung von Gas- und Feststoff gleich, das Volumenstromverhältnis somit positiv.

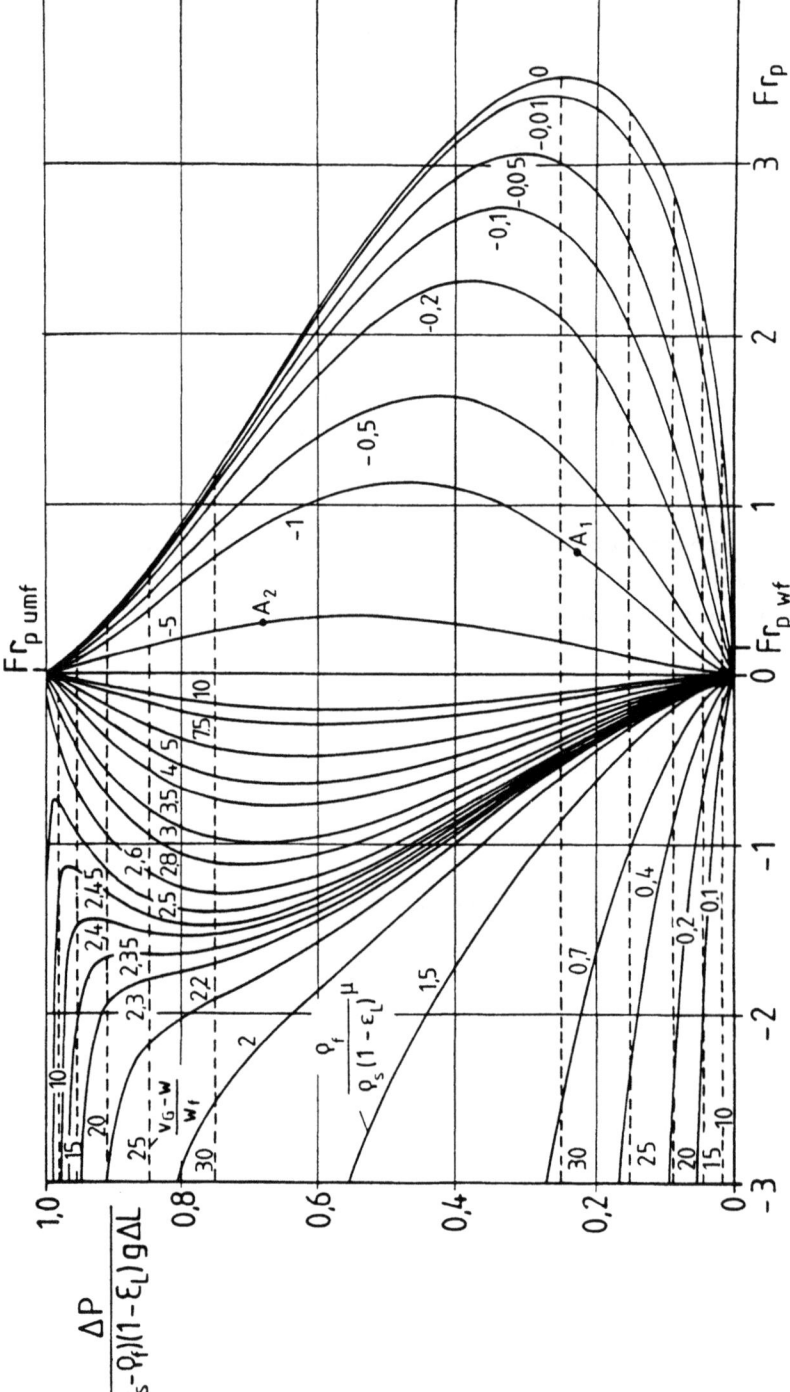

Bild 8.1: Druckverlustdiagramm der entmischten, vertikalen Abwärtsförderung (Ar = 10, ε_L = 0,4)

Bei $Fr_p = 0$ liegt kein Gasdurchsatz vor. Das Volumenstromverhältnis wird deshalb bei dieser Fr_p-Zahl unendlich groß.

Das Gebiet der vertikalen Abwärtsförderung wird zu großen Partikel-Froude-Zahlen durch die Druckverlustkurve für das Volumenstromverhältnis Null begrenzt. Diese beginnt auf der Abszisse bei $Fr_p = Fr_{p\ wf}$ und endet bei $(1 - \Phi) = 1$ und $Fr_p = Fr_{p\ umf}$. Rechts von dieser Druckverlustkurve befindet sich das Gebiet der entmischten, vertikal-aufwärts gerichteten Gas-Feststoff-Strömung.

Der dimensionslose Druckverlust kann wie bei der vertikal-aufwärts gerichteten Gas-Feststoff-Strömung nur Werte zwischen 0 und 1 annehmen. Bei $(1 - \Phi) = 0$ ist kein Feststoff in der Rohrleitung vorhanden, während bei $(1 - \Phi) = 1$ die Rohrleitung mit Feststoff im Zustand der Minimalfluidisation gefüllt ist.

Zur Charakterisierung des Strömungszustandes sind - wie in den Druckverlustdiagrammen bei der entmischten, vertikal-aufwärts gerichteten Gas-Feststoff-Strömung - in Bild 8.1 zusätzlich Kurven für $(v_G - w)/w_f$ = konst eingezeichnet. Mit den Gleichungen (4.5), (8.3) bis (8.8) erhält man durch einfache Umformungen eine Gleichung, mit der diese Kurven berechnet werden können:

$$Fr_{p\ wf}^2 \left(\frac{v_G - w}{w_f}\right) \left(\frac{v_G - w}{w_f} - 1\right) - \frac{1}{\lambda} (1 - \varepsilon_L) \Phi (1 - \Phi) = 0 \ . \tag{8.9}$$

Wie aus dieser Gleichung ersichtlich, stellt sich das maximale Relativgeschwindigkeitsverhältnis $(v_G - w)/w_f$ ein, wenn 50 % des Rohrquerschnittes von Strähnen eingenommen werden.

8.2 Zustandsdiagramm der entmischten, vertikalen Abwärtsförderung

Das Druckverlustdiagramm (Bild 8.1) wird mit dem für Gleichgewichtszustände erhaltenen Gleichungssystem (8.3) bis (8.8) berechnet. Inwieweit diese Gleichgewichtszustände gegenüber kleinen Störungen stabil sind, kann - wie bei der entmischten, vertikal-aufwärts gerichteten Gas-Feststoff-Strömung - die mathematische Herleitung des Druckverlustgleichungssystems nicht liefern. Es ist deshalb eine Stabilitätsdiskussion der berechneten Betriebspunkte durchzuführen, damit die Gültigkeitsgrenzen der dem Druckverlustdiagramm zugrundeliegenden Gleichungen bestimmt werden können.

Bei der entmischten, vertikal-aufwärts gerichteten Gas-Feststoff-Strömung wird der in das Förderrohr eingebrachte Feststoffmassenstrom konstant gehalten. Bei der Stabilitätsdiskussion wurde deshalb untersucht, inwieweit die durch eine kleine Betriebsstörung verursachte kleine Änderung der Feststoffkonzentration und damit des dimensionslosen Druckgradienten bei konstanter Partikel-Froude-Zahl eine Änderung des durchgesetzten Feststoffmassenstroms, d.h. des durchgesetzten Volumenstromverhältnisses, im Vergleich zum permanent eingespeisten Feststoffmassenstrom- bzw. Volumenstromverhältnis zur Folge hat, so daß die Betriebsstörung wieder ausgeglichen wird. Bewirkt die Betriebsstörung im Vergleich zum Gleichgewichtszustand eine erhöhte Feststoffkonzentration im Förderrohr, so ist der Betriebspunkt nur dann stabil, wenn diese Störung ein erhöhtes Volumenstromverhältnis im Vergleich zum permanent eingespeisten verursacht. Dadurch kann die Störung abgebaut und der ursprüngliche Betriebszustand wieder eingestellt werden. Eine Verringerung der Feststoffkonzentration im Vergleich zum Gleichgewichtszustand hat bei stabilen Betriebspunkten eine Verkleinerung des durchgesetzten Volumenstromverhältnisses im Vergleich zum permanent eingespeisten zur Folge. Nur dadurch kann die Betriebsstörung ausgeglichen werden.

Die Stabilitätsdiskussion der einzelnen Betriebspunkte bei der vertikalen Abwärtsförderung kann analog der bei der vertikal-aufwärts gerichteten Gas-Feststoff-Strömung durchgeführt werden (Kap. 4.2). Auch bei der vertikalen Abwärtsförderung ist zu untersuchen, ob bei konstanter Partikel-Froude-Zahl die durch eine kleine Betriebsstörung bewirkte Änderung des durchgesetzten Volumenstromverhältnisses den Abbau der Störung zur Folge hat.

Bei der vertikalen Abwärtsförderung kann entweder der in die Förderleitung eingebrachte oder der aus der Rohrleitung abgezogene Feststoffmassenstrom konstant eingestellt werden, während bei der vertikal-aufwärts gerichteten Gas-Feststoff-Strömung immer nur der i n die Rohrleitung eingebrachte Feststoffmassenstrom konstant gehalten werden kann. Die Stabilitätsdiskussion bei der vertikalen Abwärtsförderung muß deshalb für zwei unterschiedliche Fahrweisen der Anlage durchgeführt werden. Im ersten Fall, der sog. einlaufkontrollierten Fahrweise muß untersucht werden, ob durch die störungsbedingte Änderung des durchgesetzten Feststoffmassenstromes, d.h. des durchgesetzten Volumenstromverhältnisses, im Vergleich zum permanent _eingespeisten_ Feststoffmassenstrom bzw. Volumenstromverhältnis die Störung abgebaut und sich somit der ursprüngliche Betriebszustand wieder einstellen wird. Im zweiten Fall hingegen, bei der sog. auslaufkontrollierten Fahrweise muß diese Untersuchung im Vergleich zum _ausgeschleusten_ Feststoffmassenstrom bzw. Volumenstromverhältnis durchgeführt werden.

Für die Stabilitätsdiskussion lassen sich anhand des Druckverlustdiagramms (Bild 8.1) zwei Kategorien von Betriebspunkten unterscheiden:

Kategorie 1:
Zu dieser Kategorie gehören Betriebspunkte, bei denen - wie z.B. bei dem Betriebspunkt A_1 in Bild 8.1 - bei konstanter Partikel-Froude-Zahl ein im Vergleich zum Gleichgewichtszustand erhöhter Druckverlust auch einen erhöhten Feststoffdurchsatz und ein niedrigerer Druckverlust einen geringeren Feststoffdurchsatz zur Folge hat. Der Bereich des Druckverlustdiagramms, in dem diese Kategorie von Betriebspunkten liegt, ist dadurch gekennzeichnet, daß bei konstanter Partikel-Froude-Zahl die Druckverlustkurven mit zunehmendem Volumenstromverhältnis zu größeren Werten des dimensionlosen Druckgradienten hin gestaffelt sind. Die Druckverlustkurven für diese Art von Betriebspunkten sind schematisch in Bild 8.2 a dargestellt.

Kategorie 2:
Zur Kategorie 2 gehören Betriebspunkte, bei denen - wie z.B. bei dem Betriebspunkt A_2 in Bild 8.1 - bei konstanter Partikel-Froude-Zahl eine durch eine Störung bewirkte Druckverlusterhöhung einen geringeren Feststoffdurchsatz und eine Ver-

kleinerung des Druckverlustes einen größeren Feststoffdurchsatz als im Gleichgewichtszustand zur Folge hat. Der Bereich des Druckverlustdiagramms, in dem diese Kategorie von Betriebpunkten liegt, zeichnet sich dadurch aus, daß bei konstanter Partikel-Froude-Zahl die Druckverlustkurven mit zunehmendem Volumenstromverhältnis zu kleineren dimensionslosen Druckgradienten hin geordnet sind. Für diese Art von Betriebspunkten sind die Druckverlustkurven in Bild 8.2 b schematisch dargestellt.

Die Stabilitätsdiskussion der beiden Kategorien von Betriebspunkten erfolgt abhängig von der Fahrweise der vertikalen Abwärtsförderung:

1) Einlaufkontrollierte Fahrweise der vertikalen Abwärtsförderung:
   Zunächst wird die Stabilität der Betriebspunkte der vertikalen Abwärtsförderung untersucht, bei welcher der in die Rohrleitung eingebrachte Feststoffmassenstrom bzw. das eingebrachte Volumenstromverhältnis konstant gehalten wird, d.h. bei der einlaufkontrollierten Abwärtsförderung.

   Ein Rohrleitungssystem für eine einlaufkontrollierte Abwärtsförderung ist in Bild 8.3 a schematisch dargestellt. Der Feststoff wird in geeigneter Weise am oberen Ende der Rohrleitung in diese eingebracht und der gewünschte Gasdurchsatz durch entsprechende Vorrichtungen eingestellt.

   - Bei den Betriebspunkten der Kategorie 1 hätte im Vergleich zum Gleichgewichtszustand (Betriebspunkt A_1 in Bild 8.2 a) eine durch eine kleine Störung verursachte Erhöhung der Feststoffkonzentration – d.h. des dimensionslosen Druckgradienten – ein größeres Volumenstromverhältnis zur Folge. Da die Rohrleitung nach unten hin offen ist, würde dadurch mehr Feststoff durch die Rohrleitung transportiert werden, als permanent eingebracht wird. Hierdurch würde die störungsbedingte, erhöhte Feststoffkonzentration abgebaut und der ursprüngliche Betriebszustand wieder eingestellt werden.

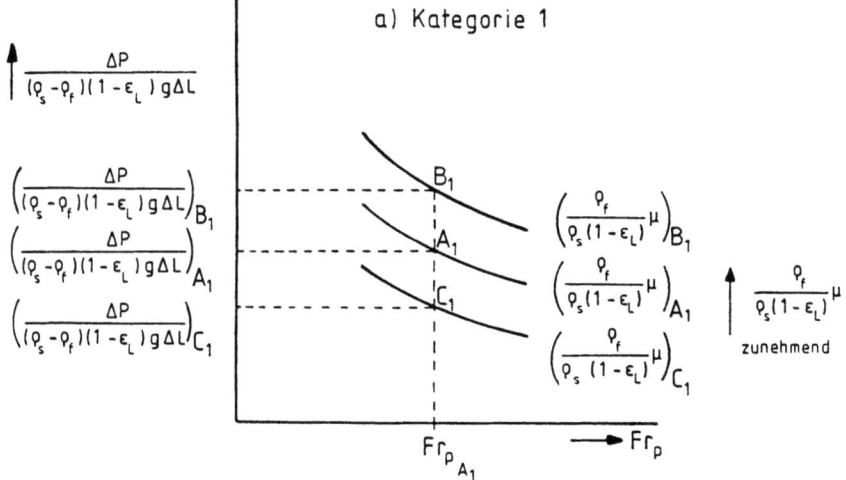

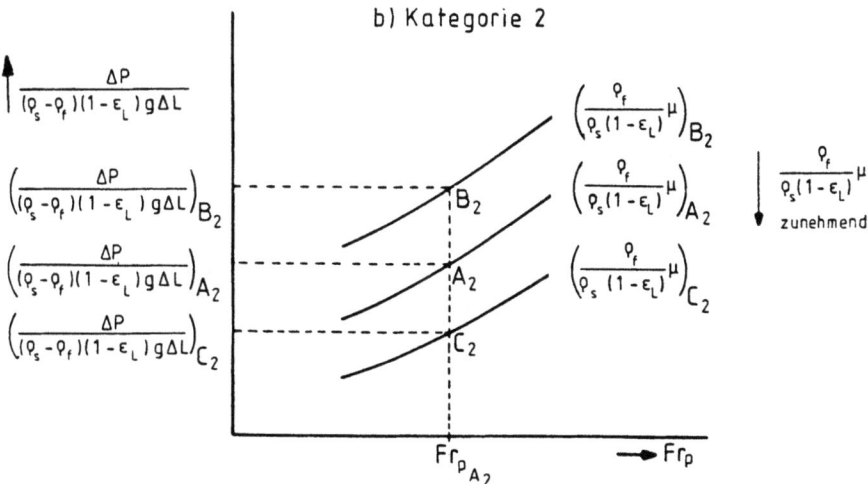

Bild 8.2: Schematische Darstellung der Druckverlustkurven bei der entmischten, verikalen Abwärtsförderung

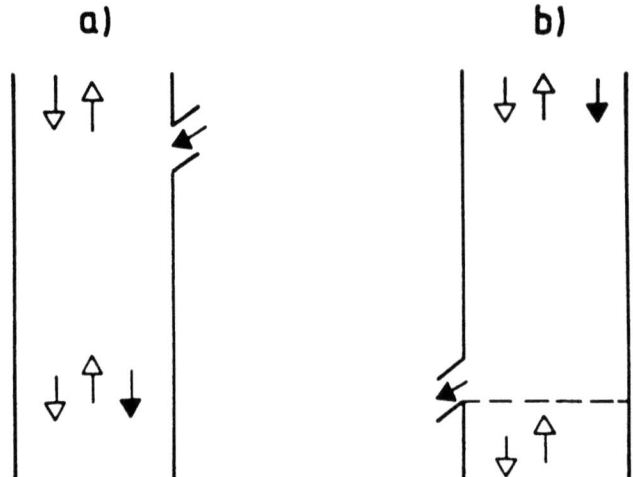

Bild 8.3: Rohrleitungssysteme für die vertikale Abwärtsförderung (⟶▷ Gas, ⟶ Feststoff)

Eine störungsbedingte, gegenüber dem Gleichgewichtszustand kleinere Feststoffkonzentration und damit ein kleinerer dimensionsloser Druckgradient hätte ein kleineres Volumenstromverhältnis zur Folge, als permanent in die Rohrleitung eingebracht wird. Dadurch würde weniger Feststoff vertikal-abwärts transportiert als konstant eingespeist wird. Die Folge davon wäre eine Zunahme der Feststoffkonzentration im Förderrohrelement und somit ein Ausgleich der Störung. Betriebspunkte, die der Kategorie 1 angehören, sind somit bei der einlaufkontrollierten, vertikalen Abwärtsförderung stabil gegenüber kleinen Störungen und können betriebssicher eingestellt werden.

- Bei Betriebspunkten der Kategorie 2 hätte eine störungsbedingte, gegenüber dem Gleichgewichtszustand (Betriebspunkt A_2 in Bild 8.2 b) kleinere Feststoffkonzentration - d.h. ein kleinerer dimensionsloser Druckgradient - im Vergleich zum konstant eingespeisten Volumenstromverhältnis ein größeres Volumenstromverhältnis zur Folge. Dadurch würde ein größerer Feststoffmassenstrom durch die Rohrleitung transportiert werden, als konstant eingespeist wird. Dies würde jedoch bedeuten, daß die Feststoffkonzentration und damit der dimensionslose Druckgradient weiter verringert würden und somit die Störung nicht ausgeglichen werden könnte. Betriebspunkte der Kategorie 2 sind deshalb nicht stabil gegenüber kleinen Störungen und können demzufolge bei der einlaufkontrollierten, entmischten, vertikalen Abwärtsförderung nicht eingestellt werden.

2) Auslaufkontrollierte Fahrweise der vertikalen Abwärtsförderung:

Mit einem Rohrleitungssystem entsprechend Bild 8.3 b ist eine auslaufkontrollierte Fahrweise der vertikalen Abwärtsförderung möglich. In der Rohrleitung befindet sich ein nur für das Gas durchlässiger Anströmboden. Unmittelbar oberhalb dieses Bodens wird in geeigneter Weise - z.B. mit einer Doppelschnecke - ein konstanter Feststoffmassenstrom aus der Rohrleitung ausgeschleust. Der Anströmboden wirkt praktisch als Aufstauorgan für den Feststoff, denn erst dadurch kann z.B. mit einer Doppelschnecke Feststoff aus der Rohrleitung ausgeschleust werden. Am oberen Ende der Rohrleitung steht für den vertikalen Abwärtstransport Feststoff im Überschuß zur Verfügung. Dies kann z.B. durch einen Bodenauslauf aus einer blasenbildenden Wirbelschicht realisiert werden. Durch entsprechende Vorrichtungen kann der gewünschte Gasdurchsatz eingestellt werden.

- Wird bei Betriebspunkten der Kategorie 1 (z.B. Betriebspunkt A_1 in Bild 8.2 a) durch eine Störung die Feststoffkonzentration in einem Rohrelement - d.h. der dimensionslose Druckgradient - im Vergleich zum Gleichgewichtszustand erhöht, so hätte dies - ebenfalls im Vergleich zum Gleichgewichtszustand - ein erhöhtes, mit B_1 indiziertes Volumenstromverhältnis zur Folge, d.h. einen erhöhten Feststoffdurchsatz. Da jedoch nur das im Gleichgewichtszustand mit A_1 gekennzeichnete Volumenstromverhältnis am unteren Ende der Rohrleitung ausgeschleust wird, würde sich die Feststoffkonzentration am unteren Ende der Rohrleitung erhöhen, die Störung würde nicht ausgeglichen werden. Dies bedeutet, daß Betriebspunkte der Kategorie 1 nicht stabil bei der auslaufkontrollierten, vertikalen Abwärtsförderung eingestellt werden können.

- Bei Betriebspunkten der Kategorie 2 (Bild 8.2 b) hätte eine störungsbedingte Erhöhung der Feststoffkonzentration gegenüber dem Gleichgewichtszustand, d.h. eine störungsbedingte Erhöhung des dimensionslosen Druckgradienten, eine Reduzierung des durchgesetzten Volumenstromverhältnisses zur Folge. Am unteren Ende der Rohrleitung wird jedoch weiterhin ein konstanter Feststoffmassenstrom, d.h. ein konstantes Volumenstromverhältnis, zwangsweise ausgeschleust, da durch die Störung eine erhöhte Feststoffkonzentration vorliegt und somit genug Feststoff für die Ausschleusung zur Verfügung steht. Aufgrund der Differenz zwischen dem ausgetragenen, d.h. ausgeschleusten und dem geförderten Volumenstromverhältniss würde die störungsbedingte Erhöhung der Feststoffkonzentration und damit des dimensionslosen Druckgradienten abgebaut. Dadurch kann sich der ursprüngliche Betriebspunkt wieder einstellen.

Eine störungsbedingte, gegenüber dem Gleichgewichtszustand A_2 kleinere Feststoffkonzentration und einem damit verbundenen, kleineren dimensionslosen Druckgradienten hätte den Betriebspunkt C_2 zur Folge. In diesem Betriebspunkt würde ein größerer Feststoffdurchsatz und damit ein größeres Volumenstromverhältnis vorliegen, als im Gleichgewichtszustand. Dies hätte zur Folge, daß sich die Rohrleitung wieder mit Feststoff füllt, daß also die Feststoffkonzentration und damit der dimensionslose Druckgradient ansteigt und so die Störung ausgeglichen würde. Betriebspunkte, die der Kategorie 2 angehören, können demnach bei der auslaufkontrollierten, vertikalen Abwärtsförderung stabil eingestellt werden.

Die Betriebspunkte der Kategorien 1 und 2 sind - wie aus Bild 8.1 ersichtlich - durch die Verbindungslinie der Punkte, bei denen die Steigung der Druckverlustkurven unendlich groß wird, getrennt. Für die Trennlinie gilt somit die Bedingung

$$\left[\frac{\partial \frac{\Delta P}{(\rho_s-\rho_f)(1-\varepsilon_L) g \Delta L}}{\partial Fr_p} \right]_{\frac{\rho_f}{\rho_s(1-\varepsilon_L)} \mu} \stackrel{!}{=} \infty . \qquad (8.10)$$

Die Differentialgleichung (8.10), angewandt auf das Gleichungssystem (8.3) bis (8.8), liefert als Bedingung für die Trennlinie

$$Fr_p^2 \left[(1-\Phi) - \left((1-\Phi) \varepsilon_L + \Phi \right) \frac{\rho_f}{\rho_s(1-\varepsilon_L)} \mu \right] \cdot$$

$$\cdot \left[(3-4\Phi)(1-\Phi) - \left((3-4\Phi)(1-\Phi)\varepsilon_L + \Phi(1-4\Phi)\right) \frac{\rho_f}{\rho_s(1-\varepsilon_L)} \mu \right] +$$

$$+ Fr_p Fr_{p\,wf} \Phi(1-\Phi) \left[(3\Phi-2)(1-\Phi) - \left((3\Phi-2)(1-\Phi)\varepsilon_L + \right. \right.$$

$$\left. \left. + (3\Phi-1)\Phi \right) \frac{\rho_f}{\rho_s(1-\varepsilon_L)} \mu \right] +$$

$$+ Fr_p Fr_{p\,umf} (1-\Phi)^4 \left[(4\Phi-6) - \left((4\Phi-6)\varepsilon_L - 4\Phi\right) \frac{\rho_f}{\rho_s(1-\varepsilon_L)} \mu \right] +$$

$$+ Fr_{p\,wf} Fr_{p\,umf} (2-\Phi) \Phi (1-\Phi)^4 + Fr_{p\,umf}^2 \, 3 \, (1-\Phi)^6 = 0 .$$

$$(8.11)$$

Zusammen mit dem Druckverlustgleichungssystem (8.3) bis (8.8) kann die Trennlinie zwischen den Betriebspunkten der Kategorie 1 und 2 iterativ bestimmt werden. In Bild 8.4 ist diese Grenzlinie für das gleiche Gas-Feststoff-System, wie in Bild 8.1 durch die gestrichelten Kurvenäste d und e eingezeichnet. Die Kurvenäste e und d, sowie die Grenzkurve für das Volumenstromverhältnis Null begrenzen das Arbeitsgebiet der auslaufkontrollierten, entmischten, vertikalen Abwärtsförderung. Eine auslaufkontrollierte Fahrweise der vertikalen Abwärtsförderung ist somit nur in dem durch $Fr_{p\,M}$ und $Fr_{p\,o}$ begrenzten Bereich der Partikel-Froude-Zahl möglich. Bei Betriebspunkten, die sich im Druckverlustdiagramm links von den Kurvenästen d und e befinden, ist dagegen nur eine einlaufkontrollierte Fahrweise der vertikalen Abwärtsförderung möglich. Wie aus Bild 8.4 ersichtlich, liegt bei dieser Fahrweise für bestimmte Betriebspunkte im Bereich der Partikel-Froude-Zahl zwischen $Fr_{p\,M}$ und $Fr_{p\,umf}$ bei konstantem Volumenstromverhältnis eine Mehrdeutigkeit hinsichtlich des Druckgradienten vor. Die Volumenstromverhältnisse der Betriebspunkte im Gebiet zwischen den Kurvenästen e und f lassen sich auch bei einem deutlich geringeren Druckgradienten einstellen.

Bei der entmischten, vertikalen Gas-Feststoff-Strömung werden die Feststoffsträhnen ständig aufgelöst und wieder neu gebildet. Das Gas-Feststoff-System ist dabei immer bestrebt, den energetisch günstigsten Zustand einzustellen. Liegt bei einer konstanten Partikel-Froude-Zahl und bei einem konstanten Volumenstromverhältnis eine Mehrdeutigkeit des Druckverlustes vor, wird sich immer der Betriebspunkt mit dem energetisch günstigeren, kleineren Druckverlust einstellen. Demnach können die Betriebspunkte zwischen den Kurven e und f (Bild 8.4) bei der entmischten, vertikalen Abwärtsförderung nicht eingestellt werden (Bild 8.5).

Die einlaufkontrollierte, entmischte, vertikale Abwärtsförderung wird somit durch die von den Kurvenästen d und f gebildete Grenzkurve und durch die Druckverlustkurve für das Volumenstromverhältnis Null zu größeren Partikel-Froude-Zahlen hin begrenzt.

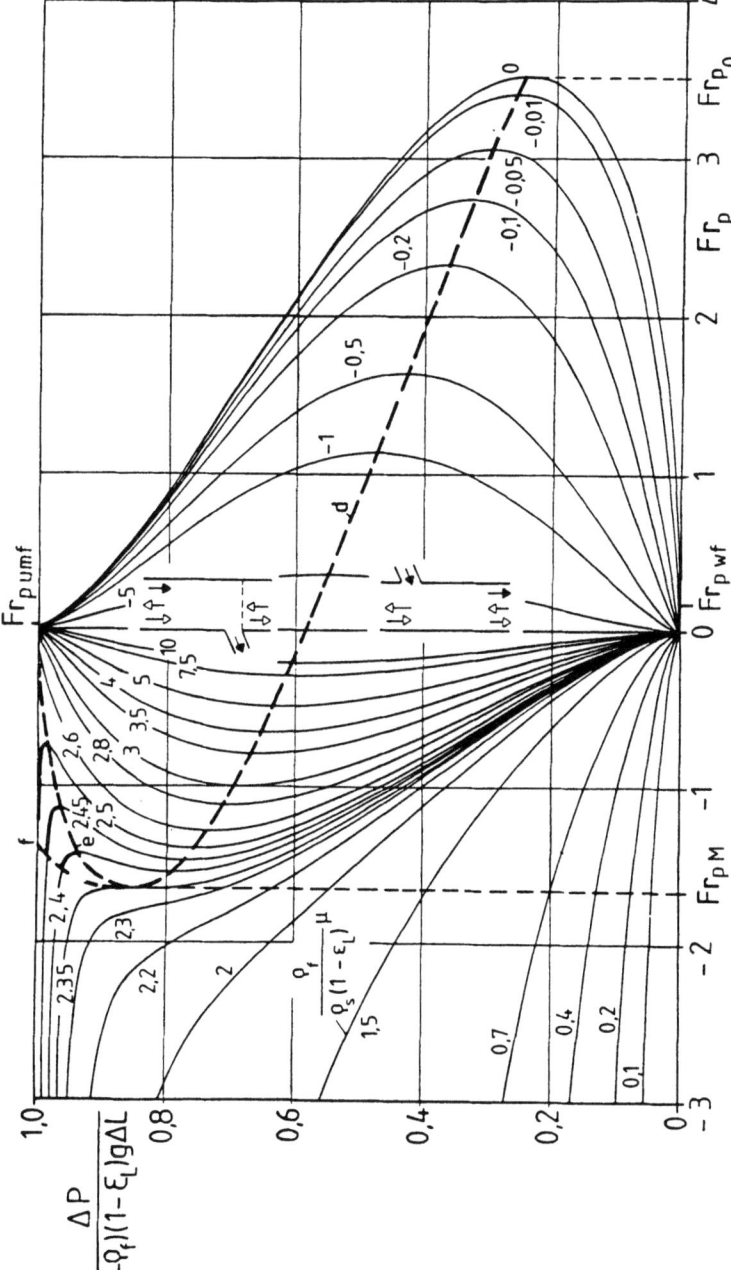

Bild 8.4: Druckverlustdiagramm der entmischten, vertikalen Abwärtsförderung mit Trennlinie zwischen einlauf- und auslaufkontrollierter Fahrweise (—▷Gas, —▶Feststoff, Ar = 10, ε_L = 0,4)

8.3 Druckverlust und Strömungszustand in der Falleitung der zirkulierenden Wirbelschicht

Bei entsprechender Bauhöhe der zirkulierenden Wirbelschicht befindet sich im Abstromteil (Feststoffrückführung) eine vertikale Falleitung (Bild 1.1). Der ausgetragene Feststoff wird über diese Falleitung in Form einer entmischten, vertikalen Abwärtsförderung und eine Druckschleuse (Siphon, L-Valve, etc.) in den unteren Teil der zirkulierenden Wirbelschicht transportiert, um dann erneut ausgetragen zu werden. Der in der Falleitung transportierte Feststoffmassenstrom ist - wenn von einer vollständigen Feststoffabscheidung des Zyklons ausgegangen wird - gleich dem aus der zirkulierenden Wirbelschicht ausgetragenen. Es liegt somit in der Falleitung eine einlaufkontrollierte Abwärtsförderung vor.

Die Druckschleuse am unteren Ende der Falleitung (Siphon, L-Valve, etc.) ist so zu betreiben, daß der durch die Falleitung transportierte Feststoff in den Aufstromteil der zirkulierenden Wirbelschicht zurückgeführt werden kann. Bei Verwendung eines Siphons, der vielfach auch Tauchtopf genannt wird, ist z.B. Sorge dafür zu tragen, daß dieser ausreichend fluidisiert wird, um seine Funktion als Druckschleuse erfüllen zu können. Die hierzu notwendigen Gasgeschwindigkeiten sind i.a. jedoch so gering, daß näherungsweise davon ausgegangen werden kann, daß der über den Siphon in die Falleitung eingebrachte Gasmassenstrom vernachlässigt werden kann. Da durch die Funktion als Druckschleuse auch praktisch kein Gasstrom aus der Falleitung über den Siphon abgezogen wird, kann man näherungsweise davon ausgehen, daß kein Gasdurchsatz in der Falleitung vorliegt. Bei der Berechnung des Strömungzustandes in der Falleitung kann deshalb von der Annahme ausgegangen werden, daß die Leerrohrgasgeschwindigkeit Null ist. Ähnliche Überlegungen gelten auch bei Verwendung eines L-Valves, einer Doppelschnecke, einer Zellenradschleuse usw. als Druckschleuse in der Rückführleitung einer zirkulierenden Wirbelschicht. Im Zustands- und Druckverlustdiagramm der entmischten, vertikalen Abwärtsförderung (Bild 8.5) befinden sich demnach die Betriebspunkte, die in der einlaufkontrollierten Falleitung vorliegen, bei der Partikel-Froude-Zahl $Fr_p = 0$ zwischen der Abszisse und dem Kurvenast d.

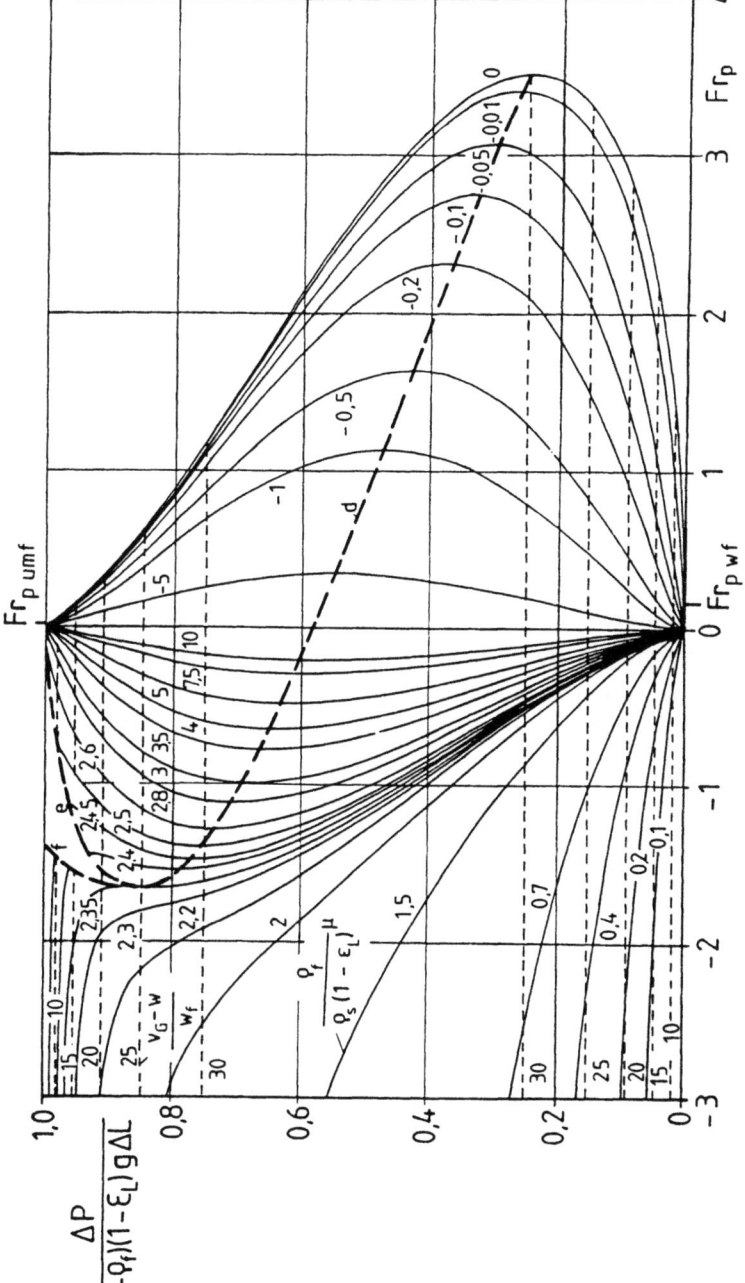

Bild 8.5: Zustands- und Druckverlustdiagramm der entmischten, vertikalen Abwärtsförderung (Ar = 10, ε_L = 0,4)

8.3.1 Druckverlust in der Falleitung

Bei der Partikel-Froude-Zahl $Fr_p = 0$ liegt kein Nettogasdurchsatz vor. Das Volumenstromverhältnis ist deshalb bei dieser Fr_p-Zahl nicht definiert. Für die dimensionslose Darstellung des Druckverlustes in der vertikalen Falleitung als Funktion des Feststoffdurchsatzes ist es deshalb sinnvoll, eine dimensionslose Kennzahl des Feststoffdurchsatzes zu bilden, die nicht den Gasdurchsatz enthält. Eine solche Kennzahl erhält man z.B. dadurch, daß man das Volumenstromverhältnis mit der Partikel-Froude-Zahl multipliziert

$$\frac{\rho_f}{\rho_s (1-\varepsilon_L)} \mu\, Fr_p = \frac{\dot{m}_s}{\rho_s (1-\varepsilon_L) \sqrt{\frac{\rho_s-\rho_f}{\rho_f} d_p\, g}} \quad . \qquad (8.12)$$

Mit dem durch Gleichung (8.12) definierten dimensionslosen Feststoffdurchsatz ist mit dem Gleichungssystem (8.3) bis (8.8) bei Beachtung der Bedingung für die Trennlinie der beiden Kategorien von Betriebspunkten (8.11) das Druckverlustdiagramm für die einlaufkontrollierte Abwärtsförderung in der vertikalen Falleitung der zirkulierenden Wirbelschicht unter der Annahme, daß kein Gasdurchsatz vorliegt ($Fr_p = 0$), zu berechnen. In Bild 8.6 sind für verschiedene Archimedes-Zahlen die berechneten, dimensionslosen Druckverluste über dem durch Gleichung (8.12) definierten, dimensionslosen Feststoffdurchsatz aufgetragen.

Bei den Rechnungen wurde für die Lockerungsporosität $\varepsilon_L = 0,4$ eingesetzt. Sollte in der Falleitung ein Gasdurchsatz vorliegen, so liegen - wie in Verbindung mit Bild 8.5 zu erkennen ist - für ein bestimmtes Gas-Feststoff-System die Betriebspunkte bei Gegenströmung von Gas und Feststoff auf der linken Seite der Druckverlustkurve und bei Gleichströmung auf der rechten Seite.

Der Strömungszustand bei der vertikalen Abwärtsförderung in einer einlaufkontrollierten Falleitung ohne Gasdurchsatz wird im wesentlichen durch den mit Gleichung (8.5) definierten, dimensionslosen Druckgradienten und den mit Gleichung (8.12) definierten dimensionslosen Feststoffdurchsatz beschrieben. Der

Einfluß der Archimedes-Zahl ist hingegen von untergeordneter Bedeutung.

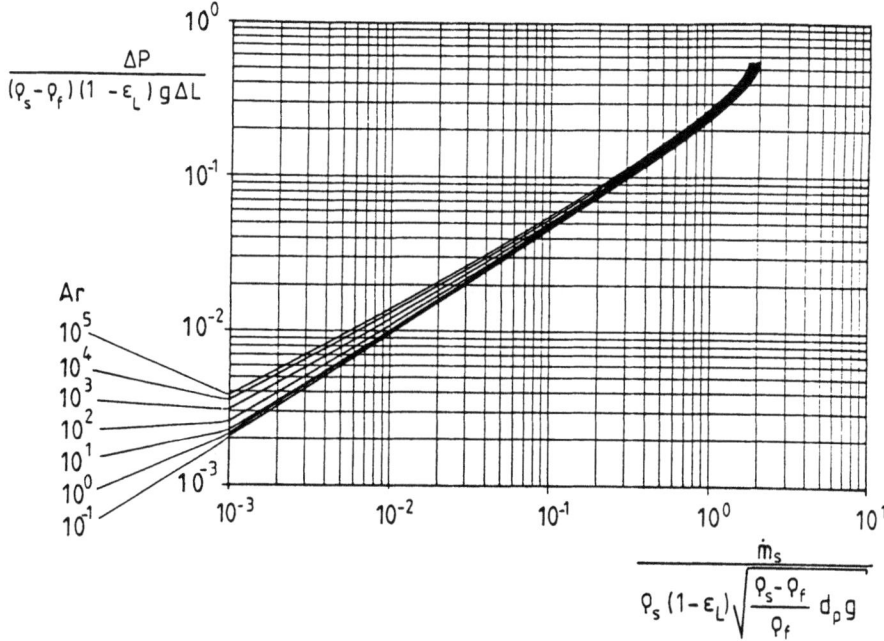

Bild 8.6: Druckverlustdiagramm der entmischten, vertikalen Abwärtsförderung in einer einlaufkontrollierten Fallleitung ohne Gasdurchsatz ($\varepsilon_L = 0,4$)

8.3.2 Relativgeschwindigkeiten in der Falleitung

Das Verhältnis der Differenz zwischen der Gasgeschwindigkeit in der feststoffarmen Gasphase und der Strähnengeschwindigkeit $v_G - w$ zur Einzelkornsinkgeschwindigkeit w_f, das sog. Relativgeschwindigkeitsverhältnis, kann für $Fr_p = 0$ mit dem Gleichungssystem (8.3) bis (8.8) in Abhängigkeit von dem durch Gleichung (8.12) definierten dimensionslosen Feststoffdurchsatz berechnet werden. Für die einlaufkontrollierte Abwärtsförderung in der Falleitung der zirkulierenden Wirbelschicht erhält man bei Beachtung der Bedingung für die Trennlinie der beiden Kategorien von Betriebspunkten (8.11) das in Bild 8.7 dargestellte Relativgeschwindigkeitsdiagramm. Bei großen Archimedes-Zahlen ist das Relativgeschwindigkeitsverhältnis nur unwesentlich größer als Eins, wohingegen bei kleinen Ar-Zahlen die Relativgeschwindigkeit $v_G - w$ zwischen der Gasgeschwindigkeit in der feststoffarmen Gasphase und der Strähnengeschwindigkeit um mehr als eine Zehnerpotenz größer als die Einzelkornsinkgeschwindigkeit sein kann. Dies bedeutet, daß die Feststoffpartikeln bei großen Archimedes-Zahlen annähernd mit der Einzelkornsinkgeschwindigkeit und bei kleinen Ar-Zahlen sehr viel schneller als eine Einzelpartikel durch die Falleitung fallen. Wie bei der entmischten, vertikal-aufwärts gerichteten Gas-Feststoff-Strömung wirkt sich bei der entmischten Abwärtsförderung die Phasenentmischung besonders auf das Strömungsverhalten von Partikeln mit einer kleinen Archimedes-Zahl aus.

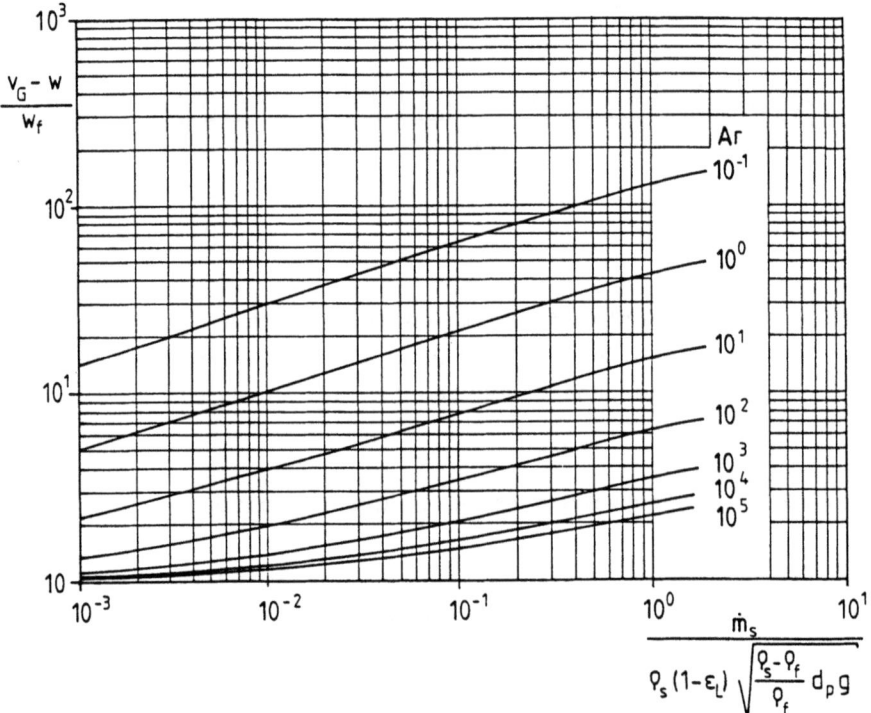

Bild 8.7: Relativgeschwindigkeitsdiagramm der entmischten, vertikalen Abwärtsförderung in einer einlaufkontrollierten Falleitung ohne Gasdurchsatz ($\varepsilon_L = 0.4$)

9 Experimentelle Überprüfung des für die Falleitung zirkulierender Wirbelschichten berechneten Druckverlustdiagrammes

9.1 Versuchsaufbau und verwendete Versuchsgüter

Parallel zur Aufnahme des Druckprofils im Aufstromteil wurde bei Verwendung unterschiedlicher Einschleussysteme das Druckprofil in der Falleitung an der in Bild 6.1 dargestellten Versuchsanlage aufgenommen. Der Durchmesser der Falleitung beträgt 0,06 m, die Meßstreckenlänge 6,2 m. Das Druckprofil der Falleitung wurde in Referenz zum obersten Druckmeßstutzen im Aufstromteil der zirkulierenden Wirbelschicht gemessen.

Bis auf die breite Quarzsandfraktion d_p = 160 µm wurden für alle in Tabelle 6.1 aufgelisteten Versuchsgüter die Druckprofile in der Falleitung gemessen.

9.2 Druckprofile in der Rückführleitung der zirkulierenden Wirbelschicht

Beim Einsatz der Doppelschnecke als Einschleussystem (Bild 6.1) wird zwar mit dem Feststoff auch das zwischen den Partikeln befindliche Hohlraumgas aus der Falleitung in die zirkulierende Wirbelschicht eingeschleust. Jedoch ist der Gasvolumenstrom so klein, daß praktisch davon ausgegangen werden kann, daß kein Gasdurchsatz in der Falleitung vorliegt. In Bild 9.1 ist als Beispiel ein gemessenes Druckprofil für die Glaskugelfraktion (d_p = 86 µm) wiedergegeben.

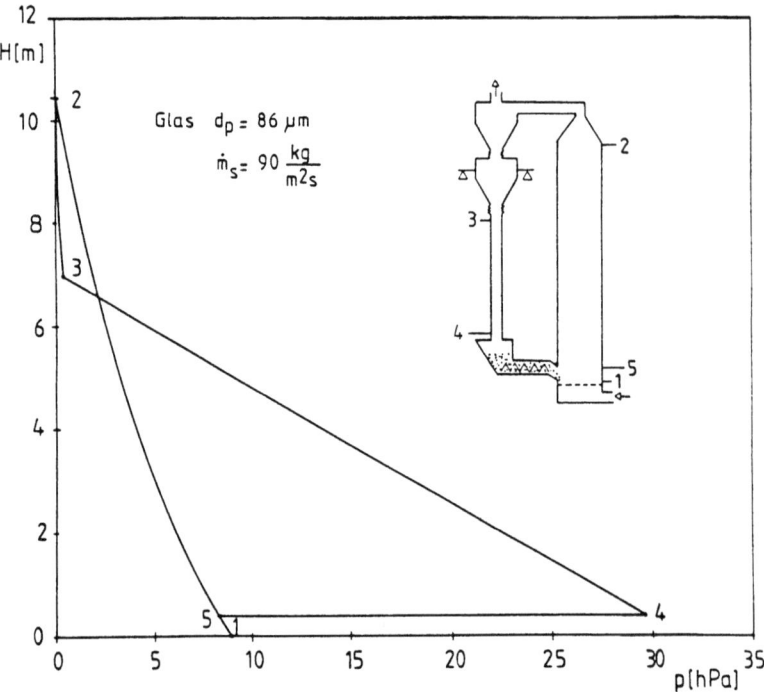

Bild 9.1: Druckprofil in der zirkulierenden Wirbelschicht mit der Doppelschnecke als Einschleussystem

Die Druckkurve zwischen den Punkten 1 und 2 kennzeichnet das Druckprofil im Aufstromteil der zirkulierenden Wirbelschicht. Der Differenzdruck zwischen den Punkten 2 und 3 gibt den Druckabfall zwischen dem oberen Ende des Aufstromteils und dem Beginn der Falleitung wieder. Der Kurvenzug zwischen den Punkten 3 und 4 stellt das Druckprofil in der Falleitung dar. Die Doppelschnecke hat neben der Dosieraufgabe die Funktion einer Druckschleuse für den Feststoff, zwischen dem Druck am unteren Ende der Falleitung (Punkt 4) und dem auf praktisch gleichem Höhenniveau vorliegenden Druck im Aufstromteil (Punkt 5). Aus der Steigung des Druckprofils zwischen den Punkten 3 und 4 erhält man schließlich den Druckgradienten für die vertikale Abwärtsförderung ohne Gasdurchsatz.

Mit der Siphonwirbelschicht als Einschleussystem ist als Beispiel für das Versuchsgut Kupfer in Bild 9.2 ein gemessenes

Druckprofil wiedergegeben. Der Kurvenzug zwischen den Punkten 1 und 2 stellt wieder das Druckprofil im Aufstromteil der Versuchsanlage dar, während der Differenzdruck zwischen den Punkten 2 und 3 den Druckabfall zwischen dem oberen Ende der zirkulierenden Wirbelschicht und dem Beginn der Falleitung wiedergibt. Zwischen den Punkten 3 und 4 findet in der Falleitung durch den herabfallenden Feststoff ein Druckaufbau statt.

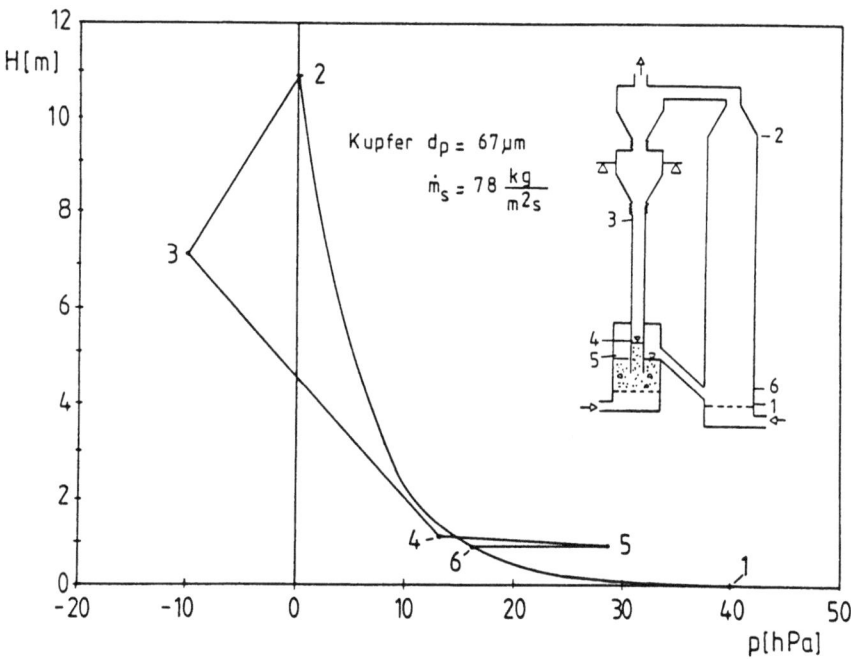

Bild 9.2: Druckprofil in der zirkulierenden Wirbelschicht mit der Siphonwirbelschicht als Einschleussystem

Der Siphon hat die Aufgabe, den Druck am unteren Ende der Falleitung (Punkt 4) an den Druck in der zirkulierenden Wirbelschicht (Punkt 6) anzukoppeln. Der Druckabfall zwischen dem Ablaufschenkel des Siphons (Punkt 5) und der zirkulierenden Wirbelschicht (Punkt 6) ist durch die konstruktive Gestaltung des Überlaufrohres zwischen Siphon und zirkulierender Wirbelschicht bedingt. Die eigentliche Druckankoppelung zwischen Auf- und Abstromteil der zirkulierenden Wirbelschicht erfolgt im Siphon dadurch, daß sich eine den Druckverhältnissen entsprechend hohe fluidisierte Feststoffsäule im Zulauf des Siphons ausbildet. Die Differenz zwischen der Höhe der Feststoffsäule im Zulauf des Siphons und der Höhe des Feststoffspiegels im Ablauf ist proportional dem Differenzdruck zwischen den Punkten 4 und 5. Je größer dieser Differenzdruck ist, desto größer ist auch die Höhendifferenz zwischen dem Feststoffniveau im Zulauf und Ablauf des Siphons. Durch visuelle Beobachtung der Feststoffsäule im Zulauf des Siphons konnte festgestellt werden, daß praktisch kein Gas in Form von Blasen oder Kanälen durch diese Säule strömt und daß somit praktisch auch kein Gasdurchsatz in der Falleitung vorliegt. Die Steigung des Druckprofils zwischen den Punkten 3 und 4 ergibt schließlich für den eingestellten Betriebspunkt den Druckgradienten in der Falleitung, wenn kein Gasdurchsatz vorliegt.

Bis auf den Druckabfall zwischen den Punkten 5 und 6 erhält man ähnliche Druckprofile bei Verwendung des Kurzschlusses (Bild 6.1) als Einschleussystem.

9.3 Vergleich der gemessenen mit den berechneten Druckgradienten in der Falleitung der zirkulierenden Wirbelschicht ohne Gasdurchsatz

Die Druckgradienten in der Falleitung der zirkulierenden Wirbelschicht wurden beim Einsatz aller drei in Bild 6.1 skizzierten Einschleussysteme bestimmt. Während die Doppelschnecke aufgrund ihrer Konstruktion praktisch als Gasabsperrschieber wirkt, wurde durch visuelle Beobachtung der Feststoffsäule im Zulauf der Siphonwirbelschicht bzw. der Feststoffsäule im Zulauf zur zirkulierenden Wirbelschicht bei Verwendung des Kurzschlusses Sorge getragen, daß praktisch kein Gasdurchsatz in der Falleitung vorliegt.

In Bild 9.3 sind die gemessenen Druckgradienten in dimensionsloser Form über dem durch Gleichung (8.12) definierten dimensionslosen Feststoffaustrag aufgetragen. Zum Vergleich sind die berechneten Druckverlustkurven eingetragen.

Die durch Druckverlustmessungen bestimmten, dimensionslosen Druckgradienten werden mit befriedigender Genauigkeit durch die berechneten Druckverlustkurven wiedergegeben. Die geringe

Archimedes-Zahl-Abhängigkeit der gemessenen Druckverlustkurven geht im Streubereich der gemessenen Druckverluste unter. Im Bereich technisch üblicher Archimedes-Zahlen (Ar < 1000) ist der dimensionslose Druckgradient in der einlaufkontrollierten, vertikalen Falleitung ohne Gasdurchsatz praktisch nur noch von dem durch Gleichung (8.12) definierten dimensionslosen Feststoffdurchsatz abhängig (Bild 8.6 und Bild 9.3).

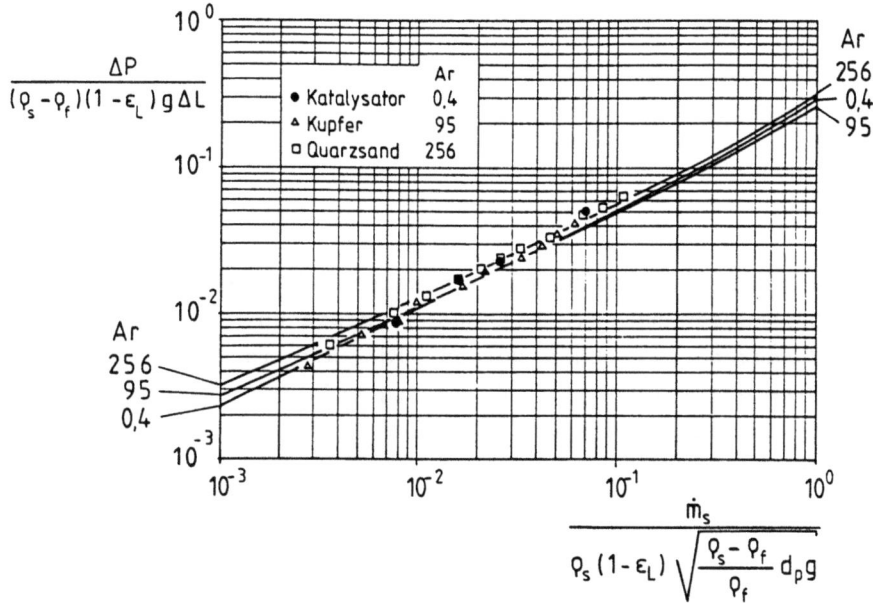

Bild 9.3: Vergleich der gemessenen mit den berechneten Druckgradienten in der Falleitung der zirkulierenden Wirbelschicht ohne Gasdurchsatz

10 Zustands- und Druckverlustdiagramm der entmischten, vertikalen Gas-Feststoff-Strömung

In den Kap. 4 und 8 sind die Zustands- und Druckverlustdiagramme bei der entmischten, vertikal-aufwärts gerichteten Gas-Feststoff-Strömung bzw. bei der entmischten, vertikalen Abwärtsförderung berechnet worden. Mit den in diesen Kapiteln abgeleiteten Gleichungen und den Ergebnissen der dort durchgeführten Stabilitätsdiskussionen ist für die beiden Feststofftransportrichtungen beispielhaft das berechnete Zustands- und Druckverlustdiagramm für $Ar = 10$ und $\varepsilon_L = 0,4$ in Bild 10.1 dargestellt.

Die Druckverlustkurve für das Volumenstromverhältnis Null trennt das Arbeitsgebiet der vertikalen Abwärtsförderung von dem der vertikal-aufwärts gerichteten Gas-Feststoff-Strömung. Diese Kurve beginnt auf der Abszisse bei der mit der Einzelkornsinkgeschwindigkeit gebildeten Partikel-Froude-Zahl $Fr_{p\ wf}$ und endet beim dimensionslosen Druckgradienten mit dem Wert Eins und bei der mit der Lockerungsgeschwindigkeit gebildeten Partikel-Froude-Zahl $Fr_{p\ umf}$. Im Gebiet der vertikalen Aufwärtsförderung, wie auch im Bereich der vertikalen Abwärtsförderung können bestimmte Betriebspunkte nicht eingestellt werden. Bei der Aufwärtsförderung sind diese Betriebspunkte durch die Druckverlustkurve für das Volumenstromverhältnis Null und die Grenzkurve C eingeschlossen. Im Bereich der entmischten, vertikalen Abwärtsförderung können keine Betriebspunkte zwischen den Kurven e und f eingestellt werden.

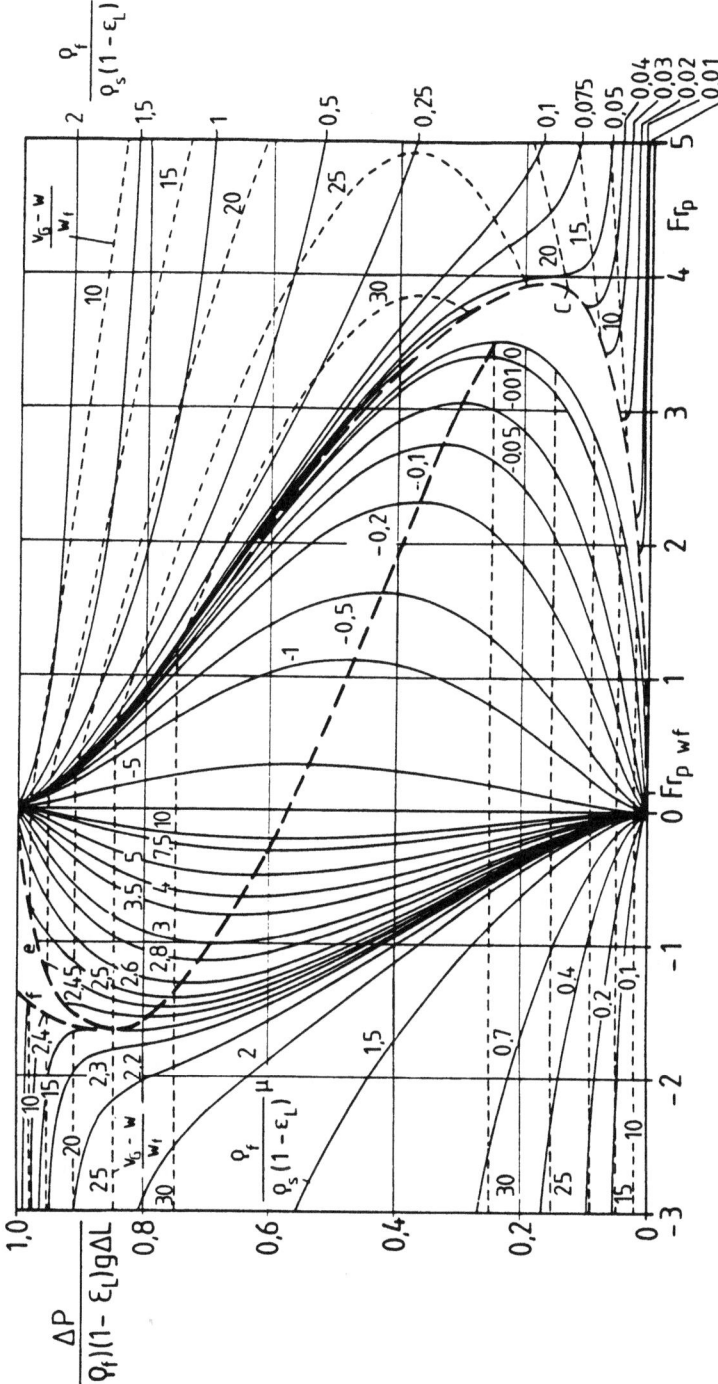

Bild 10.1: Zustands- und Druckverlustdiagramm der entmischten, vertikalen Gas-Feststoff-Strömung (Ar = 10, $\varepsilon_L = 0,4$)

Ähnliche Zustands- und Druckverlustdiagramme erhält man auch für andere Gas-Feststoff-Systeme, d.h. andere Archimedes-Zahlen und andere Lockerungsporositäten, als in Bild 10.1 dargestellt.

Bestimmte Betriebspunkte der vertikalen Gas-Feststoff-Strömungen können - wie in Kap. 4 und 8 erläutert - nur mit bestimmten Rohrleitungssystemen eingestellt werden. In Bild 10.2 sind diese Rohrleitungssysteme mit ihrem jeweiligen Arbeitsbereich für Ar = 10 und ε_L = 0,4 dargestellt.

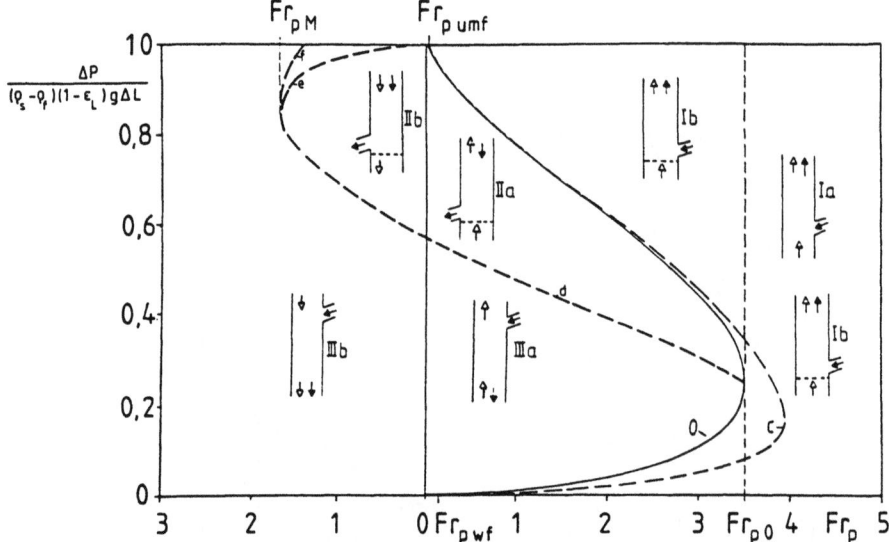

Bild 10.2: Arbeitsbereiche von verschiedenen Rohrleitungssystemen (Ar = 10, ε_L = 0,4); ⇾ Gas, ⇾ Feststoff

Bei dem Rohrleitungssystem I a wird der Feststoff am unteren Ende der Förderleitung aufgegeben und von der Gasströmung vertikal-aufwärts transportiert. Mit diesem Rohrleitungssystem können die rechts der Partikel-Froude-Zahl $Fr_{p\,0}$ und die rechts des unteren Kurvenastes der Grenzkurve C liegenden Betriebspunkte gefahren werden. Bei Betriebspunkten im Bereich der Partikel-Froude-Zahl zwischen $Fr_{p\,umf}$ und $Fr_{p\,0}$, die rechts des oberen Astes der Grenzkurve C bzw. der Druckverlustkurve für das Volumenstromverhältnis Null liegen, kann Feststoff entgegen der Feststofftransportrichtung durchfallen.

Diese Betriebspunkte können deshalb nur mit einem Rohrleitungssystem entsprechend Skizze I b eingestellt werden. Im Gegensatz zum Rohrleitungssystem I a ist bei diesem System unmittelbar unterhalb der Feststoffeinschleusstelle ein nur für das Fördergas durchlässiger Anströmboden eingebaut. Er verhindert das "Durchfallen" von Feststoff entgegen der Strömungsrichtung des Gases und sichert somit die vertikale Aufwärtsförderung des Feststoffes. Mit dem Rohrleitungssystem I b lassen sich jedoch auch alle Betriebspunkte, die mit dem System I a eingestellt werden können, fahren. Im Gegensatz zum Rohrleitungssystem I a können mit dem System I b die gewünschten Betriebspunkte auch vom mit Feststoff gefüllten Rohr aus gefahren werden.

Bei der vertikalen Abwärtsförderung kommen zwei unterschiedliche Rohrleitungssysteme zum Einsatz.

- Betriebspunkte, die im Bereich des Druckverlustdiagrammes liegen, der von $Fr_p = 0$, der Grenzkurve d, der Druckverlustkurve für das Volumenstromverhältnis Null und der Abszisse begrenzt werden, können mit einem Rohrleitungssystem entsprechend III a eingestellt werden. Bei diesem System wird der Feststoff am oberen Ende der Rohrleitung aufgegeben und fällt im Gegenstrom zum Gas in Richtung der Erdschwere nach unten durch. Betriebspunkte, die im Druckverlustdiagramm links der Partikel-Froude-Zahl $Fr_p = 0$ und links der Grenzkurve d und der Grenzkurve f liegen, können mit einem Rohrleitungssystem entsprechend der Skizze III b realisiert werden. Im Gegensatz zu System III a strömt bei diesem System das Gas im Gleichstrom mit dem Feststoff durch die Rohrleitung. Da der Feststoff bei den Systemen III a und III b am oberen Ende der Rohrleitung aufgegeben wird, können die gewünschten Betriebspunkte nur vom leeren Rohr aus und nicht vom mit Feststoff gefüllten Rohr aus angefahren werden.

- Betriebspunkte im Bereich des Druckverlustdiagrammes zwischen den Grenzkurven d, e und der Druckverlustkurve für das Volumenstromverhältnis Null können nur mit einem Rohrleitungssystem eingestellt werden, bei dem der Feststoff oberhalb eines gasdurchlässigen Anströmbodens am unteren

Ende der Rohrleitung abgezogen wird und am oberen Ende Feststoff im Überschuß zur Verfügung steht (System II a und II b). Bei Betriebspunkten mit einer Partikel-Froude-Zahl größer als $Fr_p = 0$ liegt in der Rohrleitung eine Gegenströmung von Gas und Feststoff vor, bei Partikel-Froude-Zahlen kleiner als $Fr_p = 0$ hingegen eine Gleichströmung. Rohrleitungssysteme entsprechend der Bauart II a bzw. II b können wegen des am unteren Ende des Förderrohres vorhandenen gasdurchlässigen Anströmbodens auch von einem mit Feststoff gefüllten Rohr aus angefahren werden. Sollte bei den Rohrleitungssystemen II a bzw. II b weniger Feststoff von oben in die Rohrleitung eingebracht werden, als unten oberhalb des Anströmbodens abgezogen wird, so liegt im Prinzip ein Rohrleitungssystem entsprechend Skizze III a bzw. III b vor. Dann wird nämlich wie bei den Systemen III a und III b der durchgesetzte Feststoffmassenstrom durch die Feststoffaufgabe am oberen Ende der Rohrleitung limitiert. Der Gasverteiler hat in diesem Fall keine Aufgabe mehr und könnte auch weggelassen werden.

Bei der entmischten, vertikalen Gas-Feststoff-Strömung kann in einem bestimmten Bereich der Fr_p-Zahl bei konstant gehaltener Fr_p-Zahl ein bestimmtes Volumenstromverhältnis bei unterschiedlichen dimensionslosen Druckgradienten, d.h. bei unterschiedlichen Feststoffkonzentrationen im Förderrohr, eingestellt werden (Bild 10.1). Wird nun der Gesamtdruckabfall einer Förderleitung konstant gehalten, so können sich bei ebenfalls konstant gehaltener Partikel-Froude-Zahl und konstant gehaltenem Volumenstromverhältnis im Förderrohr Bereiche mit unterschiedlichen Feststoffkonzentrationen, d.h. mit unterschiedlichen Druckgradienten ausbilden. Die Längen dieser Bereiche stellen sich so ein, daß die Summe der Druckabfälle in den einzelnen Bereichen gleich dem Gesamtdruckabfall der Förderleitung ist. Voraussetzung hierfür ist, daß der sich aus dem vorgegebenen Druckabfall der Förderleitung und der Länge des Förderrohres ergebende Druckgradient zwischen den Druckgradienten, die sich in den einzelnen Grundsystemen bei vorgegebenem Volumenstromverhältnis und Partikel-Froude-Zahl ergeben, zum Liegen kommt. Die Förderleitung läßt sich demnach aus den in Bild 10.2 skizzierten Grundsystemen, in denen die Feststoffkonzentration jeweils konstant ist, aufbauen.

Bei Partikel-Froude-Zahlen kleiner als $Fr_{p\ M}$ (Bild 10.2) kann ein bestimmtes Volumenstromverhältnis nur bei einem ganz bestimmten Druckgradienten durch die Rohrleitung transportiert werden. Dies kann nur mit einem Rohrleitungssystem entsprechend der Bauart III b realisiert werden. Wird die Partikel-Froude-Zahl und das durchgesetzte Volumenstromverhältnis konstant gehalten, so liegt der Druckgradient in der Rohrleitung und bei gegebener Rohrlänge auch der Druckabfall in der Förderleitung fest. Bei diesen Betriebspunkten kann deshalb der Druckabfall der Rohrleitung nicht unabhängig von dem durch den Feststofftransport verursachten Druckabfall von außen eingestellt werden.

Im Bereich der Partikel-Froude-Zahl zwischen $Fr_{p\ M}$ und $Fr_p = 0$ kann ein bestimmter Feststoffdurchsatz bei konstant gehaltener Partikel-Froude-Zahl bei zwei unterschiedlichen Druckgradienten vertikal-abwärts transportiert werden. Diese Druckgradienten können in den Rohrleitungssystemen entsprechend der Bauart II b und III b eingestellt werden (Bild 10.2). Liegt der sich aus dem eingestellten Druckverlust in der Förderleitung und der Länge der Rohrleitung ergebende Druckgradient zwischen diesen beiden Druckgradienten, so ist der gewünschte Betriebszustand nur durch eine Kombination der beiden Systeme zu realisieren. Eine Kombination dieser beiden Systeme ist in Bild 10.3 schematisch dargestellt. Das obere Ende der Rohrleitung besteht aus dem System III b, das untere Ende aus dem System II b. Der Feststoff wird am oberen Ende der Rohrleitung mit dem System III b aufgegeben und am unteren Ende mit dem System II b abgezogen. Im stationären Zustand muß der eindosierte Feststoffmassenstrom gleich dem abgezogenen sein. In diesem Fall kann sich bei vorgegebenem Druckabfall in der Förderleitung an deren unterem Ende eine höhere Feststoffkonzentration (System II b), am oberen Ende eine geringere Feststoffkonzentration (System III b) einstellen. Die Längen der einzelnen Abschnitte mit konstanter Feststoffkonzentration hängen vom vorgegebenen Druckverlust und der Länge der Förderleitung ab.

Bei Partikel-Froude-Zahlen zwischen $Fr_p = 0$ und $Fr_{p\ wf}$ können sich bei konstantem Feststoffdurchsatz abhängig vom vorgegebenen Druckverlust der Förderleitung und deren Länge in der Rohrleitung wiederum zwei Bereiche mit unterschiedlichen, jedoch konstanten Feststoffkonzentrationen - d.h. zwei Beharrungsstrecken - einstellen. Das obere Teil der Förderleitung besteht dann aus dem System III a, das untere aus dem System II a. Im stationären Zustand ist der am oberen Ende der Rohrleitung aufgegebene Feststoffmassenstrom gleich dem am unteren Ende abgezogenen. Die Längen der einzelnen Beharrungsstrecken sind wiederum vom vorgegebenen Druckverlust in der Förderleitung und deren Länge abhängig.

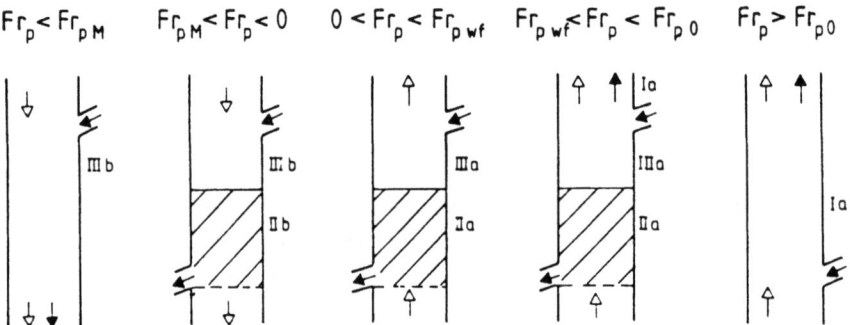

Bild 10.3: Kombination von verschiedenen Rohrleitungssystemen bei der entmischten, verikalen Gas-Feststoff-Strömung; ⇀ Gas, → Feststoff

Im Bereich der Partikel-Froude-Zahl zwischen $Fr_{p\,wf}$ und $Fr_{p\,0}$ kann ein Teil des in die Förderleitung eingebrachten Feststoffmassenstromes vertikal-abwärts und der andere Teil vertikal-aufwärts transportiert werden. Der vertikal-aufwärts transportierbare Feststoffmassenstrom ist durch die Grenzkurve C im Zustands- und Druckverlustdiagramm (Bild 10.1) festgelegt. Das Rohrleitungssystem, in dem die Aufwärtsförderung stattfindet, entspricht dem System I a (Bild 10.2). Die Abwärtsförderung kann auch in diesem Bereich der Partikel-Froude-Zahl bei zwei unterschiedlichen Druckgradienten in der Rohrleitung durchgeführt werden. Abhängig von der Länge und vom eingestellten Druckverlust in der Rohrleitung zwischen Feststoffeinspeis- und Feststoffausschleusstelle können sich wiederum in diesem Bereich der Rohrleitung zwei Beharrungsstrecken ausbilden. Unterhalb der Feststoffeinspeisstelle kann sich ein kleiner Druckgradient mit dem Rohrleitungssystem

III a und oberhalb der Feststoffausschleusstelle ein größerer Druckgradient mit dem Rohrleitungssystem II a einstellen.

Bei Partikel-Froude-Zahlen größer als $Fr_{p\,0}$ kann nur noch ein vertikal-aufwärts gerichteter Feststofftransport in einem Rohrleitungssystem entsprechend der Bauart I a oder I b eingestellt werden. In diesem Bereich der Partikel-Froude-Zahl ist der sich in einer Rohrleitung gegebener Länge aufgrund des Feststofftransportes einstellende Druckverlust eindeutig durch das eingestellte Volumenstromverhältnis und die Partikel-Froude-Zahl bestimmt. Bei diesen Betriebspunkten kann der Druckverlust in der Rohrleitung nicht als vorgegebene Größe eingestellt werden.

II Anwendung in der Feuerungstechnik

11 Feuerungsanlagen nach dem Prinzip der zirkulierenden Wirbelschicht

Feuerungen nach dem Prinzip der zirkulierenden Wirbelschicht werden seit etwa 10 Jahren in der Energietechnik eingesetzt. Die ersten, kleineren mit Torf und Holz betriebenen Anlagen mit einigen wenigen Megawatt thermischer Leistung wurden Ende der siebziger Jahre in Finnland in Betrieb genommen [50]. Die Leistungskapazität der Anlagen hat zwischenzeitlich eine Größe von 300 MW_{th} erreicht - Anlagen mit über 400 MW_{th} sind in Bau. Bis Ende 1990 werden über 110 Kraftwerke mit einer Gesamtleistung von rund 11500 MW_{th} in Betrieb sein [50]. Die Gründe für die erfolgreiche Einführung der zirkulierenden Wirbelschichtfeuerung in der Energietechnik liegen in

- der hohen Umweltfreundlichkeit des Systems,

- der Möglichkeit, unterschiedliche Brennstoffe einzusetzen,

- einem Kostenvorteil in Höhe von 10 bis 20 % im Vergleich zu konventionellen Kesselanlagen mit nachgeschalteten Rauchgaswäschen [59].

Die hohe Umweltfreundlichkeit des Systems basiert im wesentlichen auf einer In-situ-Entschwefelung der Rauchgase und einer prozeßbedingten, geringen Emission von Stickstoffoxiden.

11.2 Prinzip eines Dampferzeugers mit zirkulierender Wirbelschichtfeuerung

In einer zirkulierenden Wirbelschichtfeuerung werden der Brennstoff (z.B. Kohle) und der zur SO_2-Einbindung benötigte Kalkstein oberhalb des Anströmbodens in die Anlage eingebracht (Bild 11.1). Insbesondere bei nichtbackenden Kohlen können diese in die Verbindungsleitung zwischen Siphon (Tauchtopf) und dem Aufstromteil der zirkulierenden Wirbelschicht aufgegeben und zusammen mit dem zirkulierenden Feststoffmassenstrom in den Aufstromteil eingeschleust werden. Eine andere Möglichkeit ist die direkte Einblasung der Kohle in die Brennkammer. Der Kalkstein wird i.a. ebenfalls direkt eingeblasen.

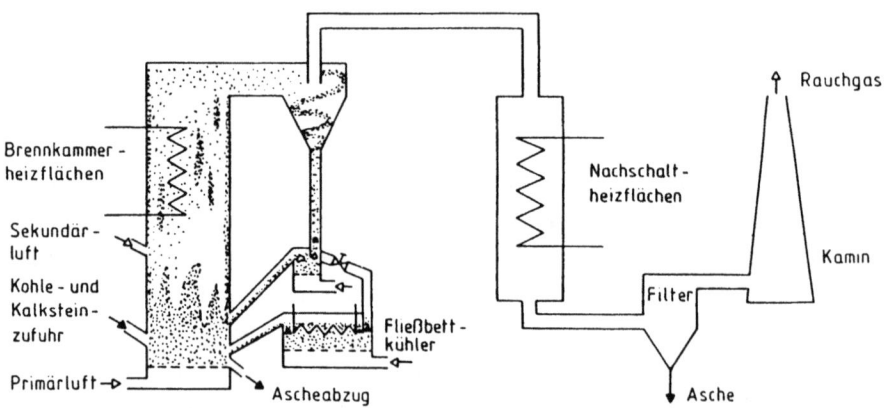

Bild 11.1: Prinzip eines Dampferzeugers mit zirkulierender Wirbelschichtfeuerung

Die Kohlepartikeln reagieren mit der über den Anströmboden eingebrachten Primär- und der oberhalb des Anströmbodens eingeblasenen Sekundärluft im Aufstromteil der zirkulierenden Wirbelschicht, der vielfach auch Brennkammer genannt wird, und setzen dadurch Wärme frei. Zur Einstellung einer bestimmten Feuerraumtemperatur - sie liegt bei etwa 850°C - muß aus der Brennkammer Wärme abgeführt werden. Dies kann durch Wärmetauscher im oberen Teil des Aufstromteils oder in Kombination mit einem außenliegenden Fließbettkühler, in dem ein Teil des zirkulierenden Feststoffmassenstromes gekühlt wird, erfolgen. Der vom Rauchgas ausgetragene Feststoff wird i.a. in einem Zyklon von der Gasströmung getrennt und über einen Siphon der

Brennkammer erneut zugeführt. Das Rauchgas wird anschließend durch den zweiten Zug geleitet, in dem die Nachschaltheizflächen untergebracht sind. Nach einer Feinreinigung in einem Gewebe- oder Elektrofilter verläßt das Rauchgas über einen Kamin die Anlage.

Der in der zirkulierenden Wirbelschicht befindliche Feststoff wird auch als Bettmaterial bezeichnet. Es wird aus den festen Inertbestandteilen der Kohle (Brennstoffasche) und den Kalksteinpartikeln bzw. den von diesen Partikeln durch Reaktionen mit dem Rauchgas gebildeten Reaktionsprodukten gebildet und enthält nur einen geringen Kohlenstoffanteil (< 1 %).

11.3 Einordnung in die Feuerungssysteme für Festbrennstoffe

Abhängig von der in der Brennkammer vorliegenden Gasgeschwindigkeit in Verbindung mit dem Partikeldurchmesser des Brennstoffes kann man vier verschiedene Feuerungssysteme für Festbrennstoffe unterscheiden (Bild 11.2).

Der Arbeitsbereich der Rostfeuerung befindet sich bei kleinen Gasgeschwindigkeiten [49, 56]. Die Brennstoffpartikeln liegen in einem Korngrößenbereich von ca. 5 - 8 mm vor. Sie werden mit einer geeigneten Aufgabevorrichtung auf einen Rost aufgegeben, durch den die Verbrennungsluft entgegen der Richtung der Erdschwere strömt. Die Rauchgasgeschwindigkeit in der auf dem Rost befindlichen 40 - 250 mm dicken Kohleschicht ist so klein, daß eine Festbettdurchströmung der Kohlepartikeln vorliegt. Durch geeignete Vorrichtungen (Wanderrost, Vorschubrost etc.) wird dafür gesorgt, daß der Brennstoff langsam (einige Millimeter pro Sekunde) durch die Brennkammer wandert. Beim Durchströmen der Kohleschicht erwärmt sich das Rauchgas auf über 1000°C. Die geforderten Grenzwerte für die SO_2- und NO_x-Emissionen sind nur durch additive Maßnahmen, wie z.B. dem Einbau einer Rauchgasentschwefelungsanlage (REA) oder durch eine DENOX-Anlage zur Reduzierung der NO_x-Emissionen zu erreichen. Die typische thermische Querschnittsbelastung, bezogen auf die Rostquerschnittsfläche, liegt bei 1 MW_{th}/m^2. Der Freiraum über dem Rost weist i.a. eine geringere Querschnittsfläche als der Rost selbst auf. Bei Bezug auf die Querschnittsfläche des Freiraumes ergibt sich deshalb für die thermische Querschnittsbelastung ca. 2 MW_{th}/m^2.

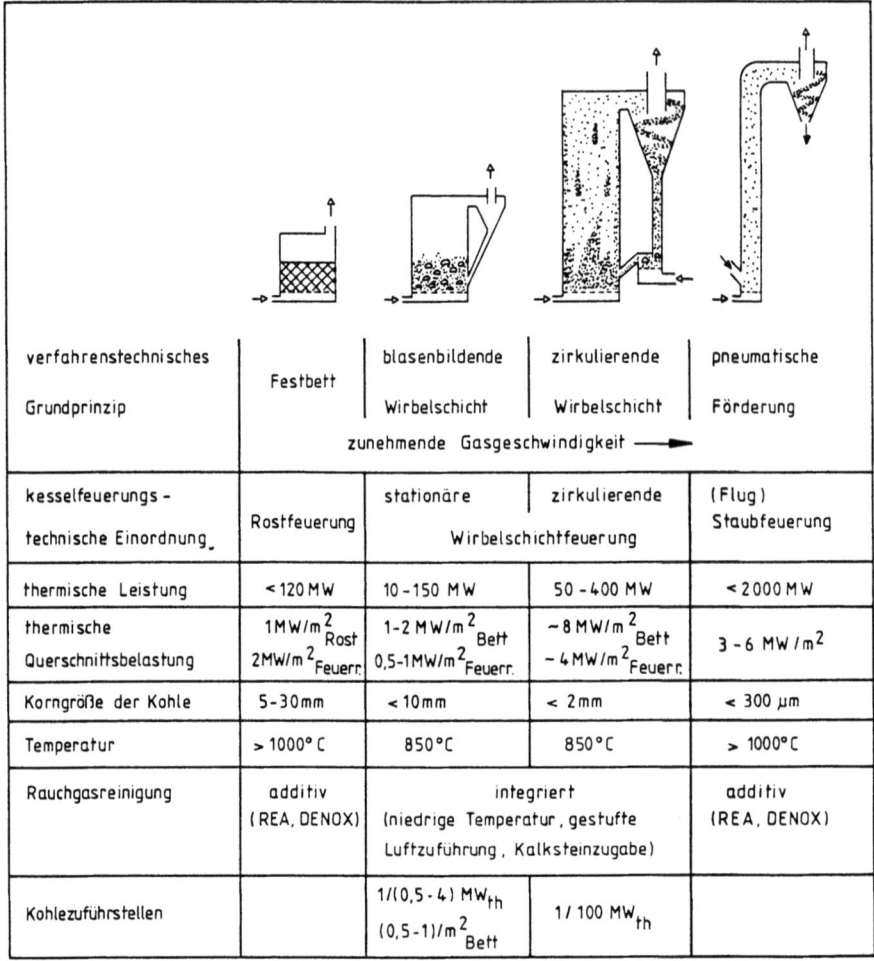

verfahrenstechnisches Grundprinzip	Festbett	blasenbildende Wirbelschicht	zirkulierende Wirbelschicht	pneumatische Förderung
		zunehmende Gasgeschwindigkeit ⟶		
kesselfeuerungstechnische Einordnung	Rostfeuerung	stationäre Wirbelschichtfeuerung	zirkulierende Wirbelschichtfeuerung	(Flug) Staubfeuerung
thermische Leistung	< 120 MW	10 - 150 MW	50 - 400 MW	< 2000 MW
thermische Querschnittsbelastung	1 MW/m^2_{Rost} 2 $MW/m^2_{Feuerr.}$	1-2 MW/m^2_{Bett} 0,5-1 $MW/m^2_{Feuerr.}$	~8 MW/m^2_{Bett} ~4 $MW/m^2_{Feuerr.}$	3 - 6 MW/m^2
Korngröße der Kohle	5 - 30 mm	< 10 mm	< 2 mm	< 300 µm
Temperatur	> 1000°C	850°C	850°C	> 1000°C
Rauchgasreinigung	additiv (REA, DENOX)	integriert (niedrige Temperatur, gestufte Luftzuführung, Kalksteinzugabe)		additiv (REA, DENOX)
Kohlezuführstellen		1/(0,5 - 4) MW_{th} (0,5 - 1)/m^2_{Bett}	1/ 100 MW_{th}	

Bild 11.2: Feuerungssysteme für Festbrennstoffe

Steigert man die Rauchgasgeschwindigkeit in der Brennkammer und reduziert gleichzeitig die mittlere Korngröße des Brennstoffes, können sich die auf einem nur für die Verbrennungsluft durchlässigen Anströmboden befindlichen Feststoffpartikeln relativ gegeneinander bewegen. Die Brennstoffpartikeln verbrennen in einer Wirbelschicht. Solange noch kein merklicher Feststoffaustrag aus der Wirbelschicht stattfindet, bezeichnet man diese Art von Wirbelschicht als blasenbildende oder stationäre Wirbelschicht, das Feuerungssystem als stationäre Wirbelschichtfeuerung. Charakteristisches Merkmal dieses Feuerungssystems ist die relativ niedrige Brennkammertemperatur von ca. 850°C. Sie ist die Hauptursache für die relativ niedrige NO_x-Emission, so daß Sekundärmaßnahmen zur Reduktion der NO_x-Emissionen nicht notwendig sind. Durch Zugabe von Kalkstein in die Brennkammer kann eine In-situ-Entschwefelung erreicht werden. Eine nachgeschaltete REA wird deshalb nicht benötigt. Typische thermische Querschnittsbelastungen liegen bei Bezug auf die Wirbelbettquerschnittsfläche bei 1 - 2 MW_{th}/m^2. Um den Feststoffaustrag aus dem Wirbelbett möglichst klein zu halten, wird die Querschnittsfläche des Freiraums oberhalb des Wirbelbettes erweitert, so daß in diesem Bereich der Anlage eine kleinere Rauchgasgeschwindigkeit als im Wirbelbett selbst vorliegt. Bei Bezug auf die Querschnittsfläche der Erweiterung ergeben sich thermische Querschnittsleistungen von 0,5 - 1 MW_{th}/m^2. Untersuchungen zum Vermischungsverhalten des Feststoffes (Asche) in stationären Wirbelschichten ergaben, daß in diesen Wirbelschichten zwar eine gute axiale Feststoffvermischung vorliegt - die radiale Feststoffvermischung hingegen nur wenig ausgeprägt ist [57]. Die Brennstoffpartikeln müssen deshalb möglichst gleichmäßig über die Wirbelschichtquerschnittsfläche verteilt in den Feuerraum eingebracht werden. Für je 1 bis 2 m^2 Bettquerschnittsfläche muß deshalb mindestens eine Kohlezuführstelle vorhanden sein. Bezogen auf die thermische Leistung der Wirbelschichtfeuerung ist für je 0,5 bis 4 MW_{th} installierte Leistung mindestens eine Kohlezuführstelle notwendig [58].

Bei Erhöhung der Rauchgasgeschwindigkeit auf 3 - 6 m/s und bei Einsatz eines Wirbelbettmaterials mit Korngrößen im Bereich zwischen 100 - 300 µm gelangt man in das Arbeitsgebiet der zirkulierenden Wirbelschicht. Der Feststoffaustrag bei dieser Art von Wirbelschicht ist deutlich größer als bei der stationären Wirbelschicht. Im Gegensatz zur stationären Wirbelschicht ist in der zirkulierenden Wirbelschicht eine gute Feststoffvermischung auch in radialer Richtung vorhanden. Man kommt deshalb mit etwa einer Brennstoffzuführstelle pro 100 MW installierter thermischer Leistung aus. Aufgrund der hohen Gasgeschwindigkeit liegt bei Vollast die thermische Querschnittsbelastung im unteren, eingezogenen Teil der Anlage bei 8 MW_{th}/m^2 und im oberen, erweiterten Teil bei 4 MW_{th}/m^2. Die

Brennkammertemperatur ist zumindest bei Nennlast über der Brennkammerhöhe nahezu konstant und liegt bei ca. 850°C. Eine gestufte Luftzufuhr in Verbindung mit der relativ niedrigen Brennkammertemperatur ist die Ursache für eine geringe NO_x-Emission dieser Anlagen. Sekundärmaßnahmen zur Reduzierung der NO_x-Emissionen sind nicht erforderlich. Durch Zugabe von Kalkstein direkt in die Brennkammer bzw. durch den im Brennstoff vorhandenen Kalkstein ist eine In-situ-Entschwefelung - ohne additive Maßnahmen - möglich. Aufgrund der relativ hohen Gasgeschwindigkeit wird ein erheblicher Feststoffmassenstrom aus der Brennkammer ausgetragen, über eine Feststoffabscheidevorrichtung (Zyklon) und eine Rückführleitung in den unteren Teil der Brennkammer wieder eingeschleust. Die hohe Feststoffbeladung der Gasströmung ist die Ursache für eine intensive Gas-Feststoff-Wechselwirkung in der Brennkammer. Dies äußert sich z.B. in relativ hohen Kohlenstoffausbrandraten. In der zirkulierenden Wirbelschicht ergeben sich Feststoffverweilzeiten von ca. 20 Minuten [59].

Bei noch größeren Gasgeschwindigkeiten und noch kleineren Korngrößen der Brennstoffpartikeln befindet sich das Arbeitsgebiet der Staubfeuerung. Die Feststoffpartikeln sind typischerweise kleiner als ca. 100 - 300 µm und werden - wenn überhaupt - dann als Flugasche rezirkuliert. Aufgrund der hohen Brennkammertemperatur von über 1000°C sind die geforderten Emissionswerte von SO_2 und NO_x nur mit Sekundärmaßnahmen (REA, DENOX-Anlage) zu erzielen. Die thermische Querschnittsbelastung ist bei diesem Feuerungssystem wegen der relativ hohen Rauchgasgeschwindigkeit hoch. Sie liegt bei ca. 3 - 6 MW_{th}/m^2.

Die pro Block installierte Leistung geht von kleiner 120 MW_{th} bei der Rostfeuerung, über 10 - 150 MW_{th} bei der stationären Wirbelschichtfeuerung, 50 - 400 MW_{th} bei der zirkulierenden Wirbelschichtfeuerung bis zu 2000 MW_{th} bei der Staubfeuerung.

Aus den wenigen hier aufgelisteten Punkten ist zu entnehmen, daß die zirkulierende Wirbelschichtfeuerung die Vorteile der stationären Wirbelschichtfeuerung - integrierte Rauchgasreinigung - mit denen der Staubfeuerung - hohe thermische Querschnittsbelastung - verbindet.

11.4 Schadstoffemissionen zirkulierender Wirbelschichtfeuerungen

In zirkulierenden Wirbelschichtfeuerungen liegt eine In-situ-Entschwefelung der Rauchgase vor. Das bei der Verbrennung schwefelhaltiger Kohlen entstehende Schwefeldioxid wird vor allem an Calciumoxid gebunden. Calcium in Form von Calciumcarbonat (Kalkstein) ist i.a. Begleitstoff der Kohlen. Bei manchen Kohlen reicht das als Begleitstoff enthaltene Calciumoxid für die angestrebte Schwefeldioxideinbindung aus. Bei vielen Kohlesorten muß allerdings Calcium in Form von Kalkstein (Calciumcarbonat) zusätzlich in die zirkulierende Wirbelschicht eingebracht werden.

Der Vorgang der Schwefeleinbindung ist sehr komplex. Er kann nach dem heutigen Stand in folgende Teilschritte unterteilt werden [51]:

1. Verbrennung des Brennstoffschwefels zu Schwefeldioxid.

2. Kalzinierung des Calciumcarbonats (Kalkstein) zu Calciumoxid. Hierbei tritt eine Volumenzunahme der natürlichen Poren des Kalksteins auf. Die Reaktionsenthalpie der endothermen Reaktion beträgt 178 kJ/mol

    $$CaCO_3 \rightarrow CaO + CO_2 \; .$$

3. Stofftransport von Schwefeldioxid und Sauerstoff an die Calciumoxidgrenzflächen.

4. Bildung von Calciumsulfat an den Calciumoxidgrenzflächen, wobei 500 kJ/mol freigesetzt werden

    $$CaO + SO_2 + 1/2 \; O_2 \rightarrow CaSO_4 \; .$$

Hierdurch werden die Grenzflächen mit einer spezifisch voluminöseren Schicht aus Calciumsulfat belegt. Dies führt zu einer Änderung der Mikrostruktur der Partikeln mit der Folge, daß Poren blockiert werden können und nicht mehr an der Schwefeldioxideinbindung teilnehmen - das Korninnere des Kalksteins ist für die Reaktion nicht mehr zugänglich. Vor allem aus diesem Grund ist ein Überschuß an Sorbens für die Schwefeldioxideinbindung nötig.

5. Durch Zerkleinerung und Abrieb der Sorbenspartikeln können neue Calciumoxidgrenzflächen entstehen, an denen dann wieder Calciumsulfat gebildet werden kann.

Das optimale Temperaturfenster für die Entschwefelung des Rauchgases ist sehr schmal - es liegt etwa bei 850 - 870°C [52]. Bei geringeren Rauchgastemperaturen verläuft der Kalziniervorgang nur langsam und unvollständig. Bei höheren Temperaturen hingegen beginnt sich das Calciumsulfat zu zersetzen.

Für den Entschwefelungsgrad ist weiterhin das molare Verhältnis von Calcium zu Schwefel von Bedeutung. Eine Reduktion der Schwefeldioxidemissionen um 90 % erreicht man i.a. mit einem Ca/S-Molverhältnis von 1,5 - 2 [59]. Dieser Wert hängt u.a. auch von der eingesetzten Kalksteinsorte ab. Für Kalkstein aus verschiedenen geologischen Formationen und Lagerstätten ergeben sich bei gleichem Partikeldurchmesser unterschiedliche Ca/S Molverhältnisse bei gleichem Entschwefelungsgrad.

Während der Entschwefelungsgrad über die zugeführte Kalksteinmenge und Kalksteinqualität eingestellt werden kann, ist die NO_x-Emission nicht beliebig regelbar. Unter NO_x-Emissionen wird die Summe der Emissionen an Stickstoffmonoxid und Stickstoffdioxid zusammengefaßt. Drei unterschiedliche Mechanismen der NO-Bildung sind bekannt [49]:

- Thermisches NO aus Luftstickstoff und Sauerstoff entsteht vor allem bei Temperaturen über 1000°C.

- Promptes NO ist bei der Kohleverbrennung von untergeordneter Bedeutung

- Brennstoff-NO entsteht aus organisch im Brennstoff gebundenem Stickstoff und Sauerstoff.

Da die Reaktionstemperatur in zirkulierenden Wirbelschichtfeuerungen ca. 850°C beträgt, ist nur der letztgenannte Mechanismus für die Stickoxidemission von Bedeutung. Die wohl wichtigste Maßnahme zur Reduzierung der NO_x-Emission stellt die gestufte Luftzuführung dar. Über den Anströmboden wird nur 40 - 60 % der insgesamt zugeführten Verbrennungsluft als Primärluft in die zirkulierende Wirbelschicht eingebracht (Bild 11.1). Die restliche Verbrennungsluftmenge wird in 6 - 15 m Höhe über an den Außenwänden angebrachte Düsen mit 50 - 70 m/s eingeblasen. Diese Luftstufung führt dazu, daß im unteren Bereich der Brennkammer eine reduzierende Atmosphäre herrscht - was ursächlich für die geringe NO_x-Emission zirkulierender Wirbelschichtfeuerungen ist [53]. Die geringe NO_x-Emission derartiger Anlagen wird nach dem heutigen Kenntnisstand auch dadurch verursacht, daß einmal gebildetes NO an den Kokspartikeln zu N_2 reduziert wird [54]. Hierdurch wird ein großer Teil an Brennstoff-Stickstoff in molekularen Stickstoff umgewandelt. Vermutlich wirken bei der Flugstaubrückführung die im Flugstaub enthaltenen Kohlenstoffpartikeln in der gleichen Weise katalysatorisch, da mit einer derartigen Rückführung eine weitere Reduzierung der NO_x-Emission zu erreichen ist [52]. Ein hohes Ca/S-Molverhältnis wirkt bezüglich Schwefeldioxid emissionsvermindernd, jedoch bezüglich NO_x emissionserhöhend. Die Ursache hierfür ist bislang noch nicht bekannt. Die Entschwefelung der Rauchgase darf deshalb nicht losgelöst von der NO_x-Emission der zirkulierenden Wirbelschichtfeuerung gesehen werden [53].

Die als Begleitstoff der Kohlen vorkommenden Halogene, im wesentlichen Chlor und Fluor, werden mit Wasserdampf durch Pyrohydrolyse zu Chlor- und Fluorwasserstoff umgesetzt. Diese Gase können an basische Substanzen gebunden und so aus dem Rauchgas entfernt werden. Vor allem an den freien Calciumoxidgrenzflächen können die Halogenwasserstoffe eingebunden werden. Emissionsmindernd wirken somit vor allem oberflächenreiche Partikeln, wie sie z.B. im Rauchgasfilter vorliegen. Während Fluorwasserstoff schon z.T. in der Brennkammer eingebunden wird, liegen bei Chlorwasserstoff erst bei ca. 300°C bei entsprechend langer Verweilzeit günstige Einbindungsbedingungen vor [53].

Bei zirkulierenden Wirbelschichtfeuerungen ist die Entstaubung der Rauchgase in einem Elektrofilter bei niedrigen Gastemperaturen problematisch [52]. Der bei niedrigen Gastemperaturen vergleichsweise hohe elektrische Staubwiderstand, hervorgerufen durch den relativ hohen Gehalt an freiem Calciumoxid im Flugstaub, führt in Verbindung mit der durch den hohen Entschwefelungsgrad vorliegenden geringen SO_3-Konzentration und der damit verbundenen geringen Oberflächenleitfähigkeit zu einer schlechten Partikelabscheidung [52]. Mit zunehmender Gastemperatur wird der elektrische Staubwiderstand geringer. Es kommt deshalb zu einer Verbesserung der Partikelabscheidung im Elektrofilter. Aus diesem Grund werden auch heißgehende Elektrofilter im Temperaturbereich zischen 300 bis 400°C zur Entstaubung von Rauchgasen aus zirkulierenden Wirbelschichten eingesetzt. Alternativ zum Elektrofilter werden Gewebefilter betrieben [55]. Auf den Schläuchen der Gewebefilter bildet sich eine Ascheschicht aus, die vom Rauchgas durchströmt wird. In dem von den Aschepartikeln gebildeten Festbett können an freien Calciumoxidgrenzflächen die im Rauchgas enthaltenen Halogenwasserstoffe umgesetzt und dadurch zusätzlich zu den Feststoffpartikeln abgeschieden werden.

Sowohl Elektro- als auch Gewebefilter sind bislang eingesetzt worden und haben sich bewährt. Ein eindeutiges Votum für das eine oder andere Entstaubungsverfahren kann nicht abgegeben werden [55].

11.5 Zirkulierende Wirbelschichtfeuerungssysteme

Die auf dem Markt befindlichen zirkulierenden Wirbelschichtfeuerungssysteme unterscheiden sich hinsichtlich

- der technischen Gestaltung der Feststoffrückführleitung und

- der Art und Weise, wie die Wärme ausgekoppelt wird.

Es lassen sich etwa vier unterschiedliche zirkulierende Wirbelschichtfeuerungssysteme benennen:

1. System LURGI

2. System AHLSTRÖM

3. System BABCOCK

4. System STUDSVIK

Die ersten drei Systeme unterscheiden sich vor allem hinsichtlich der Art und Weise, wie bzw. wo die Wärmeauskopplung stattfindet. Beim letztgenannten System liegt eine spezielle Ausbildung der Feststoffrückführleitung vor.

11.5.1 Bauart LURGI

Bei der zirkulierenden Wirbelschichtfeuerung - Bauart LURGI - wird zur Einhaltung der Feuerraumtemperatur von ca. 850°C i.a. Wärme aus der Brennkammer ausgekoppelt und mit Hilfe eines Fließbettkühlers der zirkulierende Feststoffmassenstrom gekühlt [59] (Bild 11.1).

Typischerweise werden die Brennkammerheizflächen als Verdampfer, ein Teil des Fließbettkühlers ebenfalls als Verdampfer und der restliche Teil des Fließbettkühlers als Überhitzer geschaltet. Bei Nennlast wird im Fließbettkühler und an den Wärmetauscherflächen der Brennkammer jeweils 30 bis 40 % der Gesamtwärme übertragen. Die Regelung der im Fließbettkühler übertragenen Wärme erfolgt durch Regelung des über den Fließbettkühler geführten zirkulierenden Feststoffmassenstromes mit Hilfe eines sog. Spießes [59].

Die Umfassungswände der Brennkammer sind bei neueren Anlagen Membranwand-berohrt [59], die Rückführzyklone ausgemauert und mit einem Tauchrohr versehen [60]. Im Bereich der Brennkammer zwischen Anströmboden und etwa der Höhe der Zuführstellen der Sekundärluft liegt eine reduzierende Atmosphäre vor. In diesem Bereich der Anlage müssen deshalb zur Vermeidung von Korrosion die berohrten Umfassungswände bestampft sein. Zirkulierende Wirbelschichtfeuerungen der Bauart LURGI können jedoch auch ohne Fließbettkühler betrieben werden. In diesem Fall muß eine entsprechend größere Wärmemenge aus der Brennkammer ausgekoppelt werden, um die angestrebte Brennkammertemperatur von 850°C einhalten zu können.

Die mittlere Korngröße des Bettmaterials liegt im Bereich zwischen 150 und 250 µm, die des umlaufenden, zirkulierenden Feststoffmassenstromes und damit auch die mittlere Korngröße der im Fließbettkühler vorhandenen Feststoffpartikeln ist dagegen um ca. 50 µm kleiner [60].

11.5.2 Bauart AHLSTRÖM

Zirkulierende Wirbelschichtfeuerungen der Bauart AHLSTRÖM weisen im wesentlichen die gleichen Merkmale wie die Feuerungen der Bauart LURGI auf. Allerdings werden die zirkulierenden Wirbelschichtfeuerungen der Bauart AHLSTRÖM ohne einen extern angeordneten Fließbettkühler betrieben (Bild 11.1) [70]. Die zur Einhaltung der Feuerraumtemperatur von 850°C notwendige Wärmeauskopplung wird allein über Wärmetauscherflächen in der Brennkammer erreicht [61]. Zirkulierende Wirbelschichtfeuerungen ohne Fließbettkühler werden auch von anderen Herstellern angeboten z.B. von GÖTAVERKEN ENERGY [62].

11.5.3 Bauart BABCOCK

Die zirkulierende Wirbelschichtfeuerung - Bauart BABCOCK - arbeitet ohne externen Fließbettkühler. Die Wärmeauskopplung erfolgt im Aufstromteil der zirkulierenden Wirbelschicht [52]. Die Umfassungswände der Brennkammer sind als Steg-Rohr-Steg-Konstruktion ausgeführt und als Verdampfer geschaltet. Durch eingehängte Wärmetauscher, die i.a. als Überhitzer geschaltet sind, wird die Gas-Feststoff-Strömung bis auf ca. 400°C abgekühlt. Aufgrund dieser relativ niedrigen Temperatur muß der Zyklon nicht mehr ausgemauert sein, was sich günstig auf die Aufheiz- und Laständerungsgeschwindigkeit auswirkt. Es können vielmehr Stahlblech-Zyklone, die mit einem keramischen Verschleißschutz versehen sind, eingesetzt werden. Der im Zyklon abgeschiedene Feststoff wird über einen Tauchtopf in den unteren Teil der Brennkammer zurückgeführt. Durch Rezirkulation dieses relativ kalten Feststoffes muß nur ein kleiner Feststoffmassenstrom zirkulieren, um die Temperatur im unteren Teil der Brennkammer auf 850°C zu begrenzen. Das Bettmaterial ist deshalb relativ grobkörnig. Der mittlere Partikeldurchmesser ist i.a. größer als 1 mm [63].

Aufgrund der gestuften Luftzuführung müssen auch bei dieser als Circofluid-Feuerung bezeichneten Bauart die Umfassungswände im unteren Bereich der Anlage bestampft sein. Um z.B. einen weitgehenden Kohlenstoffumsatz erzielen zu können, muß eine entsprechend lange Verweilzeit der Brennstoffpartikeln bei möglichst hoher Temperatur gewährleistet sein. Aus diesem Grund befinden sich die eingehängten Wärmetauscher erst nach einem sog. Freiraum deutlich oberhalb des Anströmbodens [63].

11.5.4 Bauart STUDSVIK

Die zirkulierende Wirbelschichtfeuerung - Bauart STUDSVIK - ist dadurch gekennzeichnet, daß sie keinen Zyklon und keinen Siphon (Tauchtopf) aufweist. Anstelle des Zyklons wird der aus der Brennkammer ausgetragene Feststoff in einem sog. U-Beam-Abscheider vom Rauchgas getrennt [62]. Mit versetzt angeordneten, U-förmigen Abscheidebalken, die senkrecht zur Gasströmung angeordnet sind, werden die Feststoffpartikeln aus der Gasströmung abgeschieden (Bild 11.3). Aus den U-förmigen Abscheideelementen fallen die Feststoffpartikeln in einen Speicherbehälter, aus dem sie mit Hilfe eines L-Valves wieder in den unteren Teil der Wirbelschicht eingeschleust werden. Die Druckabsperrung zwischen Aufstromteil und Rückführleitung erfolgt durch die oberhalb des L-Valves befindliche Feststoffschicht. Sie hat damit die Funktion einer Standpipe. Ein Siphon (Tauchtopf) ist deshalb zur Druckabsperrung nicht mehr erforderlich. Mit dem L-Valve wird lediglich der Feststoff in den Aufstromteil der Wirbelschicht dosiert.

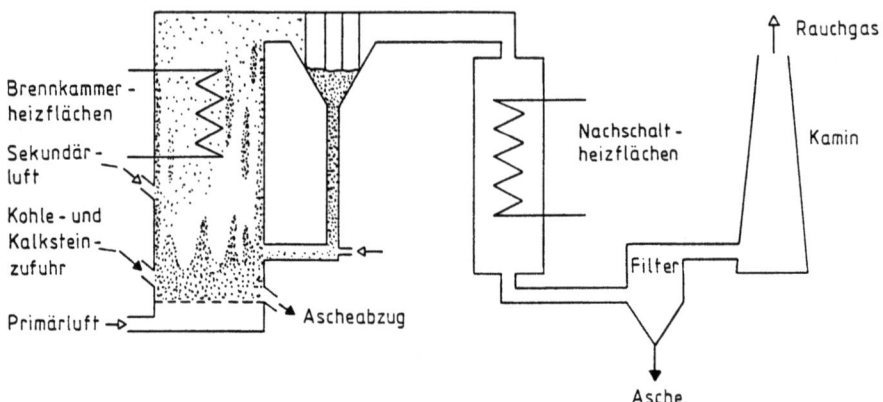

Bild 11.3: Zirkulierende Wirbelschichtfeuerung
 - Bauart STUDSVIK

11.5.5 Zirkulierende Wirbelschichtfeuerungen mit speziellen Feststoffabscheidevorrichtungen

Die Querschnittsfläche der extern angeordneten Feststoffabscheider - Zyklon, Balkenabscheider - ist in der Regel näherungsweise gleich jener der Brennkammer. Dieser erhebliche Platz- bzw. Raumbedarf hat zur Konstruktion von Feststoffabscheidern geführt, die wesentlich kompakter gebaut sind.

AHLSTRÖM schlägt einen oberhalb der Brennkammer befindlichen liegenden Zyklon als Feststoffabscheider vor [61] (Bild 11.4). Die Feststoffrückführleitung befindet sich unmittelbar an der Brennkammerwand. Ein extern angeordneter Tauchtopf (Siphon) ist nicht erforderlich. Die Druckabsperrung zwischen Aufstromteil (Brennkammer) und Rückführleitung erfolgt unmittelbar oberhalb des Anströmbodens, wo eine relativ große Feststoffkonzentration vorliegt. Zirkulierende Wirbelschichtfeuerungen mit horizontalem Zyklon befinden sich augenblicklich noch in der Entwicklungsphase [61]. Erste, vielversprechende Tests wurden durchgeführt [47].

STEINMÜLLER favorisiert den Einbau sog. Fangrinnen am oberen Ende des Feuerraums [48] (Bild 11.4). Gegenüber dem klassischen Zyklonabscheider sollen die Fangrinnen einen geringeren Druckverlust bei gleichzeitig hohen Abscheidegraden aufweisen.

Vor allem um den zuletzt aufgelisteten Punkt zu realisieren, wird vorgeschlagen, die Fangrinnen von Lage zu Lage auf Lücke anzuordnen. Das Profil der Fangrinnen ist so ausgebildet, daß der Feststoff in Taschen gesammelt und aufgrund der Rinnenneigung zur Brennkammerwand transportiert wird, um dann entlang der Wandung in den unteren Bereich der Brennkammer zu fallen.

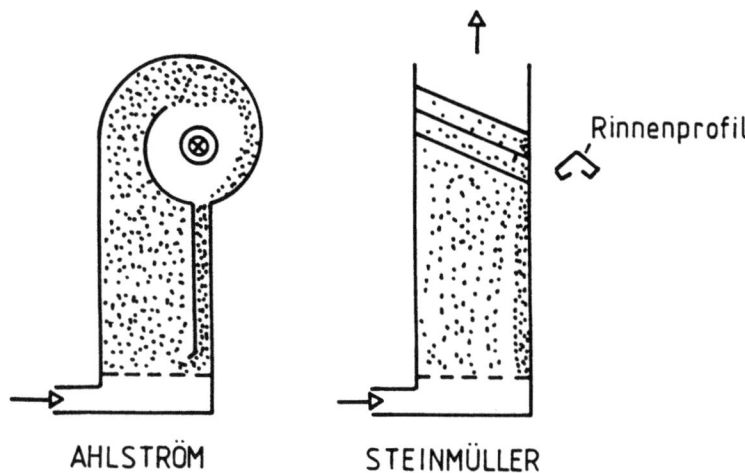

Bild 11.4: Zirkulierende Wirbelschichtfeuerungen mit speziellen Feststoffabscheidern

11.6 Problematik bei der Auslegung zirkulierender Wirbelschichtfeuerungen

In zirkulierenden Wirbelschichtfeuerungen haben die Feststoffpartikeln eine weit größere Bedeutung, als dies in Rost- oder Staubfeuerungen der Fall ist. Folgende Funktionen können den Feststoffpartikeln in zirkulierenden Wirbelschichtfeuerungen zugeordnet werden [60]:

- Sie sind Reaktionspartner bei den heterogenen Gas-Feststoff-Reaktionen der Verbrennung und auch bei der Schwefel-, Chlor- und Fluoreinbindung.

- Sie sorgen für einen guten - axialen und radialen - Wärmeaustausch in der Brennkammer, damit für eine gleichmäßige Verbrennungstemperatur.

- Sie bewirken einen guten Wärmeübergang an die in der Brennkammer befindlichen Wärmetauscherflächen.

- Sie sind Wärmeträger. Dadurch wird die Wärme in der Brennkammer nahezu gleichmäßig verteilt, was zu einer nahezu konstanten Brennkammertemperatur führt. Ferner kann Wärme aus der Brennkammer in einen extern angeordneten Fließbettkühler transportiert und dort an das Wasser-Dampf-System übertragen werden.

Aufgrund der vielfältigen Funktionen der Feststoffpartikeln wird deutlich, daß die in zirkulierenden Wirbelschichtfeuerungen auftretenden Impuls-, Wärme- und Stoffaustauschprozesse, sowie die chemischen Reaktionen, nicht separat betrachtet werden können. Es müssen vielmehr die Wechselwirkungen zwischen den einzelnen Prozessen und den chemischen Reaktionen in adäquater Weise berücksichtigt werden. Dies macht die Auslegung und den Betrieb zirkulierender Wirbelschichtfeuerungen schwierig. Andererseits ergibt sich hieraus die Forderung, insbesondere das Teillastverhalten derartiger Feuerungen zu simulieren, um bei Betriebsanomalien gezielter eingreifen zu können.

Bislang existieren jedoch keine zuverlässigen Auslegungsunterlagen für zirkulierende Wirbelschichtfeuerungen. Die Auslegung derartiger Anlagen basiert heute vor allem auf dem an in Betrieb befindlichen Anlagen gewonnenen Know-how der Anlagenbauer. Eine Voraussage problematischer Betriebszustände ist jedoch bei einem solchen Vorgehen nicht zu erhalten. Im zweiten Teil des Buches wird daher der Versuch unternommen, die Wechselwirkung zwischen der Strömungsmechanik und der Wärmeübertragung auf das Betriebsverhalten von zirkulierenden Wirbelschichtfeuerungen darzustellen. Hierzu werden die in Teil I dargestellten strömungsmechanischen Grundlagen zirkulierender Wirbelschichten mit einfachen Wärmebilanzgleichungen verknüpft, ohne allerdings auf die Grundlagen der Wärmeübertragung in zirkulierenden Wirbelschichten einzugehen. Die Stoffübergangsprozesse und chemischen Reaktionen werden hierbei pauschal berücksichtigt.

12 Wärmetechnisches Modell der zirkulierenden Wirbelschichtfeuerung

12.1 Beschreibung des wärmetechnischen Modells der zirkulierenden Wirbelschichtfeuerung

Für die wärmetechnische Beschreibung läßt sich die zirkulierende Wirbelschichtfeuerung in drei Bilanzräume unterteilen (Bild 12.1):

1. Zwischen dem Anströmboden und der Höhe unterhalb der Sekundärluftzuführung befindet sich der Bilanzraum 1. In diesen Bilanzraum wird der Brennstoffmassenstrom, der zur SO_2-Einbindung notwendige Kalksteinmassenstrom, über den Anströmboden der Primärluftmassenstrom und gegebenenfalls ein Rauchgasrezirkulationsmassenstrom eingebracht. Ferner gelangt über die Rückführleitung der umlaufende Feststoffmassenstrom in diesen Bilanzraum. Die aus dem Brennstoff freigesetzte Wärmemenge hängt ab vom zugeführten Primärluftmassenstrom. Da in diesem Bilanzraum i.a. Luftunterschuß vorliegt, wird bei stöchiometrischer Verbrennung nur der diesem Luftunterschuß entsprechende Anteil an Verbrennungswärme freigesetzt. Hierbei wird außer acht gelassen, daß bei Luftunterschuß und damit bei reduzierenden Bedingungen z.B. keine vollständige Oxidation des Kohlenstoffes zu Kohlendioxid stattfinden kann. Vielmehr wird bevorzugt Kohlenmonoxid gebildet. Die Folge: Die durch Verbrennung freigesetzte Wärme ist kleiner als die dem Luftunterschuß entsprechende Verbrennungswärme. Liegt hingegen Luftüberschuß vor, so ist eine vollständige Verbrennung des zugeführten Brennstoffes vorhanden. Eine Wärmeübertragung an den Wasser-Dampf-Kreislauf findet in diesem Bilanzraum nicht

statt. Im Bilanzraum 1 liegt eine stark verwirbelte, hochkonzentrierte Gas-Feststoff-Strömung vor. Es kann deshalb angenommen werden, daß der Bilanzraum 1 hinsichtlich der Temperatur das Verhalten eines Rührkessels aufweist. Dies bedeutet insbesondere eine konstante Temperatur in diesem Bilanzraum.

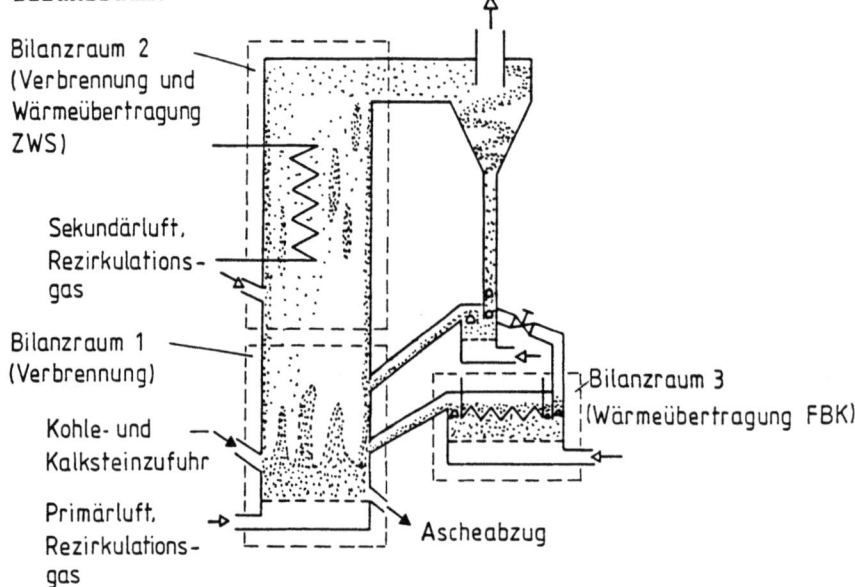

Bild 12.1: Bilanzräume in der zirkulierenden Wirbelschichtfeuerung

2. Der Bilanzraumraum 2 umfaßt das Brennkammervolumen oberhalb der Höhe der Sekundärluftzuführung. In diesen Bilanzraum tritt neben dem Rauchgasmassenstrom aus Bilanzraum 1 und dem mit diesem Gasmassenstrom ausgetragene Feststoffmassenstrom auch der Sekundärluftmassenstrom und gegebenenfalls ein Rauchgasrezirkulationsmassenstrom ein. In Bilanzraum 1 nicht umgesetzter Brennstoff wird hier verbrannt. In der Regel wird ein Teil der im Bilanzraum 1 und 2 freigesetzten Verbrennungswärme im Bilanzraum 2 an den Wasser-Dampf-Kreislauf übertragen. Für die Beschreibung des Wärmeübergangs in Bilanzraum 2 wird davon ausgegangen, daß ein Transportreaktor vorliegt. Eine Rückvermischung - insbesondere des Feststoffes - wird nicht in Rechnung gestellt.

3. Der zirkulierende bzw. ein Teil des zirkulierenden Feststoffmassenstromes kann über einen Fließbettkühler geführt

werden. Im Fließbettkühler wird Wärme vom Feststoff an den Wasser-Dampf-Kreislauf abgegeben. Eine Verbrennung findet nicht statt. Der Fließbettkühler bildet den Bilanzraum 3. Im Fließbettkühler liegt eine gute Feststoffvermischung vor. Bezüglich des Wärmeübergangsverhaltens wird deshalb der Fließbettkühler als Rührkessel betrachtet. Demzufolge ist die Temperatur der Feststoffpartikeln in Bilanzraum 3 konstant.

Im weiteren wird davon ausgegangen, daß keine Rückvermischung zwischen Bilanzraum 1 und 2 auftritt. Einmal aus dem Bilanzraum 1 ausgetragener Feststoff wird auch durch den Bilanzraum 2 transportiert. Für den zirkulierenden Feststoffmassenstrom sind demnach die strömungsmechanischen Bedingungen in Bilanzraum 1 entscheidend. In Bilanzraum 2 wird die aus Bilanzraum 1 austretende Gas-Feststoff-Strömung durch die Sekundärluft und den gegebenenfalls vorhandenen Rauchgasrezirkulationsmassenstrom lediglich verdünnt.

Die Verbrennungsluft wird in zwei Teilströmen der Brennkammer zugeführt. Ein Teilstrom, etwa 40 - 60 % der gesamten Verbrennungsluft, wird als Primärluft über den Anströmboden oder knapp oberhalb des Anströmbodens in den Bilanzraum 1 eingebracht. Die restliche Verbrennungsluft wird i.a. in verschiedenen Höhen z.B. als Mühlenluft, Sekundärluft 1, Sekundärluft 2, Tertiärluft etc. in die Brennkammer geblasen. Für die wärmetechnische Beschreibung werden diese Luftströme zusammengefaßt und dem Bilanzraum 2 als Sekundärluft zugeführt.

Für die wärmetechnische Auslegung der zirkulierenden Wirbelschichtfeuerung müssen in den einzelnen Bilanzräumen Massen- und Wärmebilanzen erstellt werden. Im weiteren werden zunächst die Gas- und Feststoffmassenbilanzen aufgestellt und anschließend die Wärmebilanzen.

12.2 Massenbilanzen

Die Massenbilanzen werden in den einzelnen Bilanzräumen sowohl für das Gas, als auch für den Feststoff erstellt (Bild 12.2).

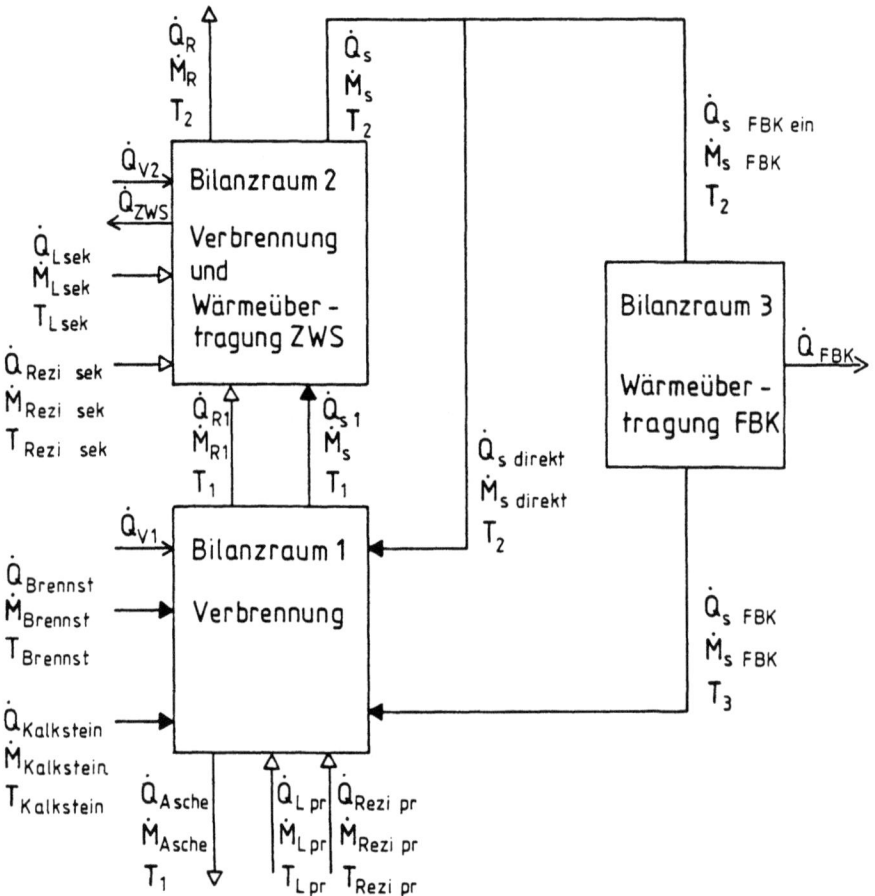

Bild 12.2: Massen- und Wärmeströme in einer zirkulierenden Wirbelschichtfeuerung

Für diese Bilanzierungen werden folgende Vereinfachungen eingeführt:

- Der Brennstoff wird vollständig verbrannt. In der Asche befindet sich kein Kohlenstoff - d.h. kein "Unverbranntes" - wieder.

- Inwieweit SO$_2$ an Kalkstein gebunden werden wird, müssen eine detaillierte Verbrennungsrechnung oder Experimente zeigen. Es wird im weiteren davon ausgegangen, daß das SO$_2$ mit dem Rauchgas die Anlage verläßt und der Kalkstein nur erwärmt und als Asche abgezogen wird. Dies scheint auch insoweit gerechtfertigt, da bei der Entschwefelung in Verbindung mit der Kalzinierung des Kalksteins lediglich ein Austausch von CO$_2$ und SO$_2$ stattfindet und sich die Gas- bzw. Feststoffmassenströme nur unwesentlich ändern.

- Der zirkulierende Feststoffmassenstrom wird vollständig im Feststoffabscheider von der Gasströmung getrennt.

- Rezirkulationsgas nimmt nicht am Verbrennungsprozeß teil. Es wird als inert betrachtet.

- Der Fluidisierluftmassenstrom des Fließbettkühlers wird als vernachlässigbar klein betrachtet.

- Die Rauchgasgeschwindigkeit in Bilanzraum 2 ist größer oder gleich der in Bilanzraum 1. Dies bedeutet, daß der aus Bilanzraum 1 ausgetragene Feststoff auch durch Bilanzraum 2 transportiert wird.

Bilanzraum 1

a) Feststoffmassenbilanz

Im stationären Zustand wird aus Bilanzraum 1 ein Feststoffmassenstrom $\dot{M}_S$ ausgetragen und durch Bilanzraum 2 transportiert. Im Zyklon wird der Feststoff vollständig von der Gasströmung getrennt und über die Rückführleitung in den Bilanzraum 1 rezirkuliert. In der Rückführleitung ist eine Aufspaltung des umlaufenden Feststoffmassenstromes möglich. Ein Teil $\dot{M}_{S\ direkt}$ kann über einen Siphon (Tauchtopf) in den Bilanzraum 1 eingebracht werden. Der restliche Teil $\dot{M}_{S\ FBK}$ kann über einen Fließbettkühler geführt werden, bevor er erneut in den Bilanzraum 1 eingeschleust wird (Bild 12.2). Für den zirkulierenden Feststoffmassenstrom $\dot{M}_S$ ergibt sich damit

$$\dot{M}_s = \dot{M}_{s\ direkt} + \dot{M}_{s\ FBK} \ . \qquad (12.1)$$

Der relative Anteil des über den Fließbettkühler geführten zirkulierenden Feststoffmassenstromes ist

$$W_{FBK} = \frac{\dot{M}_{s\ FBK}}{\dot{M}_s} \ . \qquad (12.2)$$

Er kann nur Werte zwischen Null und Eins annehmen. In den Bilanzraum 1 werden weiterhin der gegebenenfalls zur SO_2-Einbindung benötigte Kalkstein und der im Brennstoff enthaltene Feststoff, der nicht am Verbrennungsprozeß teilnimmt – die sog. Brennstoffasche –, eingebracht. Der daraus resultierende zugeführte Feststoffmassenstrom muß im Gleichgewichtszustand in Form von Bettasche über einen Ascheabzug aus dem Bilanzraum 1 ausgeschleust werden (Bild 11.1). Mit dem am Verbrennungsprozeß nicht teilnehmenden Feststoffanteil des Brennstoffes, dem Brennstoffascheanteil K_a und dem auf den Brennstoffmassenstoff bezogenen Kalksteinmassenstrom

$$K_{Kalkstein} = \frac{\dot{M}_{Kalkstein}}{\dot{M}_{Brennst}} \qquad (12.3)$$

ergibt sich damit

$$(K_a + K_{Kalkstein}) \dot{M}_{Brennst} = \dot{M}_{Asche} \ . \qquad (12.4)$$

b) Gasmassenbilanz

Der den Bilanzraum verlassende Rauchgasmassenstrom $\dot{M}_{R1}$ setzt sich aus dem Primärluftmassenstrom $\dot{M}_{L\ pr}$, dem primärseitig aufgegebenen Massenstrom des rezirkulierten Rauchgases $\dot{M}_{Rezi\ pr}$ und dem bei der Verbrennung in den gasförmigen Zustand übergehenden Massenstrom des Brennstoffes $(1 - K_a) \dot{M}_{Brennst}$ zusammen (Bild 12.2):

$$\dot{M}_{R1} = \dot{M}_{L\ pr} + \dot{M}_{Rezi\ pr} + (1 - K_a) \dot{M}_{Brennst} \ . \qquad (12.5)$$

Zirkulierende Wirbelschichtfeuerungen werden mit Luftüberschuß gefahren. Das bedeutet, daß der zugeführte Luftmassenstrom $\dot{M}_L$ größer als der stöchiometrisch benötigte $\dot{M}_{Lo}$ ist. Das Verhältnis der beiden Massenströme wird als Luftüberschußzahl Λ bezeichnet

$$\Lambda = \frac{\dot{M}_L}{\dot{M}_{Lo}} \; . \tag{12.6}$$

Weiterhin ist die bei stöchiometrischer Verbrennung pro kg Brennstoff benötigte Luftmasse definiert als

$$K_{Lo} = \frac{\dot{M}_{Lo}}{\dot{M}_{Brennst}} \; . \tag{12.7}$$

Mit dem Anteil L_{pr} des primärseitig zugeführten Luftmassenstromes $\dot{M}_{L\,pr}$ am insgesamt zugeführten Luftmassenstrom $\dot{M}_L$

$$L_{pr} = \frac{\dot{M}_{L\,pr}}{\dot{M}_L} \tag{12.8}$$

und dem Anteil R_{pr} des primärseitig zugeführten rezirkulierten Rauchgases $\dot{M}_{Rezi\,pr}$ am insgesamt rezirkulierten Rauchgas $\dot{M}_{Rezi}$

$$R_{pr} = \frac{\dot{M}_{Rezi\,pr}}{\dot{M}_{Rezi}} \tag{12.9}$$

ergibt sich aus (12.5) mit (12.6) und (12.7)

$$\dot{M}_{R1} = (1 - K_a + L_{pr} \Lambda K_{Lo}) \dot{M}_{Brennst} + R_{pr} \dot{M}_{Rezi} \; . \tag{12.10}$$

Bilanzraum 2

a) Feststoffmassenbilanz
Zirkulierende Wirbelschichtfeuerungen werden zumeist so betrieben, daß die Leerrohrgasgeschwindigkeit in Bilanzraum 2 größer oder gleich der in Bilanzraum 1 ist. Der aus Bilanzraum 1 ausgetragene Feststoffmassenstrom wird somit von der Gasströmung auch durch Bilanzraum 2 transportiert.

b) Gasmassenbilanz

In den Bilanzraum 2 tritt neben dem aus dem Bilanzraum 1 austretenden Rauchgasmassenstrom $\dot{M}_{R1}$, die Sekundärluft $\dot{M}_{L\,sek}$ und das sekundärseitig rezirkulierte Rauchgas $\dot{M}_{Rezi\,sek}$ ein (Bild 12.2). Den Bilanzraum verläßt der Rauchgasmassenstrom $\dot{M}_R$. Für die Gasmassenbilanz ergibt sich damit

$$\dot{M}_R = \dot{M}_{R1} + \dot{M}_{L\,sek} + \dot{M}_{Rezi\,sek} \; . \tag{12.11}$$

Mit der Luftmassenbilanz

$$\dot{M}_L = \dot{M}_{L\,pr} + \dot{M}_{L\,sek} \tag{12.12}$$

und der Massenbilanz für das rezirkulierte Rauchgas

$$\dot{M}_{Rezi} = \dot{M}_{Rezi\,pr} + \dot{M}_{Rezi\,sek} \tag{12.13}$$

erhält man mit (12.6), (12.7), (12.8), (12.9) und (12.10) für den aus Bilanzraum 2 austretenden Rauchgasmassenstrom

$$\dot{M}_R = (1 - K_a + \Lambda K_{Lo}) \, \dot{M}_{Brennst} + \dot{M}_{Rezi} \; . \tag{12.14}$$

Bezieht man den rezirkulierten Rauchgasmassenstrom $\dot{M}_{Rezi}$ auf den Rauchgasmassenstrom bei Verbrennung ohne Rauchgasrezirkulation

$$K_{Rezi} = \frac{\dot{M}_{Rezi}}{(1 - K_a + \Lambda K_{Lo}) \, \dot{M}_{Brennst}} \; , \tag{12.15}$$

dann ergibt sich schließlich aus (12.14):

$$\dot{M}_R = (1 + K_{Rezi}) \, (1 - K_a + \Lambda K_{Lo}) \, \dot{M}_{Brennst} \; . \tag{12.16}$$

Bilanzraum 3

a) Feststoffmassenbilanz

Der den Fließbettkühler verlassende Feststoffmassenstrom ist im Gleichgewichtszustand gleich dem eintretenden. Der über den Fließbettkühler geführte Feststoffmassenstrom ist damit gleich $\dot{M}_{S\ FBK}$.

b) Gasmassenbilanz

Im Fließbettkühler liegt eine blasenbildende Wirbelschicht vor. Der zum Einstellen dieses Strömungszustandes notwendige Fluidisiergasmassenstrom wird als vernachlässigbar klein angesehen. Es wird weiterhin davon ausgegangen, daß von dem zirkulierenden Feststoffmassenstrom kein Gas mitgerissen wird.

12.3 Wärmebilanzen

Im folgenden werden für die einzelnen Bilanzräume, ferner für den gesamten Dampferzeuger die Wärmebilanzen erstellt. Hierbei wird von folgenden Vereinfachungen ausgegangen:

- Der Brennstoff wird vollständig verbrannt. Der insgesamt durch Verbrennung freigesetzte Wärmestrom $\dot{Q}_V$ ergibt sich aus dem unteren Heizwert des Brennstoffes und dem in die Brennkammer eingebrachten Brennstoffmassenstrom zu

$$\dot{Q}_V = H_u \cdot \dot{M}_{Brennst} \cdot \qquad (12.17)$$

- Die Freisetzung der Verbrennungswärme in Bilanzraum 1 hängt vom dort vorliegenden Luftangebot ab. Bei unterstöchiometrischem Luftangebot

$$\dot{M}_{L\ pr} < \dot{M}_{Lo} \qquad (12.18)$$

bzw. bei Berücksichtigung von (12.6) und (12.8)

$$L_{pr}\ \Lambda\ <\ 1 \qquad (12.19)$$

wird nur der Anteil $L_{pr}\ \Lambda$ des Wärmestromes $\dot{Q}_V$ in Bilanzraum 1 und der restliche Anteil $(1 - L_{pr}\ \Lambda)$ in Bilanzraum 2 freigesetzt. Bei stöchiometrischem oder überstöchiometrischem Luftangebot in Bilanzraum 1

$$\dot{M}_{L\ pr} > \dot{M}_{Lo} \qquad (12.20)$$

bzw. bei Berücksichtigung von (12.6) und (12.8)

$$L_{pr} \Lambda > 1 \qquad (12.21)$$

wird die gesamte Verbrennungwärme in diesem Bilanzraum freigesetzt. Für den in Bilanzraum 1 durch Verbrennung freigesetzten Wärmestrom $\dot{Q}_{V1}$ gilt demnach

$$\dot{Q}_{V1} = \begin{cases} L_{pr} \Lambda H_u \dot{M}_{Brennst} & \text{für } L_{pr} \Lambda < 1 \qquad (12.22\text{ a}) \\ H_u \dot{M}_{Brennst} & \text{für } L_{pr} \Lambda > 1 \qquad (12.22\text{ b}) \end{cases}$$

- Die Wärmekapazitäten der Feststoffe (Brennstoff, Asche) c_{ps} werden als gleich groß betrachtet.

- Die Temperatur des Primär- und Sekundärluftmassenstromes sei gleich der Lufttemperatur T_L

$$T_{L\ pr} = T_{L\ sek} = T_L . \qquad (12.23)$$

- Die Temperatur des primär- und sekundärseitig zugeführten rezirkulierten Rauchgasmassenstromes sei gleich

$$T_{Rezi\ pr} = T_{Rezi\ sek} = T_{Rezi} . \qquad (12.24)$$

- Die Temperatur des zugeführten Kalkstein- und Brennstoffmassenstromes sind gleich der Umgebungstemperatur T_0

$$T_{Brennst} = T_{Kalkstein} = T_0 . \qquad (12.25)$$

- Es wird davon ausgegangen, daß die Dichte und die kinematische Viskosität des Rauchgases in den Bilanzräumen 1 und 2 nahezu konstant sind. Diese Näherung ist jedoch nur solange zulässig, als sich die Temperaturen in den beiden Bilanzräumen nicht deutlich voneinander unterscheiden. Bei den Rechnungen werden die zur Temperatur in Bilanzraum 1 gehörenden Stoffdaten des Rauchgases eingesetzt.

- Wärmeverluste werden nicht berücksichtigt.

Mit diesen Vereinfachungen können die Wärmebilanzen in den einzelnen Bilanzräumen erstellt werden:

Bilanzraum 1

Mit dem Brennstoff, dem Kalkstein, der Primärluft, dem primärseitig zugeführten, rezirkulierten Rauchgas, dem über den Siphon geführten und dem durch den Fließbettkühler geleiteten Feststoff werden Wärmeströme in den Bilanzraum eingebracht (Bild 12.2). Mit dem Rauchgasmassenstrom $\dot{M}_{R1}$, dem zirkulierenden Feststoffmassenstrom $\dot{M}_S$ und dem Aschemassenstrom wird Wärme abgeführt. Durch Verbrennung wird der Wärmestrom $\dot{Q}_{V1}$ freigesetzt. Für die Wärmebilanz im Bilanzraum 1 ergibt sich somit

$$\dot{Q}_{Brennst} + \dot{Q}_{Kalkstein} + \dot{Q}_{L\ pr} + \dot{Q}_{Rezi\ pr} + \dot{Q}_{s\ direkt} + \dot{Q}_{s\ FBK} - \dot{Q}_{R1} - \dot{Q}_{s1} - \dot{Q}_{Asche} + \dot{Q}_{V1} = 0 \ . \qquad (12.26)$$

Für die einzelnen Wärmeströme in (12.26) erhält man:

- Mit dem Brennstoff zugeführter Wärmestrom.
  Nach der Definition des unteren Heizwertes [49] wird der Brennstoff der Brennkammer in Form von inertem, nicht am Verbrennungsprozeß teilnehmendem Feststoff (Brennstoffasche) und Feststoff, der beim Verbrennungsprozeß in den gasförmigen Zustand übergeht, zugeführt. Die Wärmekapazität der in den gasförmigen Zustand übergehenden Brennstoffbestandteile sei gleich der des Rauchgases c_{pR}. Tritt der Brennstoff mit der Bezugstemperatur $T_0 = 25°C$ in die zirkulierende Wirbelschicht ein, so ergibt sich für den damit verbundenen zugeführten Wärmestrom

$$\dot{Q}_{Brennst} = K_a \dot{M}_{Brennst} c_{ps} T_0 + (1 - K_a) \dot{M}_{Brennst} c_{pR} T_0 \qquad (12.27)$$

mit dem Brennstoffascheanteil

$$K_a = \frac{\dot{M}_{Brennstoffasche}}{\dot{M}_{Brennst}} \ . \qquad (12.28)$$

- Mit dem Kalkstein zugeführter Wärmestrom

$$\dot{Q}_{Kalkstein} = \dot{M}_{Kalkstein} \, c_{ps} \, T_{Kalkstein} , \qquad (12.29)$$

bzw. mit (12.3) und (12.25)

$$\dot{Q}_{Kalkstein} = K_{Kalkstein} \, \dot{M}_{Brennst} \, c_{ps} \, T_0 . \qquad (12.30)$$

- Mit der Primärluft zugeführter Wärmestrom

$$\dot{Q}_{L \, pr} = \dot{M}_{L \, pr} \, c_{pL} \, T_{L \, pr} , \qquad (12.31)$$

bzw. mit (12.6), (12.7), (12.8) und (12.23)

$$\dot{Q}_{L \, pr} = L_{pr} \, \Lambda \, K_{Lo} \, \dot{M}_{Brennst} \, c_{pL} \, T_L . \qquad (12.32)$$

- Mit dem primärseitig rezirkulierten Rauchgas zugeführter Wärmestrom

$$\dot{Q}_{Rezi \, pr} = \dot{M}_{Rezi \, pr} \, c_{pR} \, T_{Rezi \, pr} , \qquad (12.33)$$

bzw. mit (12.9), (12.15) und (12.24)

$$\dot{Q}_{Rezi \, pr} = R_{pr} \, K_{Rezi} \, (1 - K_a + \Lambda \, K_{Lo}) \, \dot{M}_{Brennst} \, c_{pR} \, T_{Rezi} . \qquad (12.34)$$

- Mit dem über den Siphon geleiteten Feststoffmassenstrom zugeführter Wärmestrom

$$\dot{Q}_{s \, direkt} = \dot{M}_{s \, direkt} \, c_{ps} \, T_2 , \qquad (12.35)$$

bzw. mit (12.1) und (12.2)

$$\dot{Q}_{s \, direkt} = (1 - w_{FBK}) \, \dot{M}_s \, c_{ps} \, T_2 . \qquad (12.36)$$

- Mit dem über den Fließbettkühler geleiteten Feststoffmassenstrom zugeführter Wärmestrom

$$\dot{Q}_{s \, FBK} = \dot{M}_{s \, FBK} \, c_{ps} \, T_3 , \qquad (12.37)$$

bzw. mit (12.2)

$$\dot{Q}_{s\ FBK} = w_{FBK}\ \dot{M}_s\ c_{ps}\ T_3\ . \tag{12.38}$$

- Mit dem Rauchgas abgeführter Wärmestrom

$$\dot{Q}_{R1} = \dot{M}_{R1}\ c_{pR}\ T_1\ , \tag{12.39}$$

bzw. mit (12.10) und (12.15)

$$\dot{Q}_{R1} = [1-K_a + L_{pr}\ \Lambda\ K_{Lo} + R_{pr}\ K_{Rezi}\ (1-K_a + \Lambda\ K_{Lo})]\ \dot{M}_{Brennst}\cdot$$
$$\cdot c_{pR}\ T_1\ . \tag{12.40}$$

- Mit dem zirkulierenden Feststoff abgeführter Wärmestrom

$$\dot{Q}_{s1} = \dot{M}_s\ c_{ps}\ T_1\ . \tag{12.41}$$

- Mit der Asche abgeführter Wärmestrom

$$\dot{Q}_{Asche} = \dot{M}_{Asche}\ c_{ps}\ T_1\ , \tag{12.42}$$

bzw. mit (12.4)

$$\dot{Q}_{Asche} = (K_a + K_{Kalkstein})\ \dot{M}_{Brennst}\ c_{ps}\ T_1\ . \tag{12.43}$$

- Durch Verbrennung freigesetzter Wärmestrom bei Berücksichtigung von (12.22 a) und (12.22 b)

$$\dot{Q}_{V1} = b\ H_u\ \dot{M}_{Brennst}\ \text{mit}\ b = \begin{cases} L_{pr}\Lambda & \text{für}\ L_{pr}\ \Lambda < 1 \\ 1 & \text{für}\ L_{pr}\ \Lambda > 1 \end{cases} . \tag{12.44}$$

Die Gleichungen (12.27), (12.30), (12.32), (12.34), (12.36), (12.38), (12.40), (12.41), (12.43) und (12.44), eingesetzt in (12.26), liefern schließlich unter Berücksichtigung von (12.16) eine dimensionslose Beziehung für die Wärmebilanz in Bilanzraum 1:

$$\left\{\frac{b\,H_u}{c_{pR}(T_1-T_w)} - (K_a + K_{Kalkstein})\frac{c_{ps}}{c_{pR}}\frac{T_1-T_0}{T_1-T_w} - R_{pr}\,K_{Rezi}\right.$$

$$\cdot(1-K_a + \Lambda\,K_{Lo})\frac{T_1-T_{Rezi}}{T_1-T_w} - L_{pr}\,\Lambda\,K_{Lo}\left[\frac{T_1-T_L}{T_1-T_w} + \frac{T_L}{T_1-T_w}\right.$$

$$\left.\cdot\left(1 - \frac{c_{pL}}{c_{pR}}\right)\right] - (1-K_a)\frac{T_1-T_0}{T_1-T_w}\Bigg\}\,\frac{1}{(1+K_{Rezi})(1-K_a + \Lambda\,K_{Lo})}$$

$$\cdot\frac{\dot{M}_R}{\rho_R\,F_2\left(\frac{\rho_s-\rho_R}{\rho_R}\,g\,\nu\right)^{1/3}}\,\frac{\rho_R\,c_{pR}}{\rho_s\,(1-\varepsilon_L)\,c_{ps}} -$$

$$-\left(w_{FBK}\frac{T_2-T_3}{T_1-T_w} + \frac{T_1-T_2}{T_1-T_w}\right)\frac{\dot{M}_s}{\rho_s(1-\varepsilon_L)\,F_2\left(\frac{\rho_s-\rho_R}{\rho_R}\,g\,\nu\right)^{1/3}} = 0. \quad (12.45)$$

In dieser Gleichung ist der Rauchgasmassenstrom $\dot{M}_R$ und der zirkulierende Feststoffmassenstrom $\dot{M}_S$ - entsprechend den Difinitionsgleichungen (5.15) bzw. (5.16) - , mit der Rauchgasdichte, der Feststoffdichte, der kinematischen Viskosität des Rauchgases, der Erdbeschleunigung und der Querschnittsfläche des Bilanzraumes 2 F_2 dimensionslos gemacht worden. Die dimensionslose Form des Rauchgasmassenstromes in (12.45) kann deshalb auch als dimensionslose Form der Rauchgasgeschwindigkeit in Bilanzraum 2 interpretiert werden. Die Temperaturen sind auf die Differenz der Temperaturen in Bilanzraum 1 T_1 und der Siedetemperatur des Wasser T_w bezogen. Diese Temperaturdifferenz charakterisiert die Fahrweise der zirkulierenden Wirbelschichtfeuerung. Die Temperatur T_1 ist aufgrund der im Bilanzraum 1 ablaufenden chemischen Reaktionen (z.B. SO_2-Einbindung an Kalkstein) festgelegt; die Siedetemperatur T_w ist ein spezifischer Kennwert des Wasser-Dampf-Systems.

Bilanzraum 2

Bei Luftunterschuß in Bilanzraum 1 findet in Bilanzraum 2 die Restverbrennung des Brennstoffes statt. Mit den aus Bilanzraum 1 austretenden Rauchgas- und Feststoffmassenströmen wird Wärme in den Bilanzraum 2 eingebracht. Weiterhin werden über die Sekundärluft und den sekundärseitig rezirkulierten Rauchgasmassenstrom Wärmeströme dem Bilanzraum 2 zugeführt. Mit dem aus dem Bilanzraum 2 austretenden Rauchgas- und Feststoffmassenstrom wird Wärme abgeführt. Daneben kann über Wandheizflächen und/oder eingehängte Wärmetauscherflächen Wärme ausgekoppelt werden. Für die Wärmebilanz in Bilanzraum 2 folgt damit (Bild 12.2)

$$\dot{Q}_{R1} + \dot{Q}_{S1} + \dot{Q}_{L\,sek} + \dot{Q}_{Rezi\,sek} + \dot{Q}_{V2} - \dot{Q}_R - \dot{Q}_S - \dot{Q}_{ZWS} = 0 \quad (12.46)$$

Für die einzelnen Wärmeströme in (12.46) erhält man:

- Mit dem aus Bilanzraum 1 eintretenden Rauchgasmassenstrom zugeführter Wärmestrom: Gleichung (12.40).

- Mit dem aus Bilanzraum 1 eintretenden Feststoffmassenstrom zugeführter Wärmestrom: Gleichung (12.41).

- Mit der Sekundärluft zugeführter Wärmestrom

$$\dot{Q}_{L\,sek} = \dot{M}_{L\,sek}\, c_{pL}\, T_{L\,sek}\,, \quad (12.47)$$

bzw. mit (12.6), (12.7), (12.8), (12.12) und (12.23)

$$\dot{Q}_{L\,sek} = (1 - L_{pr})\, \Lambda\, K_{Lo}\, \dot{M}_{Brennst}\, c_{pL}\, T_L\,. \quad (12.48)$$

- Mit dem sekundärseitig rezirkulierten Rauchgas zugeführter Wärmestrom

$$\dot{Q}_{Rezi\,sek} = \dot{M}_{Rezi\,sek}\, c_{pR}\, T_{Rezi\,sek}\,, \quad (12.49)$$

bzw. mit (12.9), (12.13), (12.15) und (12.24)

$$\dot{Q}_{Rezi\,sek} = (1 - R_{pr})\, K_{Rezi}\, (1 - K_a + \Lambda\, K_{Lo})\, \dot{M}_{Brennst}\, c_{pR}\, T_{Rezi}\,. \quad (12.50)$$

- Durch Restverbrennung freigesetzter Wärmestrom

$$\dot{Q}_{V2} = \dot{Q}_V - \dot{Q}_{V1} ,$$

bzw. mit (12.17) und (12.44)

$$\dot{Q}_{V2} = (1 - b) H_u \dot{M}_{Brennst} \text{ mit } b = \begin{cases} L_{pr} \Lambda & \text{für } L_{pr} \Lambda < 1 \\ 1 & \text{für } L_{pr} \Lambda \geqslant 1 \end{cases}$$

(12.51)

- Mit dem Rauchgas abgeführter Wärmestrom

$$\dot{Q}_R = \dot{M}_R c_{pR} T_2 , \qquad (12.52)$$

bzw. mit (12.16)

$$\dot{Q}_R = (1 + K_{Rezi})(1 - K_a + \Lambda K_{Lo}) \dot{M}_{Brennst} c_{pR} T_2 . \qquad (12.53)$$

- Mit dem Feststoff abgeführter Wärmestrom

$$\dot{Q}_s = \dot{M}_s c_{ps} T_2 . \qquad (12.54)$$

Das Einsetzen von (12.40), (12.41), (12.48), (12.50), (12.51), (12.53) und (12.54) in (12.46) liefert bei Berücksichtigung von (12.16) eine dimensionslose Beziehung für die Wärmebilanz des Bilanzraumes 2:

$$\left\{\frac{(1-b) H_u}{c_{pR} (T_1-T_w)} - (1 - R_{pr}) K_{Rezi} (1 - K_a + \Lambda K_{Lo}) \frac{T_1-T_{Rezi}}{T_1-T_w} \right.$$

$$\left. - (1 - L_{pr}) \Lambda K_{Lo} \left[\frac{T_1-T_L}{T_1-T_w} + \frac{T_L}{T_1-T_w} \left(1 - \frac{c_{pL}}{c_{pR}}\right)\right]\right\} \cdot$$

$$\cdot \frac{1}{(1 + K_{Rezi})(1 - K_a + \Lambda K_{Lo})} \frac{\dot{M}_R}{\rho_R F_2 \left(\frac{\rho_s-\rho_R}{\rho_R} g \nu\right)^{1/3}} \cdot$$

$$\cdot \frac{\rho_R c_{pR}}{\rho_s (1-\varepsilon_L) c_{ps}} + \frac{T_1-T_2}{T_1-T_w} \frac{\dot{M}_R}{\rho_R F_2 \left(\frac{\rho_s-\rho_R}{\rho_R} g \nu\right)^{1/3}} \frac{\rho_R c_{pR}}{\rho_s (1-\varepsilon_L) c_{ps}} +$$

$$+ \frac{T_1-T_2}{T_1-T_w} \frac{\dot{M}_s}{\rho_s (1-\varepsilon_L) F_2 \left(\frac{\rho_s-\rho_R}{\rho_R} g \nu\right)^{1/3}} -$$

$$- \frac{\dot{Q}_{ZWS}}{\rho_s (1-\varepsilon_L) \left(\frac{\rho_s-\rho_R}{\rho_R} g \nu\right)^{1/3} F_2 c_{ps} (T_1-T_w)} = 0. \quad (12.55)$$

Auch in dieser Gleichung ist der Rauchgasmassenstrom $\dot{M}_R$ und der zirkulierende Feststoffmassenstrom entsprechend den Definitionsgleichungen (5.15) und (5.16) dimensionslos gemacht worden. Als Bezugstemperatur ist wieder die Differenz zwischen der Temperatur unmittelbar oberhalb des Anströmbodens T_1 und der Siedetemperatur des Wasser T_w eingesetzt worden.

<u>Bilanzraum 3</u>

Der Bilanzraum 3 umfaßt den Fließbettkühler (FBK). Im Fließbettkühler wird nur Wärme vom zirkulierenden Feststoffmassenstrom an den Wasser-Dampf-Kreislauf übertragen. I.a. wird nur ein Teilstrom des zirkulierenden Feststoffes über den FBK geführt. Für die Wärmebilanz im Kontrollraum 3 ergibt sich damit

$$\dot{Q}_{FBK} = \dot{M}_{s\,FBK}\, c_{ps}\, (T_2 - T_3) ,$$

bzw. bei Berücksichtigung von (12.2)

$$w_{FBK}\, \frac{T_2-T_3}{T_1-T_w}\, \frac{\dot{M}_s}{\rho_s\,(1-\varepsilon_L)\, F_2 \left(\frac{\rho_s-\rho_R}{\rho_s}\, g\, \nu\right)^{1/3}} -$$

$$- \frac{\dot{Q}_{FBK}}{\rho_s\,(1-\varepsilon_L) \left(\frac{\rho_s-\rho_R}{\rho_R}\, g\, \nu\right)^{1/3} F_2\, c_{ps}\, (T_1-T_w)} = 0 . \qquad (12.56)$$

Gesamtbilanz

In einem Dampferzeuger mit zirkulierender Wirbelschichtfeuerung kann nicht nur im Aufstromteil der zirkulierenden Wirbelschicht und im Fließbettkühler Wärme an das Wasser-Dampf-System übertragen werden, sondern auch in den sog. Nachschaltheizflächen (Bild 11.1). Legt man um den gesamten Dampferzeuger, also inklusive Nachschaltheizflächen, einen Kontrollraum (Bild 12.3), so erhält man die Wärmebilanz der Feuerung. Mit dem Brennstoff-, Kalkstein- und Verbrennungsluftmassenstrom werden der Feuerung Wärmeströme zugeführt. Durch Verbrennung wird ein Wärmestrom freigesetzt. Im Aufstromteil der zirkulierenden Wirbelschicht, im Fließbettkühler und in den Nachschaltheizflächen wird Wärme an das Wasser-Dampf-System übertragen. Weiterhin wird mit dem Aschemassenstrom und dem über den Kamin geführten Rauchgasmassenstrom ein Wärmestrom ausgekoppelt. Für die Wärmebilanz am gesamten Dampferzeuger ergibt sich damit

$$\dot{Q}_{Brennst} + \dot{Q}_{Kalkstein} + \dot{Q}_L + \dot{Q}_V - \dot{Q}_{ZWS} - \dot{Q}_{FBK} - \dot{Q}_{NSHF} -$$

$$\dot{Q}_{Asche} - \dot{Q}_{Kamin} = 0 . \qquad (12.57)$$

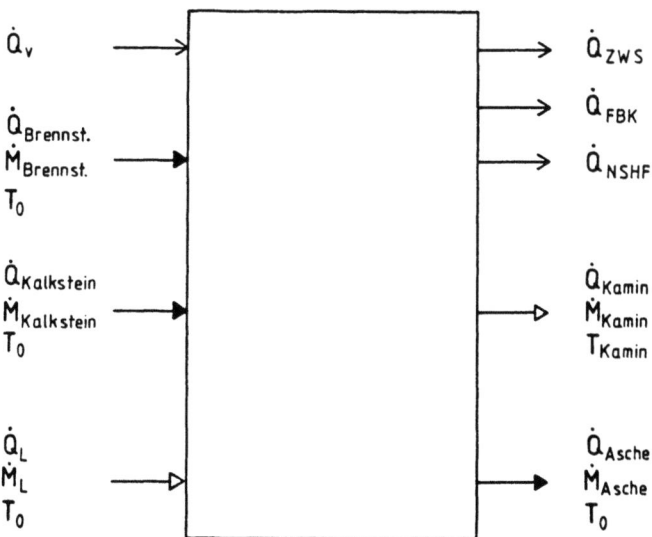

Bild 12.3: Ein- und austretende Massen- und Wärmeströme an einem Dampferzeuger mit zirkulierender Wirbelschichtfeuerung

Mit dem Brennstoff wird ein Wärmestrom entsprechend (12.27) und mit dem Kalkstein ein Wärmestrom entsprechend (12.30) dem Dampferzeuger zugeführt. Mit der aus der Umgebung angesaugten Verbrennungsluft wird der Wärmestrom

$$\dot{Q}_L = \dot{M}_L \, c_{pL} \, T_0 \qquad (12.58)$$

bzw. mit (12.6) und (12.7)

$$\dot{Q}_L = \Lambda \, K_{Lo} \, \dot{M}_{Brennst} \, c_{pL} \, T_0 \qquad (12.59)$$

zugeführt und durch Verbrennung der Wärmestrom (12.17) freigesetzt. Der Aschemassenstrom wird i.a. soweit abgekühlt, daß er näherungsweise mit der Temperatur T_0 den Dampferzeuger verläßt. Mit der Asche wird dann der Wärmestrom

$$\dot{Q}_{Asche} = \dot{M}_{Asche} \, c_{ps} \, T_0 \, , \qquad (12.60)$$

bzw. mit (12.4)

$$\dot{Q}_{Asche} = (K_a + K_{Kalkstein}) \dot{M}_{Brennst} c_{ps} T_0 \qquad (12.61)$$

aus dem Dampferzeuger ausgekoppelt.

Das den Dampferzeuger verlassende Rauchgas tritt mit der Temperatur T_{Kamin} in den Kamin ein. Dadurch verläßt mit dem Rauchgas der Wärmestrom

$$\dot{Q}_{Kamin} = [(1 - K_a) \dot{M}_{Brennst} + \dot{M}_L] c_{pR} T_{Kamin} , \qquad (12.62)$$

bzw. mit (12.6) und (12.7)

$$\dot{Q}_{Kamin} = (1 - K_a + \Lambda K_{Lo}) \dot{M}_{Brennst} c_{pR} T_{Kamin} \qquad (12.63)$$

die Anlage.

Durch das Einsetzen von (12.17), (12.27), (12.30), (12.59), (12.61) und (12.63) in (12.57) erhält man die Wärmebilanz des Dampferzeugers mit zirkulierender Wirbelschichtfeuerung. Bei Berücksichtigung von (12.16) ergibt sich für diese Wärmebilanz in dimensionsloser Schreibweise

$$\left\{ \frac{H_u}{c_{pR}(T_1-T_w)} - (1-K_a+\Lambda K_{Lo}) \frac{T_{Kamin}-T_0}{T_1-T_w} - \Lambda K_{Lo} \frac{T_0}{T_1-T_w} \left(1 - \frac{c_{pL}}{c_{pR}}\right) \right\}$$

$$\cdot \frac{1}{(1+K_{Rezi})(1-K_a + \Lambda K_{Lo})} \frac{\dot{M}_R}{\rho_R F_2 \left(\frac{\rho_s-\rho_R}{\rho_R} g \nu\right)^{1/3}} \frac{\rho_R c_{pR}}{\rho_s(1-\varepsilon_L)c_{ps}}$$

$$- \frac{\dot{Q}_{ZWS} + \dot{Q}_{FBK} + \dot{Q}_{NSHF}}{\rho_s (1-\varepsilon_L) \left(\frac{\rho_s-\rho_R}{\rho_R} g \nu\right)^{1/3} F_2 c_{ps} (T_1-T_w)} = 0 . \qquad (12.64)$$

12.4 Wärmeübertragung in der Brennkammer und im Fließbettkühler

Für die Dimensionierung der Wärmetauscherflächen in der Brennkammer und im Fließbettkühler muß der Wärmedurchgangskoeffizient bekannt sein. Für den Wärmeübergang in Dampferzeugern mit zirkulierender Wirbelschichtfeuerung ist i.a. der Wärmeübergang von der Gas-Feststoff-Strömung an die Wärmetauscherflächen limitierend. Der Wärmeübergang auf der Wasser-Dampf-Seite ist meistens bedeutend größer und stellt nicht die Engstelle bezüglich des pro Flächeneinheit übertragbaren Wärmestromes dar.

Im Fließbettkühler liegt eine blasenbildende Wirbelschicht vor. Der Wärmeübergang in derartigen Wirbelschichten kann nach Martin [64] berechnet werden. Der Strömungszustand im Fließbettkühler wird auch bei unterschiedlichen Lastzuständen des Dampferzeugers nicht geändert. Unter der Voraussetzung, daß die mittlere Partikelgröße des in den Fließbettkühler eintretenden Feststoffmassenstromes unabhängig vom Lastzustand des Dampferzeugers ist, kann mit einem konstanten Wärmeübergangskoeffizienten im Fließbettkühler gerechnet werden. Es ergeben sich Wärmeübergangskoeffizienten α_{FBK} von ca. 350 W/(m^{2}K) [65].

Da im Fließbettkühler eine blasenbildende Wirbelschicht und damit eine gute axiale Feststoffvermischung vorliegt, kann davon ausgegangen werden, daß beim Vorliegen einer Kammer [69] die Temperatur des Feststoffes konstant und gleich der Feststoffaustrittstemperatur T_3 (Bild 12.2) ist.

Ein Teil der Wärmetauscherflächen im Fließbettkühler ist als Verdampfer, der restliche Teil als Überhitzer [66] bzw. Zwischenüberhitzer [65] geschaltet. Um frei von speziellen Schaltungsvarianten zu bleiben, wird im weiteren davon ausgegangen, daß auf der Wasser-Dampf-Seite die Siedetemperatur des Wassers T_W vorliegt. Es wird also angenommen, daß der Fließbettkühler als Verdampfer geschaltet ist. Diese Annahme ist auch insofern gerechtfertigt, da im zweiten Teil dieses Buches nur die prinzipiellen Wechselwirkungen zwischen Strömungszustand und Wärmeübertragung dargestellt und keine detaillierten Berechnungen für spezielle Anlagenkonfigurationen und Wasser-Dampf-Zustände durchgeführt werden sollen.

Für den im Fließbettkühler übertragenen Wärmestrom ergibt sich damit

$$\dot{Q}_{FBK} = \alpha_{FBK} F_{FBK} (T_3 - T_w) \, , \qquad (12.65)$$

wobei F_{FBK} die Wärmetauscherfläche im Fließbettkühler bedeutet. Gleichung (12.65) lautet in dimensionsloser Schreibweise

$$\frac{\dot{Q}_{FBK}}{\rho_s (1-\varepsilon_L) \left(\frac{\rho_s-\rho_R}{\rho_R} g \nu\right)^{1/3} F_2 c_{ps} (T_1-T_w)} = App_{FBK} \cdot$$

$$\cdot \left(1 - \frac{T_2-T_3}{T_1-T_w} - \frac{T_1-T_2}{T_1-T_w}\right) \qquad (12.66)$$

mit

$$App_{FBK} = \frac{\alpha_{FBK} F_{FBK}}{\rho_s (1-\varepsilon_L) \left(\frac{\rho_s-\rho_R}{\rho_R} g \nu\right)^{1/3} c_{ps} F_2} \, , \qquad (12.67)$$

der sog. Apparatekennziffer des Fließbettkühlers.

In der Brennkammer, d.h. im Bilanzraum 2 (Bild 12.1), wird mit Hilfe von Wandheizflächen bzw. mit Hilfe von eingehängten Wärmetauschern Wärme an den Wasser-Dampf-Kreislauf übertragen. Eine Berechnung des Wärmeübergangskoeffizienten auf der Gas-Feststoff-Seite ist bislang noch nicht möglich [59]. Betriebserfahrungen deuten darauf hin, daß der Wärmeübergangskoeffizient insbesondere von der Feststoffkonzentration und der Partikelgröße abhängt. Bei Vollast kann man von einem Wärmeübergangskoeffizienten α_{ZWS} = 175 W/(m^{2}K) ausgehen [65], wobei der Strahlungsanteil ca. 90 W/(m^{2}K) beträgt [67]. Bei Teillast ist mit einem kleineren Wärmeübergangskoeffizienten zu rechnen, der - wegen des Strahlungsanteils - jedoch nicht um Größenordnungen kleiner als bei Vollast sein wird. Bei den weiteren

Rechnungen wird davon ausgegangen, daß für ein gegebenes Gas-Feststoff-System der Wärmeübergangskoeffizient über der Last konstant bleibt.

Die Wärmetauscherflächen in der Brennkammer können als Verdampfer [65] oder teilweise als Verdampfer und teilweise als Überhitzer [68] geschaltet sein. Im weiteren wird angenommen, daß die Wärmetauscherflächen in der Brennkammer als Verdampfer geschaltet und gleichmäßig über die Höhe der Brennkammer (Bilanzraum 2) verteilt sind.

Für die Berechnung des in der Brennkammer übertragenen Wärmestromes ist die Kenntnis des axialen Temperaturprofils erforderlich. Das Temperaturprofil ist jedoch bei Kenntnis des Strömungszustandes und der an das Wasser-Dampf-System übertragenen Wärme nur mit Hilfe einer Verbrennungsrechnung zu ermitteln. Eine derartige Rechnung ist bislang noch nicht durchzuführen. Für die Berechnung des hier interessierenden Wärmestromes, der in der Brennkammer an den Wasser-Dampf-Kreislauf übertragen wird, muß deshalb von Annahmen über die axiale Wärmefreisetzung durch Verbrennung ausgegangen werden.

Bislang bekannt gewordene Temperaturmessungen deuten darauf hin, daß zumindest bei Vollast keine sprunghafte Temperaturänderung in Bilanzraum 2 bzw. beim Übergang von Bilanzraum 1 in Bilanzraum 2 - d.h. an der Sekundärlufteinblasestelle - auftritt [73]. Aufgrund dieser praktischen Erfahrung wird für die axiale Wärmefreisetzung durch Verbrennung in Bilanzraum 2 postuliert:

a) Die Wärmefreisetzung erfolgt derart, daß sich ein lineares Temperaturprofil zwischen der Temperatur T_1 (Temperatur in Bilanzraum 1) und der aus den Wärmebilanzen (12,45), (12.55), (12.56) und (12.64) erhaltenen Temperatur T_2 am oberen Ende des Bilanzraumes 2 einstellt. Dies bedeutet, daß unmittelbar an den Sekundärlufteinblasestellen und an den Einblasstellen des rezirkulierten Rauchgases soviel Brennstoff umgesetzt wird, daß der durch die eingeblasenen Gasströme verursachte "Kühleffekt" ausgeglichen wird. Längs der Brennkammerhöhe ändert sich die durch Verbrennung verursachte Wärmefreisetzung dann linear mit der Folge, daß sich ein lineares, axiales Temperaturprofil einstellt.

Für den in der Brennkammer an den Wasser-Dampf-Kreislauf übertragenen Wärmestrom ergibt sich somit

$$\dot{Q}_{ZWS} = \alpha_{ZWS} \, F_{ZWS} \left[(T_1 - T_w) - \frac{1}{2}(T_1 - T_2) \right] , \qquad (12.68)$$

wobei F_{ZWS} die Wärmetauscherfläche in der Brennkammer bezeichnet. In dimensionsloser Schreibweise lautet Gleichung (12.68)

$$\frac{\dot{Q}_{ZWS}}{\rho_s(1-\varepsilon_L)\left(\frac{\rho_s-\rho_R}{\rho_R} g \nu\right)^{1/3} c_{ps} F_2 (T_1-T_w)} = App_{ZWS} \left(1 - \frac{1}{2}\frac{T_1-T_2}{T_1-T_w}\right) \qquad (12.69)$$

mit

$$App_{ZWS} = \frac{\alpha_{ZWS} \, F_{ZWS}}{\rho_s (1-\varepsilon_L)\left(\frac{\rho_s-\rho_R}{\rho_R} g \nu\right)^{1/3} c_{ps} F_2} \qquad (12.70)$$

der sog. Appratekennziffer der Brennkammer.

Wie leicht zu zeigen ist, liegt eine über der Brennkammerhöhe lineare Wärmefreisetzung durch Verbrennung und damit ein lineares, axiales Temperaturprofil vor, wenn gilt:

$$\frac{\dot{M}_s}{\rho_s(1-\varepsilon_L)F_2 \left(\frac{\rho_s-\rho_R}{\rho_R} g \nu\right)^{1/3}} \leqslant App_{ZWS} \frac{1 - \frac{T_1-T_2}{T_1-T_w}}{\frac{T_1-T_2}{T_1-T_w}} -$$

$$- \frac{\dot{M}_R}{\rho_R F_2 \left(\frac{\rho_s-\rho_R}{\rho_R} g \nu\right)^{1/3}} \frac{\rho_R \, c_{pR}}{\rho_s (1-\varepsilon_L) c_{ps}} \qquad (12.71)$$

für

$$T_1 - T_2 > 0$$

und

$$\frac{\dot{M}_s}{\rho_s (1-\varepsilon_L) F_2 \left(\frac{\rho_s-\rho_R}{\rho_R} g \nu\right)^{1/3}} \geq App_{ZWS} \frac{1}{\frac{T_1-T_2}{T_1-T_w}} -$$

$$-\frac{\dot{M}_R}{\rho_R F_2 \left(\frac{\rho_s-\rho_R}{\rho_R} g \nu\right)^{1/3}} \frac{\rho_R c_{pR}}{\rho_s (1-\varepsilon_L) c_{ps}} \qquad (12.72)$$

für

$$T_1 - T_2 < 0$$

b) Reicht in Bilanzraum 2 die Wärmefreisetzung durch Verbrennung nicht aus, um ein lineares Temperaturprofil über die gesamte Höhe des Bilanzraumes zu erhalten, so wird zunächst der durch die zugeführten Gasströme (Sekundärluft, sekundärseitig rezirkuliertes Rauchgas) verursachte "Kühleffekt" ausgeglichen. Anschließend erfolgt durch Verbrennung eine lineare, axiale Wärmefreisetzung bis zu einer bestimmten Brennkammerhöhe. Bis zu dieser Höhe stellt sich hierdurch ein lineares Temperaturprofil ein. Ab dieser Höhe ist der Brennstoff vollständig umgesetzt. Es wird deshalb keine Wärme mehr durch Verbrennung freigesetzt. Dies hat zur Folge, daß die Gas-Feststoff-Strömung nur noch gekühlt wird und sich ab dieser Höhe ein logarithmisches Temperaturprofil einstellt. Am oberen Ende der Brennkammer läuft das Temperaturprofil wieder auf die aus den Wärmebilanzen (12.45), (12.55), (12.56), (12.64) berechnete Temperatur T_2 ein.

Für den in der Brennkammer an den Wasser-Dampf-Kreislauf übertragenen Wärmestrom ergibt sich damit nach kurzer Rechnung:

$$\frac{\dot{Q}_{ZWS}}{\rho_s(1-\varepsilon_L)\left(\frac{\rho_s-\rho_R}{\rho_R}gv\right)^{1/3}F_2\,c_{ps}(T_1-T_w)} =$$

$$= \left\{ \frac{\dot{M}_R}{\rho_R F_2\left(\frac{\rho_s-\rho_R}{\rho_R}gv\right)^{1/3}} \frac{\rho_R c_{pR}}{\rho_s(1-\varepsilon_L)c_{ps}} + \right.$$

$$\left. + \frac{\dot{M}_s}{\rho_s(1-\varepsilon_L)F_2\left(\frac{\rho_s-\rho_R}{\rho_R}gv\right)^{1/3}} \right\} \left[\frac{\frac{1}{2}\left(\frac{T_1-T'}{T_1-T_w}\right)^2}{1-\frac{T_1-T'}{T_1-T_w}} + \right.$$

$$\left. + \frac{T_1-T_2}{T_1-T_w} - \frac{T_1-T'}{T_1-T_w} \right] \qquad (12.73)$$

mit

$$\frac{\frac{T_1-T'}{T_1-T_w}}{1-\frac{T_1-T'}{T_1-T_w}} + \ln\left(\frac{1-\frac{T_1-T'}{T_1-T_w}}{1-\frac{T_1-T_2}{T_1-T_w}}\right) = App_{ZWS}\left[\frac{\dot{M}_R}{\rho_R F_2\left(\frac{\rho_s-\rho_R}{\rho_R}gv\right)^{1/3}} \cdot \right.$$

$$\left. \cdot \frac{\rho_R c_{pR}}{\rho_s(1-\varepsilon_L)c_{ps}} + \frac{\dot{M}_s}{\rho_s(1-\varepsilon_L)F_2\left(\frac{\rho_s-\rho_R}{\rho_R}gv\right)^{1/3}} \right]^{-1} \qquad (12.74)$$

wobei gilt, daß die Ungleichung (12.71) nicht mehr erfüllt ist und

$$\left\{ \frac{(1-b)H_u}{c_{pR}(T_1-T_w)} - (1-L_{pr})\Lambda K_{Lo}\left[\frac{T_1-T_L}{T_1-T_w} + \frac{T_L}{T_1-T_w}\left(1-\frac{c_{pL}}{c_{Pr}}\right)\right] - \right.$$

$$\left. - (1-R_{Pr})K_{Rezi}(1-K_a+\Lambda K_{Lo})\frac{T_1-T_{Rezi}}{T_1-T_w} \right\} > 0 \qquad (12.75)$$

gültig ist.

c) Wird in Bilanzraum 2 nur noch sehr wenig oder gar keine Wärme durch Verbrennung freigesetzt, so kann der durch die zugeführten Gasströme bewirkte "Kühleffekt" nicht mehr ausgeglichen werden. Hierdurch tritt unmittelbar zu Beginn des Bilanzraumes 2 eine sprunghafte Temperaturabnahme auf. Im weiteren Verlauf der Brennkammerhöhe wird dann die Gas-Feststoff-Strömung nur noch gekühlt, wodurch sich ein logarithmisches Temperaturprofil einstellt. Die Temperatur T_2, die wieder mit den Wärmebilanzen (12.45), (12.55), (12.56), (12,64) berechnet werden kann, ist jedoch wiederum der Endpunkt des Temperaturprofiles.

In diesem Fall ergibt sich für den in der Brennkammer übertragenen Wärmestrom aufgrund des logarithmischen Temperaturprofils

$$\frac{\dot{Q}_{ZWS}}{\rho_s (1-\epsilon_L) \left(\frac{\rho_s - \rho_R}{\rho_R} g \nu\right)^{1/3} F_2 c_{ps} (T_1 - T_w)} = App_{ZWS}$$

$$\cdot \frac{\frac{T_1 - T_2}{T_1 - T_w} - \frac{T_1 - T'}{T_1 - T_w}}{\ln \frac{1 - \frac{T_1 - T'}{T_1 - T_w}}{1 - \frac{T_1 - T_2}{T_1 - T_w}}} , \qquad (12.76)$$

mit der durch die eingeblasenen Gasströme hervorgerufenen Abkühlung der Gas-Feststoff-Strömung

$$\frac{T_1-T'}{T_1-T_w} = \left\{ -\frac{(1-b)H_u}{c_{pR}(T_1-T_w)} + (1-L_{pr})\Lambda K_{Lo}\left[\frac{T_1-T_L}{T_1-T_w} + \frac{T_L}{T_1-T_w} \right.\right.$$

$$\left.\cdot\left(1-\frac{c_{pL}}{c_{pR}}\right)\right] + (1-R_{pr})K_{Rezi}(1-K_a+\Lambda K_{Lo})\frac{T_1-T_{Rezi}}{T_1-T_w}\right\}\cdot$$

$$\cdot(1+K_{Rezi})^{-1}(1-K_a+\Lambda K_{Lo})^{-1}\left[1 + \frac{\dot{M}_s}{\rho_s(1-\varepsilon_L)F_2\left(\frac{\rho_s-\rho_R}{\rho_R}g\nu\right)^{1/3}}\cdot\right.$$

$$\left.\cdot\left(\frac{\dot{M}_R}{\rho_R F_2\left(\frac{\rho_s-\rho_R}{\rho_R}g\nu\right)^{1/3}}\frac{\rho_R c_{pR}}{\rho_s(1-\varepsilon_L)c_{ps}}\right)^{-1}\right]^{-1} \quad (12.77)$$

unter der Bedingung, daß die Ungleichungen (12.71) und (12.75) nicht mehr erfüllt sind.

Bei all diesen Überlegungen wird davon ausgegangen, daß zwischen dem unteren und oberen Ende des Bilanzraumes 2 über die gesamte Brennkammerhöhe ein Wärmetauscher vorhanden ist. Dies ist z.B. der Fall, wenn die Umfassungswände der Brennkammer berohrt sind.

Im Dampferzeuger wird an den Wasser-Dampf-Kreislauf der Wärmestrom

$$\dot{Q}_{ges} = \dot{Q}_{ZWS} + \dot{Q}_{FBK} + \dot{Q}_{NSHF} \quad (12.78)$$

übertragen. Damit ergibt sich für den relativen Anteil des Wärmestromes, der in der Brennkammer übertragen wird

$$\frac{\dot{Q}_{ZWS}}{\dot{Q}_{ges}}, \quad (12.79)$$

der im Fließbettkühler übertragen wird

$$\frac{\dot{Q}_{FBK}}{\dot{Q}_{ges}} \tag{12.80}$$

und der in den Nachschaltheizflächen übertragen wird

$$\frac{\dot{Q}_{NSHF}}{\dot{Q}_{ges}} \, . \tag{12.81}$$

Welche der Gleichungen (12.69), (12.73), (12.76) für den in der Brennkammer übertragenen Wärmestrom zu verwenden ist, kann nur in Verbindung mit den Wärmebilanzen (12.45), (12.55), (12.56), (12.64), (12.78), sowie den Gleichungen (12.79), (12.80), (12.81) und den Ungleichungen (12.71), (12.72) (12.75) entschieden werden.

13 Wärmetechnisches Verhalten der zirkulierenden Wirbelschichtfeuerung

Zirkulierende Wirbelschichtfeuerungen werden mit einer bauartspezifischen, vorgegebenen Temperaturdifferenz über der Brennkammer gefahren. Um die Temperaturdifferenz sicherstellen zu können, müssen ganz bestimmte Wärmeströme in der Brennkammer, in den Nachschaltheizflächen und in dem gegebenenfalls vorhandenen Fließbettkühler (Bild 11.1) an den Wasser-Dampf-Kreislauf übertragen werden. Mit den Gleichungen (12.45), (12.55), (12.56), (12.64) und (12.78) können die einzelnen Wärmeströme relativ zum insgesamt an den Wasser-Dampf-Kreislauf übertragenen Wärmestrom (12.79), (12.80) und (12.81) berechnet werden. Hierbei sind keine Kenntnisse über die Art und Weise, wie diese Wärmeauskopplungen durchgeführt werden, erforderlich. Insbesondere werden keine Angaben über die Größe der einzelnen Wärmetauscherflächen, der Wärmeübergangskoeffizienten und der wärmetechnischen Schaltung - Anordnung der Verdampfer-, Überhitzer- und Zwischenüberhitzerheizflächen - benötigt.

13.1 Randbedingungen

Die Randbedingungen für zirkulierende Wirbelschichtfeuerung können recht unterschiedlich sein. Sie hängen vor allem von der Fahrweise der Anlage und den Wasser-Dampf-Parametern des Dampferzeugers ab. Im Rahmen dieses Buches wird bei den wärmetechnischen Berechnungen von den folgenden typischen Daten einer zirkulierenden Wirbelschichtfeuerung ausgegangen:

Wärmekapazität der Asche und des Brennstoffes:	$c_{ps} = 0{,}85$ kJ/(kg°K)
Wärmekapazität des Rauchgases:	$c_{pR} = 1{,}2$ kJ/(kg°K)
Wärmekapazität der Luft:	$c_{pL} = 1{,}2$ kJ/(kg°K)
Feststoffdichte:	$\rho_S = 2600$ kg/m³
Rauchgasdichte:	$\rho_R = 0{,}32$ kg/m³
dynamische Viskosität des Rauchgases:	$\eta = 4{,}45 \cdot 10^{-5}$ kg/(ms)
Lockerungsporosität:	$\varepsilon_L = 0{,}4$
Temperatur im Bilanzraum 1:	$T_1 = 850\,°C$
Lufteintrittstemperatur:	$T_L = 250\,°C$
Temperatur des rezirkulierten Rauchgases:	$T_{Rezi} = 250\,°C$
Umgebungstemperatur:	$T_0 = 25\,°C$
Kamineintrittstemperatur:	$T_{Kamin} = 140\,°C$
Siedetemperatur des Wassers:	$T_W = 300\,°C$

13.2 Einfluß des Heizwertes auf die Wärmeauskopplung

Zirkulierende Wirbelschichtfeuerungen können mit unterschiedlichen Brennstoffen gefahren werden [59]. Demzufolge kann der Heizwert der Bennstoffe sehr stark variieren. Welche Auswirkungen der Heizwert auf die auszukoppelnden Wärmeströme in der Brennkammer, den Nachschaltheizflächen und dem Fließbettkühler hat, kann mit den Gleichungen (12.45), (12.55), (12.56), (12.64) und (12.78) berechnet werden. Bei den Rechnungen wird von einer konstanten Temperaturdifferenz in der Brennkammer ausgegangen. Nach den in [49] zitierten Gleichungen von Brandt kann der stöchiometrische Luftbedarf K_{Lo} und der Brennstoffascheanteil K_a in Abhängigkeit vom Heizwert berechnet werden. Für den stöchiometrischen Luftbedarf gilt

$$K_{Lo} = 0{,}56755 + 0{,}316962\, H_u \,, \tag{13.1}$$

wobei der Heizwert H_u in MJ/kg einzusetzen ist und K_{Lo} als kg Luft/kg Brennstoff erhalten wird. Für den Brennstoffascheanteil in kg Brennstoffasche/kg Brennstoff erhält man, wenn H_u ebenfalls in MJ/kg eingesetzt wird,

$$K_a = 0,02039 + 0,00183 \, H_u \, .\qquad(13.2)$$

Die damit berechneten relativen Wärmeströme (12.79), (12.80) und (12.81) sind für den Fall, daß die Temperatur in der Brennkammer konstant ist

$$T_1 = T_2 \, ,$$

keine Rauchgasrezirkulation vorliegt, der Luftüberschuß 1,2 und das Primärluftverhältnis 0,4 beträgt, in Bild 13.1 dargestellt.

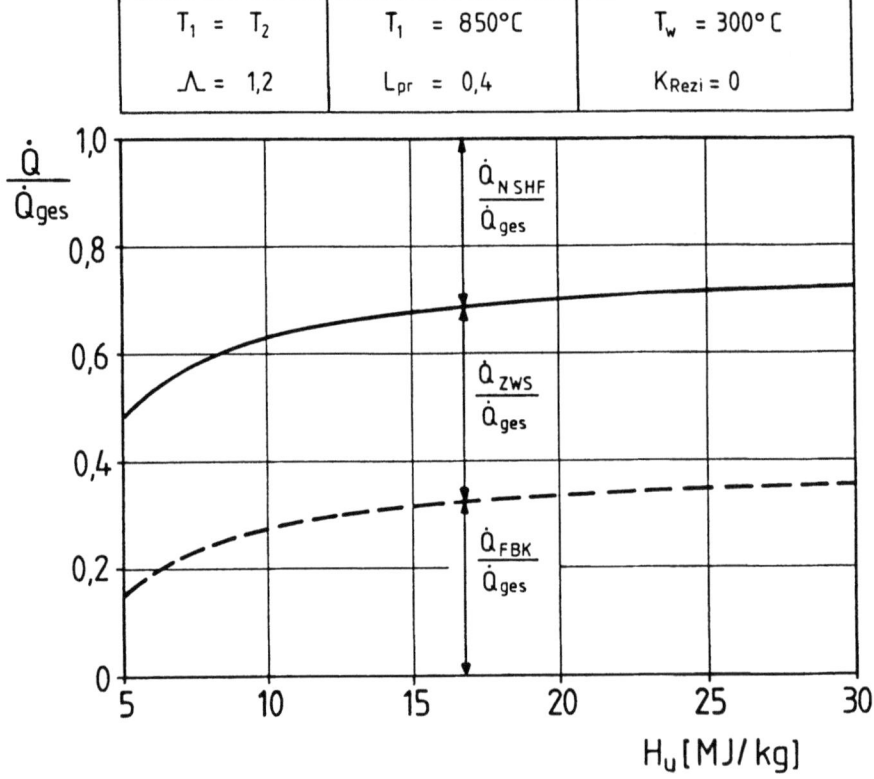

Bild 13.1: Aus der zirkulierenden Wirbelschichtfeuerung abzuführende Wärmeströme in Abhängigkeit vom Heizwert bei konstanter Temperatur in der Brennkammer

In den Nachschaltheizflächen muß bei einer Vollwertkohle ca. 30 % bei einer heizwertarmen Rohbraunkohle ca. 50 % des insgesamt an den Wasser-Dampf-Kreislauf übertragenen Wärmestromes abgeführt werden. Die Wärmeauskopplung in der Wirbelbrennkammer ist nahezu unabhängig vom Heizwert und beträgt ca. 30 - 35 %. Damit man eine konstante Temperatur in der Wirbelbrennkammer aufrecht erhalten kann, muß in einem Fließbettkühler Wärme abgeführt werden. Bei Vollwertkohlen muß ca. 35 % bei heizwertarmen Brennstoffen ca. 20 % des insgesamt an den Wasser-Dampf-Kreislauf übertragenen Wärmestromes dort ausgekoppelt werden.

Wäre durch geeignete Maßnahmen dafür Sorge getragen, daß in der gesamten Brennkammer eine vollständige Feststoffdurchmischung vorliegen würde, so wäre das Temperaturverhalten der Wirbelbrennkammer analog dem eines Rührkessels. Die Folge: Die Temperaturdifferenz wäre in der Brennkammer i m m e r - auch bei Teillast - Null. Keine Wärme müßte in einem extern angeordneten Fließbettkühler abgeführt werden.

Bei dem hier vorgeschlagenen Modell verhält sich Bilanzraum 1 bezüglich der Temperatur wie ein Rührkessel und Bilanzraum 2 wie ein Transportreaktor. Zwischen beiden Bilanzräumen liegt jedoch keine Rückvermischung vor. Um die Temperatur in der Brennkammer konstant halten zu können, muß dann ein Teil des in Bilanzraum 2 durch Verbrennung freigesetzten Wärmestromes dort abgeführt und ein Teil des im Bilanzraum 1 durch Verbrennung freigesetzten Wärmestromes im Fließbettkühler übertragen werden (Kühlung des Bilanzraumes 1 durch den zirkulierenden Feststoffmassenstrom). Das Verhältnis des in der Brennkammer zu dem im Fließbettkühler abgeführten Wärmestromes ist somit näherungsweise gleich dem Verhältnis der in den Bilanzräumen 1 und 2 durch Verbrennung freigesetzten Wärmeströme

$$\frac{\dot{Q}_{ZWS}}{\dot{Q}_{FBK}} \sim \frac{1 - L_{pr} \Lambda}{L_{pr} \Lambda} \qquad (13.3)$$

Wie aus Bild 13.1 ersichtlich, sind die in den einzelnen Bereichen der zirkulierenden Wirbelschichtfeuerung abzuführenden Wärmeströme unabhängig vom zirkulierenden Feststoffmassenstrom. Allerdings muß er groß genug sein, um den im Fließbettkühler abzuführenden Wärmestrom aus der Wirbelbrennkammer dorthin zu transportieren.

Für den Fall, daß in der Wirbelbrennkammer ein Temperaturabfall von

$$T_1 - T_2 = 15\,°C$$

vorliegt, sind für dieselben Bedingungen, wie in Bild 13.1, in Bild 13.2 die entsprechenden Wärmestromverhältnisse dargestellt. Im Gegensatz zu Bild 13.1 tritt in Bild 13.2 das Verhältnis zirkulierender Feststoffmassenstrom zu Brennstoffmassenstrom als Parameter auf.

Der in den Nachschaltheizflächen abzuführende Wärmestrom ist unabhängig vom Verhältnis des zirkulierenden Feststoffmassenstromes zum zugeführten Brennstoffmassenstrom. Im Gegensatz dazu nimmt bei konstant gehaltenem Heizwert der Anteil des in der Wirbelbrennkammer abzuführenden Wärmestromes am insgesamt an den Wasser-Dampf-Kreislauf übertragenen Wärmestrom mit zunehmendem Massenstromverhältnis zu, der im Fließbettkühler abzuführende Wärmestromanteil ab.

Mit zunehmendem Massenstromverhältnis wird durch den zirkulierenden Feststoffmassenstrom ein erhöhter Wärmestrom aus dem Bilanzraum 1 in den Bilanzraum 2 transportiert. Damit aber der Temperaturabfall in der Brennkammer konstant bleibt, muß dieser Wärmestrom in der Brennkammer abgeführt werden. Gleichzeitig muß der im Fließbettkühler ausgekoppelte Wärmestrom reduziert werden um die Temperatur T_1 in Bilanzraum 1 konstant zu halten. Bei einem bestimmten Massenstromverhältnis wird dann nur noch in den Nachschaltheizflächen und in der Brennkammer Wärme abgeführt. Bei Vollwertkohlen ist hierzu ein deutlich größeres Massenstromverhältnis notwendig, als bei heizwertarmen Brennstoffen. Bei Reduzierung des Massenstromverhältnisses darf ein bestimmter Wert nicht unterschritten werden, um mit dem zirkulierenden Feststoffmassenstrom noch genügend Wärme aus der Brennkammer in den Fließbettkühler transportieren zu können, wo diese dann an den Wasser-Dampf-Kreislauf übertragen werden kann. Nur dadurch ist der Temperaturabfall in der

Brennkammer und die Temperatur in Bilanzraum 1 konstant zu halten.

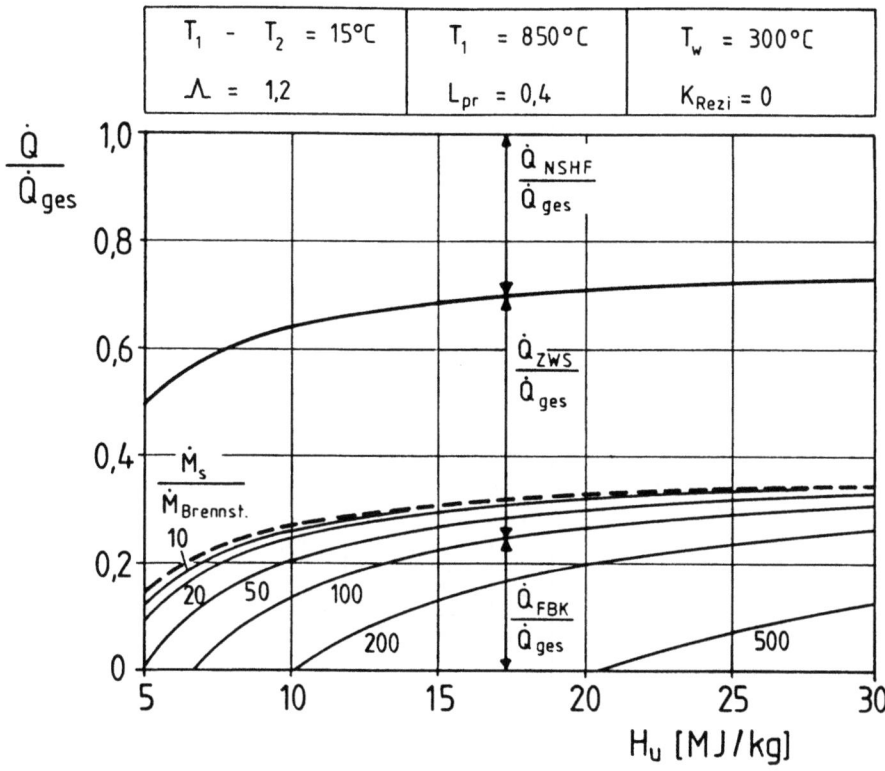

Bild 13.2: Aus der zirkulierenden Wirbelschichtfeuerung abzuführende Wärmeströme in Abhängigkeit vom Heizwert bei einem Temperaturabfall in der Brennkammer von 15°C

Liegt in der Wirbelbrennkammer zwischen Anströmboden und Zyklon eine Temperaturerhöhung vor, so müssen bei einer Temperaturzunahme von z.B.

$T_2 - T_1 = 15°C$

die in Bild 13.3 dargestellten Wärmeströme in den einzelnen Anlagenteilen der zirkulierenden Wirbelschichtfeuerung abgeführt werden. Wiederum tritt das Verhältnis von zirkulierendem Feststoffmassenstrom zu zugeführtem Brennstoffmassenstrom als Parameter auf. Dieses Massenstromverhältnis hat keinen Einfluß auf den in den Nachschaltheizflächen abzuführenden Wärmestrom, bezogen auf den insgesamt an den Wasser-Dampf-Kreislauf übertragenen Wärmestrom, sondern nur auf den Anteil des Wärmestromes, der in der Brennkammer bzw. im Fließbettkühler an den Wasser-Dampf-Kreislauf abzugeben ist.

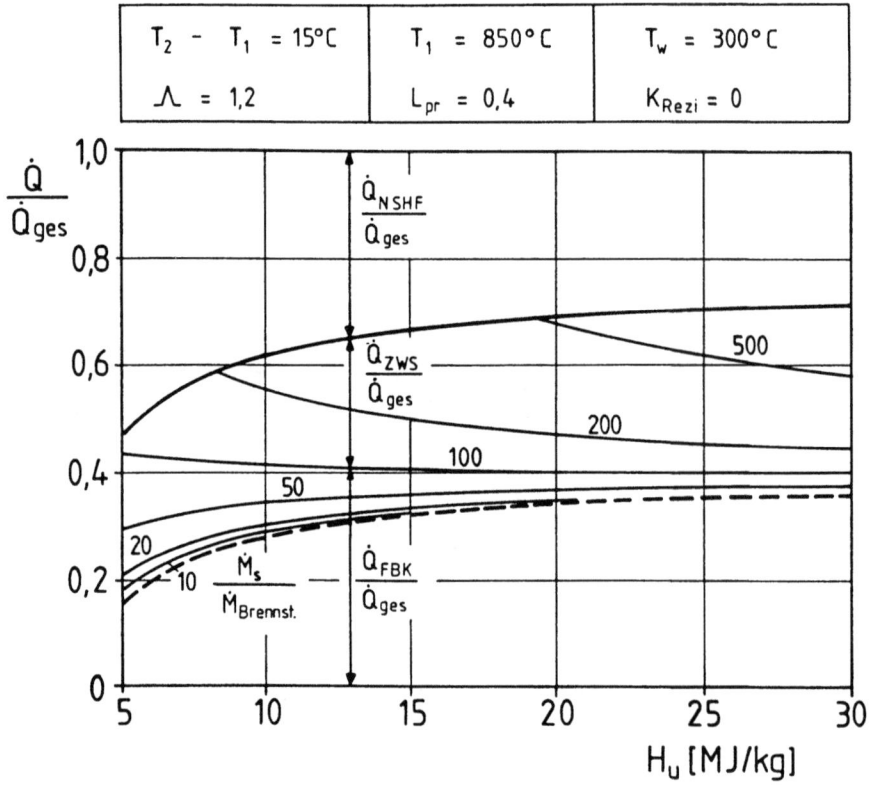

Bild 13.3: Aus der zirkulierenden Wirbelschichtfeuerung abzuführende Wärmeströme in Abhängigkeit vom Heizwert bei einer Temperaturzunahme in der Brennkammer um 15°C

Mit zunehmendem Massenstromverhältnis muß bei konstantem Heizwert ein größerer Anteil am insgesamt an den Wasser-Dampf-Kreislauf übertragenen Wärmestrom im Fließbettkühler und ein immer kleinerer Anteil in der Brennkammer abgeführt werden, um die Temperaturerhöhung auf 15°C zu begrenzen. Bei einem bestimmten maximalen Massenstromverhältnis wird nur noch in den Nachschaltheizflächen und im Fließbettkühler Wärme übertragen.

In der Brennkammer darf dann keine Wärme mehr abgeführt werden, um die Temperaturen einhalten zu können.

Je größer der Heizwert ist, desto größer ist das erforderliche Massenstromverhältnis, bei dem keine Wärme mehr aus der Brennkammer abgeführt werden darf.

Liegt eine Temperaturzunahme zwischen Anströmboden und Zyklon vor, so wird durch den zirkulierenden Feststoffmassenstrom der Bilanzraum 2 gekühlt. "Kalter" Feststoff wird aus dem Bilanzraum 1 in den Bilanzraum 2 transportiert. In Bilanzraum 2 wird der Feststoff aufgeheizt. Dadurch wird Wärme an den zirkulierenden Feststoff übertragen, die deshalb in der Brennkammer nicht mehr für die Übertragung an den Wasser-Dampf-Kreislauf zur Verfügung steht. Dem "heißen", den Bilanzraum 2 verlassenden Feststoffmassenstrom muß dann im Fließbettkühler ein erhöhter Wärmestrom entzogen werden, damit die Temperaturen in der Wirbelbrennkammer eingehalten werden können.

Zur Einhaltung der Temperaturen in der Wirbelbrennkammer ist - abhängig vom Heizwert - ein bestimmtes Massenstromverhältnis erforderlich. Dies bedeutet, daß bei einem vorgegebenen Brennstoffmassenstrom ein bestimmter, minimaler, zirkulierender Feststoffmassenstrom notwendig ist, um einen ausreichend großen Wärmestrom aus der Brennkammer in den Fließbettkühler zu transportieren, damit die vorgegebene Temperaturzunahme in der Brennkammer eingehalten wird.

Wie aus dem Vergleich der Bilder 13.2 und 13.3 zu entnehmen, ist nur bei einem Temperaturabfall in der Brennkammer

$$T_1 - T_2 > 0 \qquad (13.4)$$

und bei einem ausreichend großen, zirkulierenden Feststoffmassenstrom, der vom Heizwert des Brennstoffes abhängt, auf einen Fließbettkühler zu verzichten. Liegt hingegen eine Temperaturzunahme in der Wirbelbrennkammer vor, so wird ein Fließbettkühler benötigt.

13.3 Einfluß der Temperaturdifferenz in der Brennkammer auf die notwendige Feststoffzirkulation

In den Bildern 13.1, 13.2 und 13.3 ist der Einfluß des Heizwertes auf die in den einzelnen Anlagenteilen der zirkulierenden Wirbelschichtfeuerung an den Wasser-Dampf-Kreislauf zu übertragenden Wärmeströme dargestellt. Die Temperaturen in der Wirbelbrennkammer sind hierbei konstant gehalten worden.

Hält man nun den Heizwert des Brennstoffes konstant, so kann mit denselben Gleichungen der Einfluß der Temperaturdifferenz in der Brennkammer auf den zirkulierenden Feststoffmassenstrom - im Verhältnis zum zugeführten Brennstoffmassenstrom - und auf die aus der zirkulierenden Wirbelschichtfeuerung abzuführenden Wärmeströme graphisch dargestellt werden. Die entsprechenden Rechnungen wurden für einen Heizwert von 12,4 MJ/kg (Bild 13.4) und 28,8 MJ/kg (Bild 13.5) durchgeführt.

Auf der Ordinate ist das Massenstromverhältnis - zirkulierender Feststoffmassenstrom zu Brennstoffmassenstrom - und auf der Abszisse die Temperaturdifferenz in der Brennkammer dargestellt. Als zusätzlicher Abszissenmaßstab ist in den Bildern der Anteil des insgesamt an den Wasser-Dampf-Kreislauf übertragenen Wärmestromes, der in den Nachschaltheizflächen abgeführt wird, eingezeichnet. Der entsprechende Anteil des Wärmestromes, der im Fließbettkühler übertragen wird, ist Parameter (ausgezogene Kurven).

Aus den Bildern 13.4 und 13.5 können für alle Bauarten von zirkulierenden Wirbelschichtfeuerungen (Kap. 11.5.1, 11.5.2, 11.5.3) der notwendige, zirkulierende Feststoffmassenstrom - bezogen auf den eingebrachten Brennstoffmassenstrom - bei einer vorgegebenen Temperaturdifferenz in der Brennkammer entnommen werden.

Die Arbeitspunkte für zirkulierende Wirbelschichtfeuerungen ohne Fließbettkühler befinden sich auf der Kurve $\dot{Q}_{FBK}/\dot{Q}_{ges}$ = 0. Derartige Feuerungen können nur bei einer Temperaturabnahme in der Brennkammer eingesetzt werden. Wird eine geringe Temperaturdifferenz in der Brennkammer angestrebt, so ist hierfür ein relativ großer, zirkulierender Feststoffmassenstrom erforderlich [66] (Bild 13.4 und 13.5). Ein nicht unerheblicher Anteil der freigesetzten Wärme muß in den Nachschaltheizflächen an den Wasser-Dampf-Kreislauf übertragen werden. Je größer der Heizwert des Brennstoffes ist, desto größer ist der erforderliche, zirkulierende Feststoffmassenstrom und desto kleiner ist der Anteil des Wärmestromes am insgesamt zu übertragenden Wärmestrom, welcher an den Nachschaltheizflächen abgeführt werden muß, um eine bestimmte Temperaturdifferenz in der Brennkammer aufrechterhalten zu können.

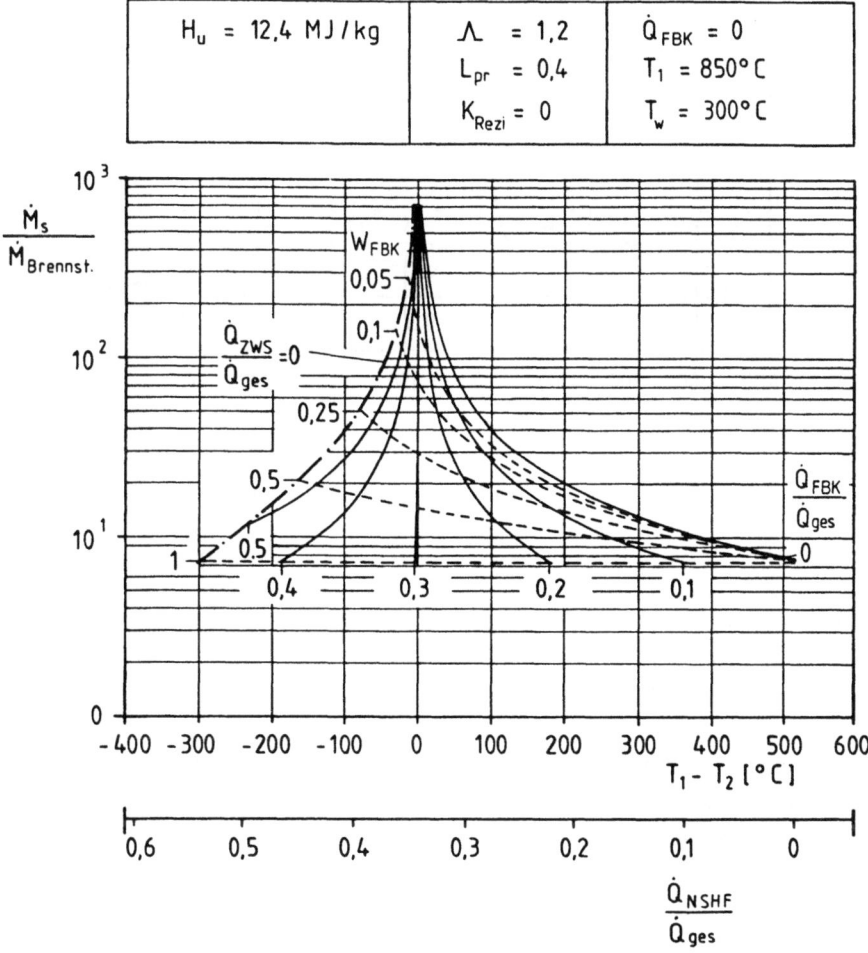

Bild 13.4: Zirkulierender Feststoffmassenstrom und abzuführende Wärmeströme in Abhängigkeit von der Temperaturdifferenz in der Wirbelbrennkammer

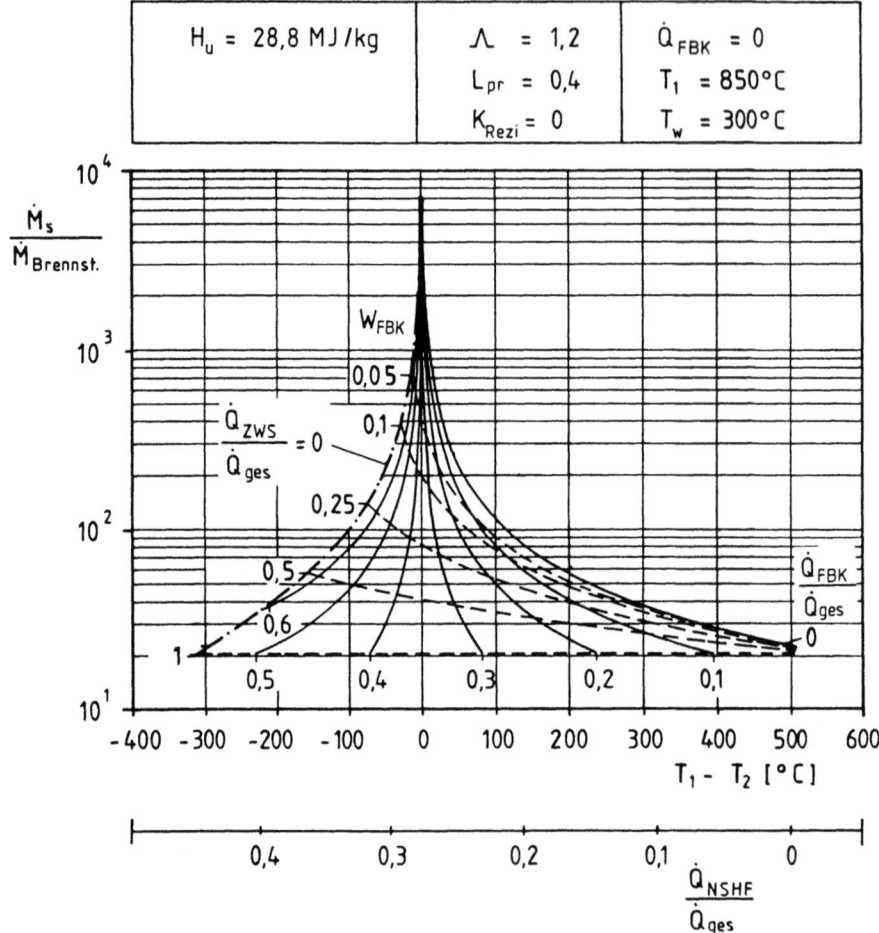

Bild 13.5: Zirkulierender Feststoffmassenstrom und abzuführende Wärmeströme in Abhängigkeit von der Temperaturdifferenz in der Wirbelbrennkammer

Liegt in der Brennkammer eine große Temperaturdifferenz vor, z.B. 450°C bei der Cirofluidfeuerung von BABCOCK, so kann praktisch keine Wärme in Nachschaltheizflächen an den Wasser-Dampf-Kreislauf übertragen werden. Der zirkulierende Feststoffmassenstrom beträgt für diese zirkulierende Wirbelschichtfeuerung ca. das 10-fache bei einem kleinen Heizwert (Bild 13.4) bzw. das 20-fache bei einem großen Heizwert (Bild 13.5) des zugeführten Brennstoffmassenstromes [52].

Die maximale Temperaturdifferenz, die in der Brennkammer eingestellt werden kann, liegt dann vor, wenn keine Wärme mehr in den Nachschaltheizflächen an den Wasser-Dampf-Kreislauf übertragen werden kann, d.h. wenn gilt $\dot{Q}_{NSHF}/\dot{Q}_{ges} = 0$.

In zirkulierenden Wirbelschichtfeuerungen mit Fließbettkühler ist zum Aufrechterhalten einer bestimmten Temperaturdifferenz in der Wirbelbrennkammer - abhängig von dem im Fließbettkühler übertragenen Wärmestrom - ein geringerer, zirkulierender Feststoffmassenstrom erforderlich, als in Feuerungen ohne Fließbettkühler. Liegt in der Brennkammer ein Temperaturabfall vor, so ist mit zunehmender Wärmeabfuhr im Fließbettkühler ein geringerer, zirkulierender Feststoffmassenstrom zur Einhaltung der Brennkammertemperaturen erforderlich (Kap. 13.2). Findet in der Brennkammer zwischen Anströmboden und Zyklon eine Temperaturzunahme statt, so ist - wie in Kap. 13.2 erläutert - mit zunehmender Wärmeabfuhr im Fließbettkühler ein erhöhter zirkulierender Feststoffmassenstrom erforderlich, um das Temperaturgefälle einhalten zu können. Die maximale Wärmeabfuhr im Fließbettkühler ist dann erreicht, wenn in der Brennkammer keine Wärme abgeführt wird. Die entsprechenden Arbeitspunkte liegen auf der strichpunktiert eingezeichneten Grenzkurve $\dot{Q}_{ZWS}/\dot{Q}_{ges} = 0$ in den Bildern 13.4 und 13.5.

Die geringste Temperatur, auf die der zirkulierende Feststoff im Fließbettkühler abgekühlt werden kann, wird erreicht, wenn der Fließbettkühler als Verdampfer geschaltet wird. Die minimale Feststofftemperatur ist dann gleich der Siedetemperatur des Wassers. Beim Vorliegen dieses Grenzfalles darf nur ein bestimmter minimaler Anteil des zirkulierenden Feststoffmassenstromes w_{FBK} über den Fließbettkühler geführt werden, um dort die angestrebte Wärmeabfuhr sicherzustellen und damit die gewünschten Brennkammertemperaturen einhalten zu können. Wird der über den Fließbettkühler geführte Feststoff n i c h t bis auf die Siedetemperatur des Wassers abgekühlt, so muß - um den gleichen Feuerungszustand aufrechterhalten zu können - ein größerer Anteil des zirkulierenden Feststoffmassenstromes durch den Fließbettkühler geleitet werden. In den Bildern 13.4 und 13.5 sind Kurven für den minimalen Anteil des zirkulierenden Feststoffmassenstromes, der über den Fließbettkühler zu führen ist, eingezeichnet. Der Feststoff im Fließbettkühler wird hierbei bis auf die Siedetemperatur des Wassers abgekühlt. Eine Grenze für den aus dem Fließbettkühler abzuführenden Wärmestrom ist dann erreicht, wenn der gesamte, zirkulierende Feststoffmassenstrom über den Fließbettkühler geführt (w_{FBK} = 1) und der Feststoff bis auf die Siedetemperatur des Wassers abgekühlt wird. Man erhält dann den minimalen, zirkulierenden Feststoffmassenstrom, der zur Einstellung einer bestimmten Temperaturdifferenz in der Brennkammer aus dieser ausgetragen werden muß.

Das Arbeitsgebiet zirkulierender Wirbelschichtfeuerungen ist somit durch die Kurve $\dot{Q}_{FBK}/\dot{Q}_{ges}$ = 0 - keine Wärmeauskopplung im Fließbettkühler -, die Kurve $\dot{Q}_{ZWS}/\dot{Q}_{ges}$ = 0 - Wärmeabfuhr nur in den Nachschaltheizflächen und im Fließbettkühler, keine Wärmeabfuhr aus der Brennkammer - sowie durch die Kurve w_{FBK} = 1 - der gesamte zirkulierende Feststoffmassenstrom wird über den Fließbettkühler geführt und bis auf Siedetemperatur des Wassers gekühlt - begrenzt. Das Verhalten von zirkulierenden Wirbelschichten ohne Fließbettkühler wird durch die Kurve $\dot{Q}_{FBK}/\dot{Q}_{ges}$ = 0 - keine Wärmeabfuhr aus dem Fließbettkühler - festgelegt.

Wie aus dem Vergleich der Bilder 13.4 und 13.5 hervorgeht, ist zum Einstellen eines bestimmten Zustandes der zirkulierenden Wirbelschichtfeuerung bei heizwertreichen Brennstoffen ein - bezogen auf den eingebrachten Brennstoffmassenstrom - größerer, zirkulierender Feststoffmassenstrom erforderlich, als bei heizwertarmen Brennstoffen.

14 Wärmetechnisches Zustandsdiagramm von zirkulierenden Wirbelschichtfeuerungen

Für die Auslegung und den Betrieb von zirkulierenden Wirbelschichtfeuerungen ist neben dem Vollastpunkt auch das Teillastverhalten von Interesse. Hierbei ist insbesondere von Bedeutung, wie groß der zirkulierende Feststoffmassenstrom in Abhängigkeit vom Lastzustand und den angestrebten Wasser-Dampf-Parametern sein muß. Als Randbedingung ist zu beachten, daß die Größe der Wärmetauscherflächen in den einzelnen Anlagenteilen einer zirkulierenden Wirbelschicht über der Last nicht geändert wird - es sei denn, einzelne Wärmetauscherflächen (z.B. Überhitzerflächen) würden aus dem Wasser-Dampf-Kreislauf genommen, was jedoch i.a. nicht der Fall ist. Ist - wie in Kap. 12 erläutert - der Wärmeübergang unabhängig vom Lastzustand, ist eine direkte Abhängigkeit zwischen dem an einer Wärmetauscherfläche übertragenen Wärmestrom und dem treibenden Temperaturgefälle zwischen der Gas-Feststoff- und der Wasser-Dampf-Seite vorhanden. Änderungen, z.B. der Brennkammertemperatur, haben somit direkt Auswirkungen auf den aus diesem Teil der zirkulierenden Wirbelschicht an das Wasser-Dampf-System übertragbaren Wärmestrom. Welche Rolle hierbei der zirkulierende Feststoffmassenstrom spielt und welche Forderungen damit an den strömungsmechanischen Zustand der zirkulierenden Wirbelschicht gestellt werden, ist Gegenstand dieses Kapitels.

Hierzu werden mit den Gleichungen (12.45), (12.55), (12.56), (12.64), (12.66), (12.78), sowie mit einer der Gleichungen (12.68), (12.73) und (12.76), je nachdem, welche der Ungleichungen (12.71), (12.72), (12.75) gültig ist, sog. wärmetechnische Zustandsdiagramme zirkulierender Wirbelschichtfeuerungen berechnet, mit deren Hilfe der zur Einhaltung von vorgegebenen Wasser-Dampf-Parametern notwendige, zirkulierende Feststoffmassenstrom in Abhängigkeit von der Last und bestimmten feuerungstechnischen Maßnahmen entnommen werden kann.

Der Lastzustand einer zirkulierenden Wirbelschichtfeuerung wird durch den an den Wasser-Dampf-Kreislauf übertragenen Wärmestrom (12.78) festgelegt. Entsprechend Gleichung (12.64) ist damit der dimensionslose Rauchgasmassenstrom bzw. die dimensionslose Rauchgasgeschwindigkeit in Bilanzraum 2 ein Maß für den Lastzustand der zirkulierenden Wirbelschichtfeuerung. Wo nicht anders erwähnt, wird auch in diesem Kapitel von den gleichen Temperaturen und Stoffwerten, die in Kap. 13.1 aufgelistet sind, ausgegangen.

14.1 Einfluß der Apparatekennziffer der Wirbelbrennkammer

Die Apparatekennziffer der Wirbelbrennkammer (12.70) ist im wesentlichen ein Maß für den Wärmeübergangskoeffizienten in diesem Teil der zirkulierenden Wirbelschichtfeuerung und für das Verhältnis von Wärmetauscher- zu Brennkammerquerschnittsfläche. Da sich der Wärmeübergangskoeffizient nicht um Größenordnungen ändern kann, gibt die Apparatekennziffer der Wirbelbrennkammer praktisch den Einfluß des zuletzt genannten Flächenverhältnisses wieder.

In Bild 14.1 ist die Abhängigkeit des zirkulierenden Feststoffmassenstromes - in dimensionsloser Form - in Abhängigkeit vom Rauchgasmassenstrom - ebenfalls in dimensionsloser Form - dargestellt. Parameter ist die Apparatekennziffer der Wirbelbrennkammer und die auf die Differenz zwischen der Temperatur in Bilanzraum 1 und der Siedetemperatur des Wassers bezogene Temperaturdifferenz in der Wirbelbrennkammer

$$\frac{T_1 - T_2}{T_1 - T_w} \,. \tag{14.1}$$

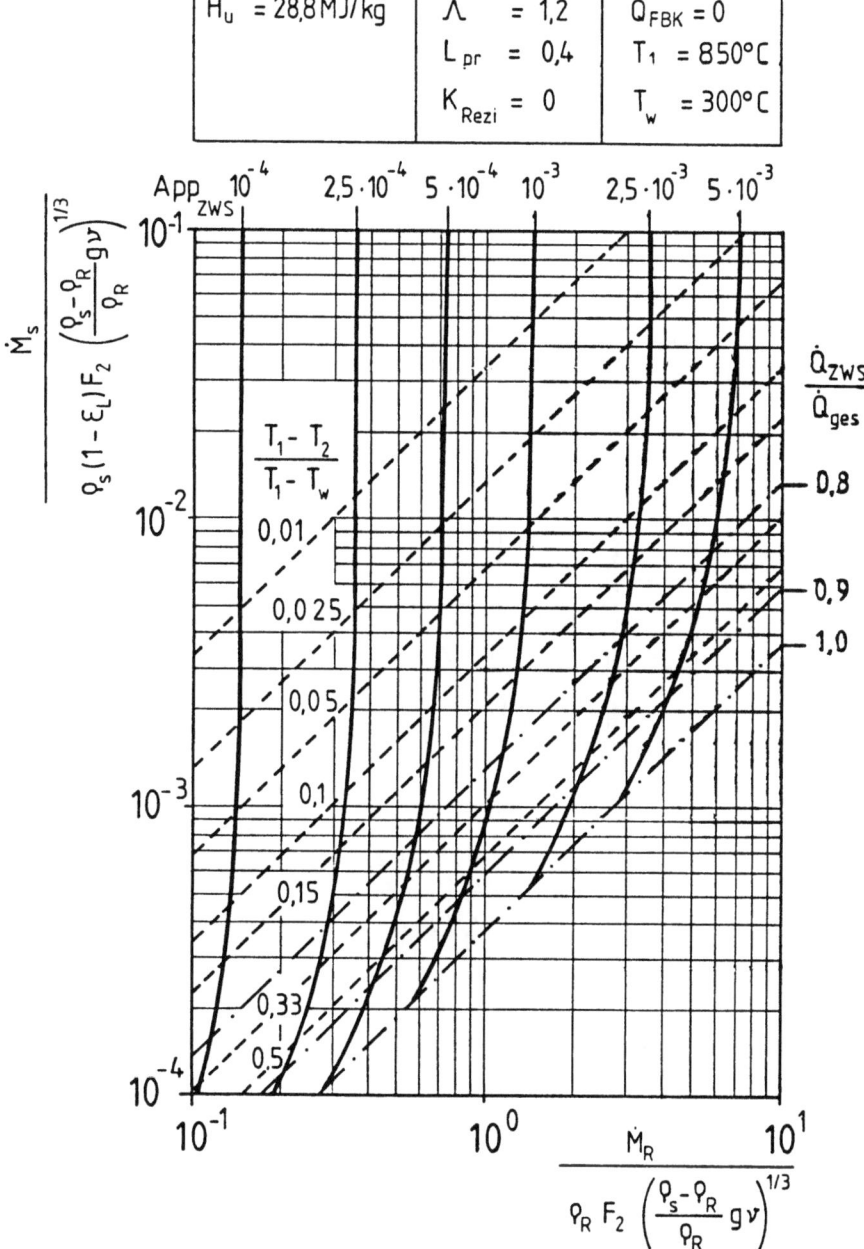

Bild 14.1: Zirkulierender Feststoffmassenstrom in Abhängigkeit vom Rauchgasdurchsatz für unterschiedliche Apparatekennziffer der Brennkammer

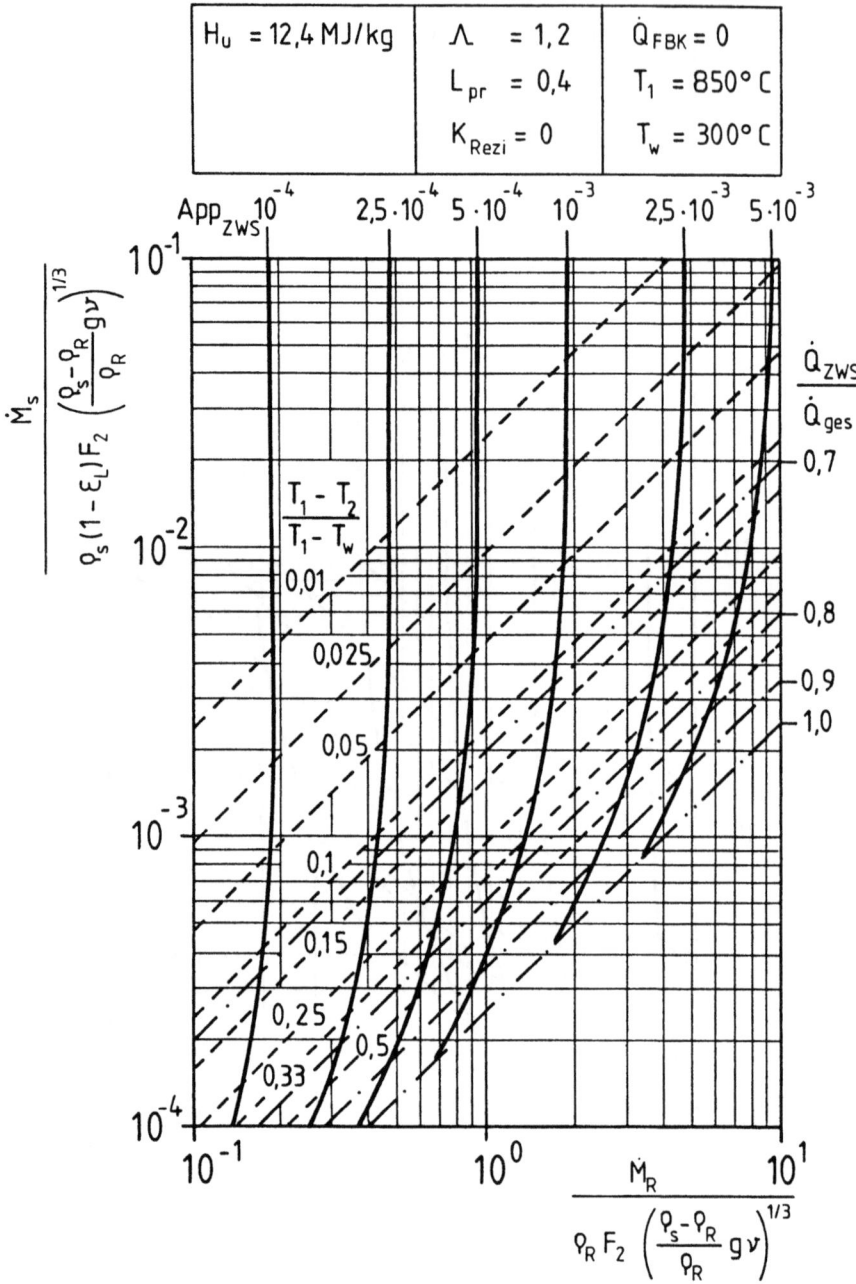

Bild 14.2: Zirkulierender Feststoffmassenstrom in Abhängigkeit vom Rauchgasdurchsatz für unterschiedliche Apparatekennziffern der Brennkammer

Bei den Berechnungen wurde davon ausgegangen, daß kein Fließbettkühler vorliegt. Die Kurven für die einzelnen Apparatekennziffern weisen eine Polstelle auf. Dies bedeutet, daß bei einer gegebenen Konfiguration der Wirbelbrennkammer und gegebenen feuerungstechnischen Randbedingungen - insbesondere konstanter Temperatur T_1 - der Rauchgasdurchsatz begrenzt ist und damit eine bestimmte maximale Wärmefreisetzung, d.h. eine bestimmte maximale Last der zirkulierenden Wirbelschichtfeuerung, nicht überschritten werden kann. Die maximale Last der Anlage wird dann erreicht, wenn keine Temperaturdifferenz in der Wirbelbrennkammer auftritt. Je größer die Apparatekennziffer, desto größer ist die mögliche Wärmefreisetzung.

Ist die Wirbelbrennkammer als Verdampfer geschaltet, so kann die Gas-Feststoff-Strömung maximal bis auf die Siedetemperatur des Wassers abgekühlt werden $T_2 = T_W$ und die Temperaturkennziffer (14.1) kann maximal den Wert Eins annehmen. Diese maximale Temperaturdifferenz kann jedoch nur dann erreicht werden, wenn noch in den Nachschaltheizflächen Wärme an den Wasser-Dampf-Kreislauf übertragen wird. Wird hingegen bei Temperaturen $T_2 > T_W$ der gesamte an den Wasser-Dampf-Kreislauf zu übertragende Wärmestrom aus der Brennkammer ausgekoppelt, so liegt eine Begrenzung für die maximale Temperaturkennziffer (14.1) auf Werte kleiner Eins vor.

Wird bei einer gegebenen Apparatekennziffer der Wirbelbrennkammer - vom maximal durchsetzbaren Rauchgasmassenstrom ausgehend - der Rauchgasmassenstrom verringert, so ist damit zunächst eine starke Reduzierung des zirkulierenden Feststoffmassenstromes verbunden. Bei kleineren Rauchgasmassenströmen, d.h. kleineren Lastzuständen, ändern sich die Verhältnisse. Damit die Temperatur unmittelbar oberhalb des Anströmbodens weiterhin konstant 850°C bleibt, muß dann bei Reduzierung der Last eine wesentlich kleinere Verringerung des zirkulierenden Feststoffmassenstromes realisiert werden.

Bei Brennstoffen mit einem geringen Heizwert (Bild 14.2) sind im Vergleich zu Brennstoffen mit einem größeren Heizwert (Bild 14.1) die Kurven für konstante Temperaturdifferenzen in der Brennkammer zu kleineren zirkulierenden Feststoffmassenströmen und die Kurven für konstante Apparatekennziffern zu größeren

Rauchgasdurchsätzen bzw. kleineren zirkulierenden Feststoffmassenströmen hin verschoben. Die Ursache hierfür liegt darin, daß bei gleicher Wärmefreisetzung bei Brennstoffen mit einem geringen Heizwert ein größerer Rauchgasmassenstrom vorhanden ist. Hierdurch wird vom Gas ein größerer Wärmestrom transportiert als, bei der Verbrennung von Brennstoffen mit einem großen Heizwert. Somit muß weniger Feststoff als Wärmeträger zirkuliert werden, um dieselben Temperaturen in der Brennkammer einzustellen.

14.2 Einfluß des Luftüberschusses

Der Luftüberschuß kann als Regelgröße zum Einstellen eines bestimmten Betriebspunktes des Dampferzeugers verwendet werden. Inwieweit der Luftüberschuß sich auf den benötigten, zirkulierenden Feststoffmassenstrom in Abhängigkeit vom eingestellten Rauchgasmassenstrom auswirkt, ist in Bild 14.3 dargestellt. Zusätzlich sind in dieser Abbildung Kurven für konstante Temperaturdifferenzen in der Brennkammer und Kurven für konstante relative Anteile des in der Brennkammer angekoppelten Wärmestromes am insgesamt an den Wasser-Dampf-Kreislauf übertragenen Wärmestrom eingezeichnet.

Um in einer bestimmten zirkulierenden Wirbelschichtfeuerung, d.h. bei einer konstanten Apparatekennziffer der Brennkammer, mit zunehmendem Luftüberschuß eine konstante Temperaturdifferenz aufrechterhalten zu können, muß der zirkulierende Feststoffmassenstrom erhöht werden. Die Kurven für die einzelnen Luftüberschußzahlen enden zu kleinen Rauchgasdurchsätzen hin an der Kurve, bei der in der Brennkammer der gesamte durch die Verbrennung freigesetzte Wärmestrom an den Wasser-Dampf-Kreislauf übertragen wird, wodurch keine Wärme in den Nachschaltheizflächen an den Wasser-Dampf-Kreislauf abgeführt werden kann .

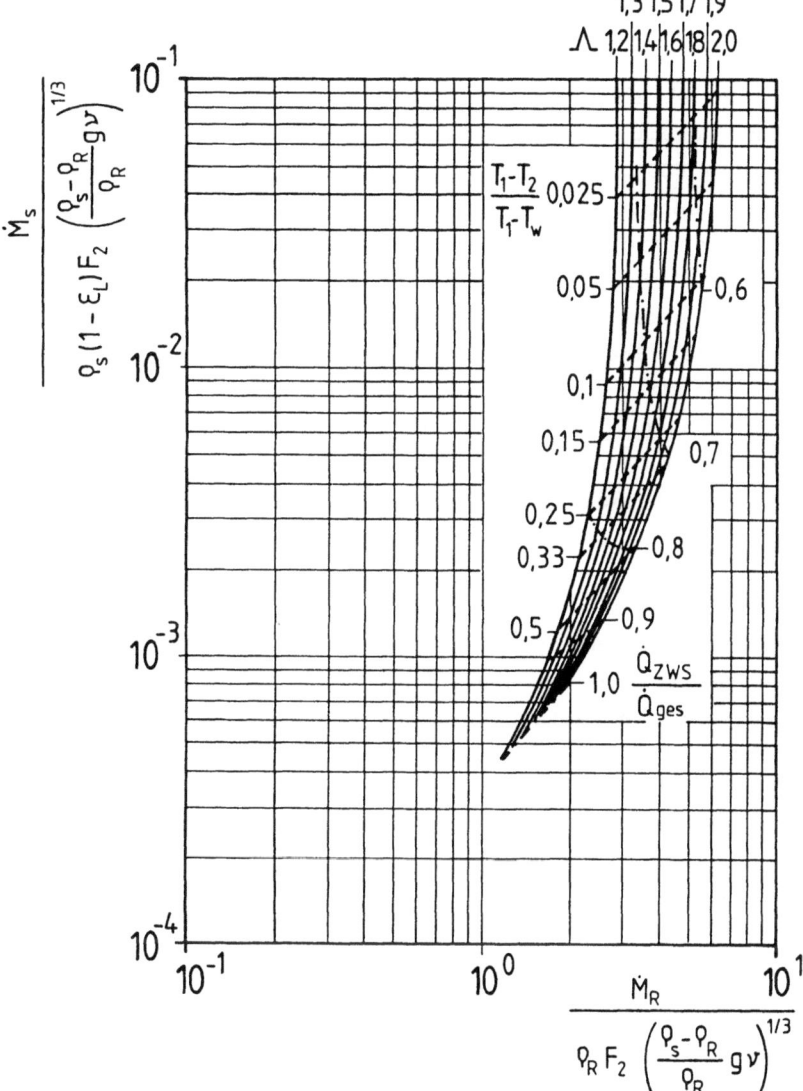

Bild 14.3: Zirkulierender Feststoffmassenstrom in Abhängigkeit vom Rauchgasdurchsatz mit dem Luftüberschuß als Parameter

Ähnliche Kurvenverläufe erhält man auch für andere Randbedingungen der zirkulierenden Wirbelschichtfeuerung, wie z.B. erhöhter Primärluftanteil oder geringere Temperatur im unteren Teil der Brennkammer.

14.3 Einfluß des Primärluftverhältnisses

Zur Steuerung der Lastregelung und der Emissionen kann das Primärluftverhältnis, d.h. das Verhältnis von Primärluftmassenstrom zu Gesamtluftmassenstrom in bestimmten Bereichen variiert werden [59]. Für eine zirkulierende Wirbelschichtfeuerung ohne Fließbettkühler ist in Bild 14.4 der zirkulierende Feststoffmassenstrom in Abhängigkeit vom Rauchgasmassenstrom mit dem Primärluftverhältnis als Parameter dargestellt. Wiederum sind in diesem Bild Kurven für konstante Temperaturdifferenzen in der Brennkammer und Kurven für konstante Wärmestromverhältnisse eingezeichnet. Zu kleinen Rauchgasdurchsätzen hin enden die Kurven für konstante Primärluftverhältnisse wieder, wenn der gesamte an den Wasser-Dampf-Kreislauf übertragene Wärmestrom aus der Brennkammer abgeführt wird.

Deutlich zu erkennen ist, daß das Primärluftverhältnis vor allem bei kleinen Rauchgasdurchsätzen - d.h. bei kleinen Lastzuständen - einen nicht unerheblichen Einfluß auf den notwendigen, zirkulierenden Feststoffmassenstrom ausübt. Je größer das Primärluftverhältnis ist, desto größer muß bei konstant gehaltener Last - d.h. konstant gehaltenem Rauchgasmassenstrom - der zirkulierende Feststoffmassenstrom sein, um die Temperatur in der Brennkammer konstant zu halten. Die Ursache liegt in dem Umstand begründet, daß mit zunehmendem Primärluftverhältnis im oberen Teil der Brennkammer - im Bilanzraum 2 - durch Verbrennung weniger Wärme freigesetzt wird und deshalb zur Aufrechterhaltung der Brennkammertemperaturen mit dem zirkulierenden Feststoffmassenstrom Wärme aus dem unteren Teil der Brennkammer, dem Bilanzraum 1, in den oberen Teil der Brennkammer, dem Bilanzraum 2, transportiert werden muß.

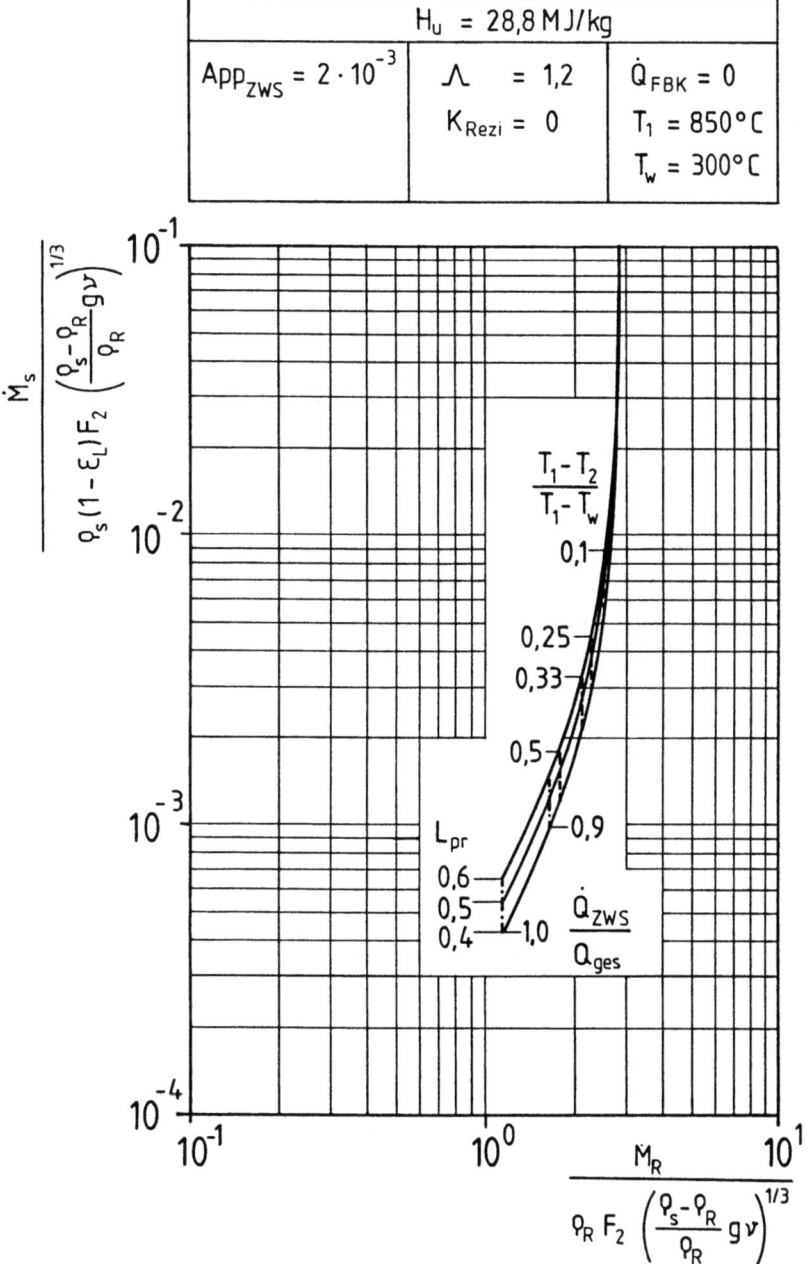

Bild 14.4: Zirkulierender Feststoffmassenstrom in Abhängigkeit vom Rauchgasdurchsatz mit dem Primärluftverhältnis als Parameter

14.4 Einfluß der Rauchgasrezirkulation

Zur Teillastregelung von Dampferzeugern mit zirkulierender Wirbelschichtfeuerung kann eine Rezirkulation von Rauchgas eingesetzt werden [71]. Der rückgeführte Rauchgasmassenstrom kann dabei sowohl in den unteren Teil der Brennkammer - Bilanzraum 1 - als auch in den oberen Teil der Brennkammer - Bilanzraum 2 - oder aufgeteilt auf die beiden Brennkammerbereiche in die zirkulierende Wirbelschicht eingeblasen werden.

Für den Fall, daß das rezirkulierte Rauchgas sekundärseitig, d.h. in den Bilanzraum 2, eingeblasen wird, ist in Bild 14.5 der zirkulierende Feststoffmassenstrom in Abhängigkeit vom Rauchgasmassenstrom in Bilanzraum 2 dargestellt. Parameter ist das Rezirkulationsverhältnis. Es gibt an, wie groß der rezirkulierte Rauchgasmassenstrom im Verhältnis zum durch die Verbrennung entstandenen Rauchgasmassenstrom ist. Zusätzlich sind wieder Kurven für konstante Temperaturdifferenzen in der Brennkammer - in dimensionsloser Form - und das Verhältnis von dem in der Brennkammer übertragenen Wärmestrom zum insgesamt an den Wasser-Dampf-Kreislauf übertragenen Wärmestrom eingezeichnet.

Die Auswirkung einer Rauchgasrezirkulation auf den bei einem bestimmten Rauchgasmassenstrom in der Brennkammer erforderlichen, zirkulierenden Feststoffmassenstrom - um die Temperatur im unteren Teil der Brennkammer konstant halten zu können - ist ähnlich der bei Erhöhung des Luftüberschusses (Bild 14.3). Bei konstant gehaltenem Rauchgasmassenstrom am Ausgang der Brennkammer nimmt mit Erhöhung des rezirkulierten Rauchgasmassenstromes der durch Verbrennung entstandene Rauchgasmassenstrom ab. Dies kann nur dadurch erreicht werden, daß weniger Brennstoff in die Anlage eingebracht wird. Die Folge ist, daß die Last der zirkulierenden Wirbelschichtfeuerung reduziert wird. Damit verbunden ist eine Reduzierung des zirkulierenden Feststoffmassenstromes, um nicht zuviel Wärme aus dem unteren Teil der Brennkammer zu transportieren.

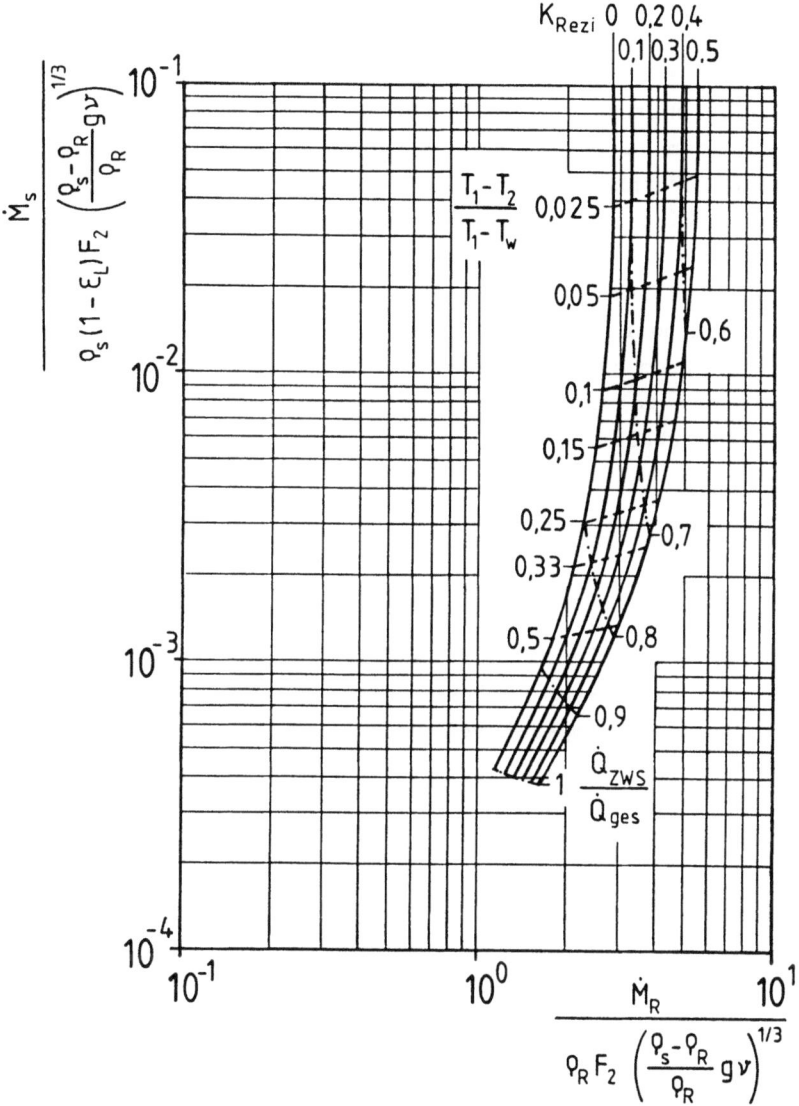

Bild 14.5: Zirkulierender Feststoffmassenstrom in Abhängigkeit vom Rauchgasmassenstrom mit dem Rauchgasrezirkulationsverhältnis als Parameter

Die Kurven für die einzelnen Rauchgasrezirkulationsverhältnisse enden bei kleinen Rauchgasdurchsätzen wieder bei der strichpunktierten Grenzkurve, die angibt, daß der gesamte an das Wasser-Dampf-System übertragene Wärmestrom in der Brennkammer ausgekoppelt wird.

Wirtschaftlich vertretbar sind i.a. nur Rauchgasrezirkulationsverhältnisse bis ca. 0,3. Bis zu diesen Verhältnissen hat der Ort, an dem das rezirkulierte Rauchgas in die zirkulierende Wirbelschichtfeuerung eingeblasen wird, praktisch keinen Einfluß auf den zur Aufrechterhaltung der Temperatur im unteren Teil der Brennkammer benötigten, zirkulierenden Feststoffmassenstrom. Wird allerdings ein erhöhter Anteil des rezirkulierten Rauchgases primärseitig aufgegeben, so äußert sich dies darin, daß das Temperaturgefälle in der Brennkammer kleiner wird. Sekundärseitig zugeführtes, rezirkuliertes Rauchgas bewirkt vor allem einen "Kühleffekt" im oberen Teil der Brennkammer mit der Folge, daß sich eine größere Temperaturdifferenz in der Wirbelbrennkammer einstellt.

14.5 Einfluß der Temperatur im unteren Teil der Brennkammer

Das optimale Temperaturfenster für die Einbindung des Brennstoffschwefels in die Wirbelschichtasche ist sehr schmal und liegt bei ca. 850 - 870°C (Kap. 11.4). Daneben bewirkt die Einhaltung dieser Temperaturen im unteren Teil der Brennkammer, daß auch die Emission an Stickoxiden relativ gering ist. Es sollte deshalb - auch bei Teillast - immer versucht werden, ca. 850°C im unteren Teil der Brennkammer einzustellen. Dennoch ist es manchmal aus Gründen der Lastregelung unvermeidlich, die Temperatur im unteren Bereich der Brennkammer über 850°C anzuheben oder eine geringere Temperatur einzustellen. In Bild 14.6 ist der Einfluß dieser Temperatur auf den zirkulierenden Feststoffmassenstrom bei konstant gehaltener Anlagengeometrie dargestellt.

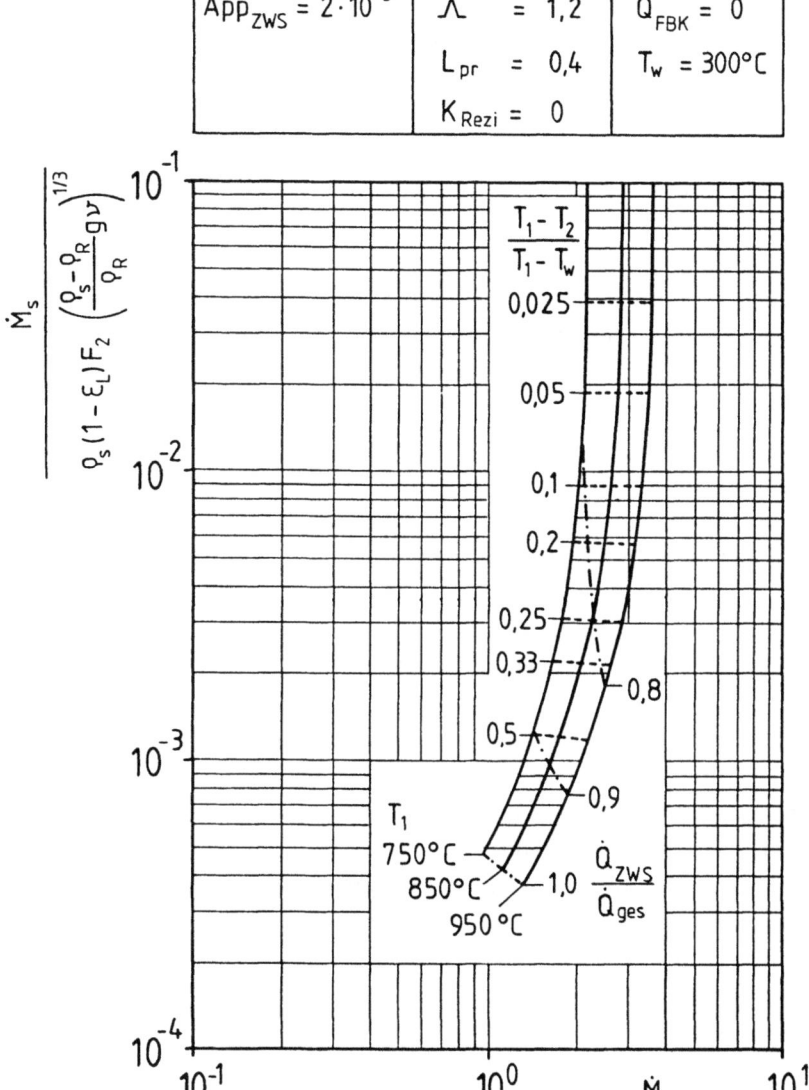

Bild 14.6: Zirkulierender Feststoffmassenstrom in Abhängigkeit vom Rauchgasmassenstrom mit der Temperatur im unteren Teil der Brennkammer als Parameter

Bei konstant gehaltenem Rauchgasmassenstrom muß umso weniger Feststoff zirkuliert werden, je höher die Temperatur im unteren Brennkammerbereich ist. Im Vergleich zu einer niedrigen Temperatur wird bei einer höheren Temperatur bereits mit dem Rauchgas ein entsprechend großer Wärmestrom aus dem unteren Teil der Brennkammer transportiert. Es wird deshalb nur noch ein relativ kleiner, zirkulierender Feststoffmassenstrom benötigt, um die angestrebte Temperatur in diesem Teil der Brennkammer aufrechterhalten zu können.

In diesem Diagramm sind wiederum Kurven für konstante Temperaturdifferenzen in der Brennkammer und für konstante Verhältnisse von aus der Brennkammer ausgekoppeltem Wärmestrom zum insgesamt an den Wasser-Dampf-Kreislauf übertragenen Wärmestrom dargestellt.

14.6 Einfluß des Fließbettkühlers

Zirkulierende Wirbelschichtfeuerungen können auch mit einem extern angeordneten Fließbettkühler betrieben werden (Bild 11.1). In Bild 14.7 ist das wärmetechnische Zustandsdiagramm einer zirkulierenden Wirbelschichtfeuerung mit der Apparatekennziffer der Brennkammer von 0,0006 und der Apparatekennziffer des Fließbettkühlers von 0,003 dargestellt. Parameter ist der Anteil des zirkulierenden Feststoffmassenstromes, der über den Fließbettkühler geführt wird. Zusätzlich sind in diesem Diagramm Kurven für konstante Temperaturdifferenzen in der Brennkammer, sowie für die Anteile des an den Wasser-Dampf-Kreislauf übertragenen Wärmestromes, der in der Brennkammer übertragen wird, eingezeichnet.

Wird kein Feststoff über den Fließbettkühler geführt, d.h. $w_{FBK} = 0$, dann wird auch keine Wärme im Fließbettkühler übertragen. Die zugehörige Kurve für die notwendige Feststoffzirkulation zur Aufrechterhaltung einer Temperatur von 850°C im unteren Teil der Brennkammer ist dann gleich jener, wie man sie dem Bild 14.1 für zirkulierende Wirbelschichtfeuerungen ohne Fließbettkühler entnimmt. Erhöht man den Anteil des zirkulierenden Feststoffmassenstromes, der über den Fließbettkühler geführt wird, kann auch die Rauchgasmenge und damit die

Last der Anlage erhöht werden. Die maximale Last ist dann erreicht, wenn der gesamte, zirkulierende Feststoffmassenstrom über den Fließbettkühler geführt wird. Ab einem bestimmten Lastzustand, d.h. einem bestimmten Rauchgasmassenstrom kann in der Brennkammer eine Temperaturerhöhung auftreten. Dieses bereits in Kap. 13.2 erläutertes Phänomen ist eine ganz spezifische Eigenheit einer zirkulierenden Wirbelschichtfeuerung mit einem extern angeordneten Fließbettkühler. In Anlagen ohne Fließbettkühler kann zwar theoretisch auch eine derartige Temperaturerhöhung auftreten, die hierzu notwendigen Betriebseinstellungen (z.B. ein sehr kleines Primärluftverhältnis oder ein sehr großer Rauchgasmassenstrom, der primärseitig rezirkuliert wird), sind jedoch weit entfernt von jeglicher praktischer Relevanz.

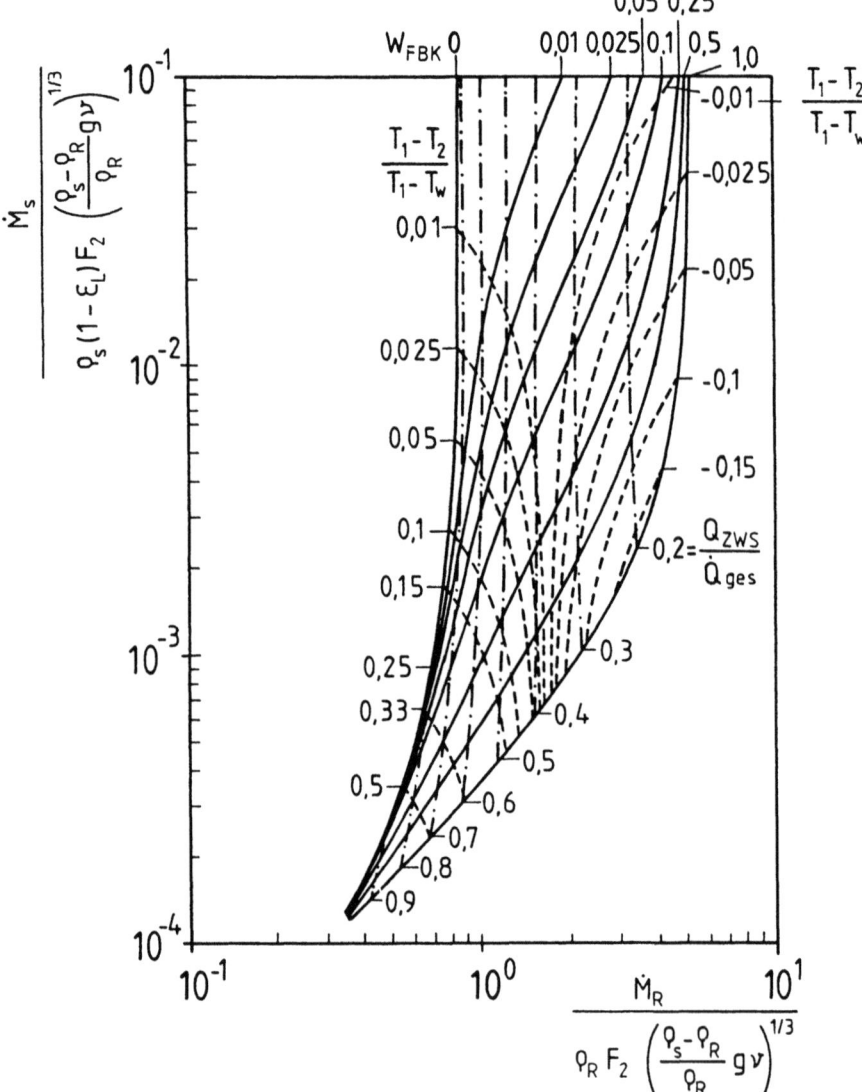

Bild 14.7: Zirkulierender Feststoffmassenstrom in Abhängigkeit vom Rauchgasmassenstrom und der Fahrweise eines extern angeordneten Fließbettkühlers

15 Strömungsmechanisches Zustandsdiagramm der zirkulierenden Wirbelschichtfeuerung

15.1 Strömungszustand in zirkulierenden Wirbelschichtfeuerungen

Zum Auffinden von Betriebszuständen zirkulierender Wirbelschichtfeuerungen muß neben dem wärmetechnischen Zustandsdiagramm auch das strömungsmechanische Zustandsdiagramm der Anlage bekannt sein.

In zirkulierenden Wirbelschichtfeuerungen wird die Verbrennungsluft i.a. gestuft zugeführt. Um die Leerrohrgasgeschwindigkeit über die gesamte Brennkammerhöhe möglichst konstant zu halten, liegt eine Zunahme der Wirbelschichtquerschnittsfläche zwischen Anströmboden und der Höhe der Sekundärlufteinblasstelle vor. Die Berechnung des Strömungszustandes von Wirbelschichten in Kap. 3 geht von einer konstanten Querschnittsfläche aus. Um dennoch das strömungsmechanische Modell der entmischten, vertikal-aufwärts gerichteten Gas-Feststoff-Strömung auch auf die Berechnung des Strömungszustandes zirkulierender Wirbelschichtfeuerungen anwenden zu können, muß die Geometrie dieser Feuerungen auf Abschnitte mit konstanten Querschnittsflächen zurückgeführt werden.

Der durch den primärseitig und den in der Nähe des Anströmbodens zugeführten Gasmassenstrom bedingte Rauchgasmassenstrom trägt aus der unmittelbar oberhalb des Anströmbodens befindlichen Feststoffschicht einen bestimmten Feststoffmassenstrom aus. Die deutlich oberhalb des Anströmbodens zugeführten Gasmassenströme bewirken lediglich ein "Verdünnen" der Gas-Feststoff-Strömung. Der aus dem unteren Bereich der zirkulierenden

Wirbelschichtfeuerung ausgetragene Feststoffmassenstrom wird auch durch den oberen Bereich der Brennkammer transportiert, solange dort die Sättigung des Rauchgases mit Feststoff nicht erreicht ist, solange also die Austragskurve (Kap. 5) nicht limitierend wirkt. Für die Berechnung des zirkulierenden Feststoffmassenstromes kann demnach die Geometrie der Brennkammer einer zirkulierenden Wirbelschichtfeuerung durch zwei Abschnitte mit jeweils konstanter Querschnittsfläche angenähert werden (Bild 15.1). Der obere Bereich umfaßt jenen Teil der zirkulierenden Wirbelschicht, in dem keine Erweiterung der Querschnittsfläche vorliegt. Die zugehörige Querschnittsfläche beträgt F_2. Sie ist somit gleich der Querschnittsfläche, die bei der wärmetechnischen Berechnung der zirkulierenden Wirbelschichtfeuerung (Kap. 12) dem Bilanzraum 2 zugrundegelegt wurde. Mit dem Rauchgasmassenstrom in diesem Teil der Anlage (12.16) ergibt sich für die dort vorliegende Rauchgasgeschwindigkeit

$$v_2 = \frac{\dot{M}_R}{\rho_R F_2} \, . \tag{15.1}$$

Welche Querschnittsfläche F_1 dem unteren Bereich der zirkulierenden Wirbelschichtfeuerung zugeordnet werden kann, hängt von der Konstruktion der Brennkammer - gestufte oder kontinuierliche Querschnittserweiterung - und der Lage der Gaszufuhrdüsen ab. Bei zirkulierenden Wirbelschichtfeuerungen mit kontinuierlicher Querschnittserweiterung kann man in der Regel für die Fläche F_1 jene Querschnittsfläche der Anlage einsetzen, die bei etwa einem Drittel der Höhe der Anlage, in der eine Querschnittserweiterung vorhanden ist, vorliegt. Die in diesem unteren Teil der Anlage vorhandene Rauchgasgeschwindigkeit v_1 ergibt sich dann aus dem durch die Querschnittsfläche F_1 tretenden Rauchgasmassenstrom, der Querschnittsfläche F_1 und der Rauchgasdichte.

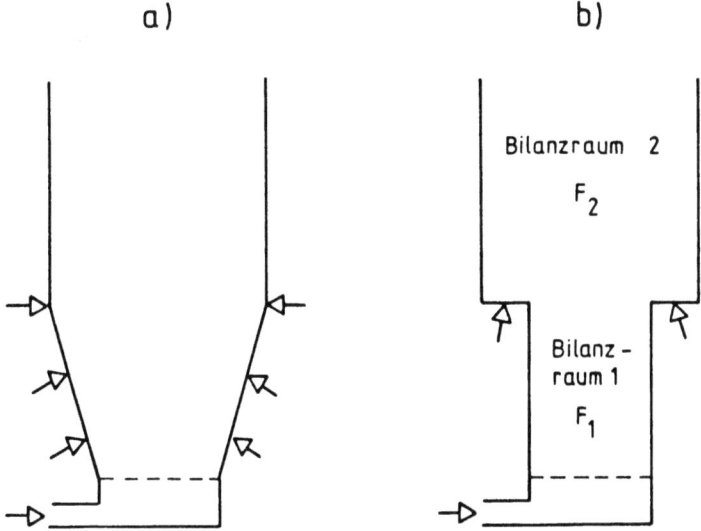

Bild 15.1: Brennkammergeometrie
a) technische Gestaltung
b) Modellierung für strömungsmechanische Auslegung

15.2 Feststoffaustrag aus zirkulierenden Wirbelschichtfeuerungen

Für den Fall, daß keine Begrenzung des Feststoffaustrages durch die in der Brennkammer vorhandene Feststoffmasse vorliegt, kann mit Bild 5.17 der aus dem unteren Bereich der zirkulierenden Wirbelschicht ausgetragene Feststoffmassenstrom berechnet werden.

Für einen bestimmten Lastzustand der zirkulierenden Wirbelschichtfeuerung - d.h. für einen bestimmten Brennstoffmassenstrom - erhält man mit der für den Feststoffaustrag charakteristischen Querschnittsfläche F_1 und dem durch diese Fläche tretenden Rauchgasmassenstrom die Leerrohrgasgeschwindigkeit im unteren Bereich der Brennkammer. Bei Berücksichtigung der dimensionslosen Form der Leerrohrgasgeschwindigkeit (5.15) kann man aus Bild 5.17 für eine bestimmte Archimedes-Zahl des in der Brennkammer vorliegenden Gas-Feststoff-Systems auf der Ordinate den zugehörigen, flächenbezogenen Feststoffaustrag in dimensionsloser Form ablesen. Mit der Querschnittsfläche F_1 erhält man schließlich den Feststoffmassenstrom, der aus dem unteren Bereich der zirkulierenden Wirbelschicht ausgetragen wird. Dieser Feststoffmassenstrom wird auch durch den oberen Bereich der Brennkammer transportiert, wenn der dort vorliegende Betriebspunkt rechts von der für die Archimedes-Zahl gültigen Austragskurve liegt. Zur Bestimmung dieses Betriebspunktes muß der ausgetragene Feststoffmassenstrom und der Rauchgasmassenstrom in diesem Bereich der Anlage (12.16) auf die Querschnittsfläche F_2 bezogen und entsprechend (5.15) und (5.16) dimensionslos gemacht werden. Liegt der Betriebspunkt links von der Austragskurve, so kann der aus dem unteren Bereich der Brennkammer ausgetragene Feststoffmassenstrom nicht vollständig durch den oberen Bereich transportiert werden. In diesem Fall wird der Feststoffaustrag durch den Strömungszustand im oberen Bereich der Brennkammer festgelegt und somit durch die Austragskurve bestimmt.

Für die später durchzuführende Diskussion des Betriebsverhaltens zirkulierender Wirbelschichtfeuerungen ist es hilfreich, die strömungsmechanisch bedingten Betriebspunkte in den beiden Brennkammerteilen in einem Diagramm darzustellen. Hierzu muß der im unteren Bereich der zirkulierenden Wirbelschichtfeuerung vorliegende Betriebspunkt in den sich im oberen Bereich einstellenden Betriebspunkt umgerechnet werden. Für die Rauchgasmassenströme bzw. Leerrohrgasgeschwindigkeiten in den beiden Anlagenbereichen ergibt sich bei dimensionsloser Schreibweise

$$\frac{\dot{M}_R}{\rho_R F_2 \left(\frac{\rho_s - \rho_R}{\rho_R} g \nu\right)^{1/3}} = \frac{1}{\text{Trimm}} \frac{v_1}{\left(\frac{\rho_s - \rho_R}{\rho_R} g \nu\right)^{1/3}} , \qquad (15.2)$$

wobei

$$\text{Trimm} = \frac{v_1}{v_2} \qquad (15.3)$$

das Verhältnis der Leerrohrrauchgasgeschwindigkeiten im unteren und oberen Bereich der zirkulierenden Wirbelschichtfeuerung darstellt. Zirkulierende Wirbelschichtfeuerungen werden immer so gebaut, daß das sog. Vertrimmungsverhältnis Trimm größer als Eins ist.

Der durch die beiden Brennkammerteile transportierte Feststoffmassenstrom ist konstant. Für die dimensionslose Form dieses Feststoffmassenstromes in den beiden Anlageteilen erhält man

$$\frac{\dot{M}_s}{\rho_s(1-\epsilon_L)F_2\left(\frac{\rho_s-\rho_R}{\rho_R}g\nu\right)^{1/3}} = \text{Geo}\ \frac{\dot{M}_s}{\rho_s(1-\epsilon_L)F_1\left(\frac{\rho_s-\rho_R}{\rho_R}g\nu\right)^{1/3}} \quad (15.4)$$

mit

$$\text{Geo} = \frac{F_1}{F_2} \quad (15.5)$$

dem sog. Geometrieverhältnis der zirkulierenden Wirbelschichtfeuerung. Typischerweise haben die zirkulierenden Wirbelschichtfeuerungen Geometrieverhältnisse kleiner als Eins.

Mit den Gleichungen (15.2) und (15.4) kann der Betriebspunkt im unteren Brennkammerteil in den im oberen Brennkammerteil vorliegenden umgerechnet werden. Die graphische Zuordnung der beiden Betriebspunkte im Austragsdiagramm kann durch das Einführen eines Hilfsliniennetzes entsprechend (15.2) und (15.4) erfolgen (Bild 15.2). Bei B1 befindet sich der Betriebspunkt im unteren Teil der Brennkammer (Trimm = 1; Geo = 1). Den Betriebspunkt im oberen Brennkammerteil erhält man dann im Schnittpunkt der Kurven für die in der Anlage vorliegenden Vertrimmungs- und Geometrieverhältnisse. Durch Parallelverschiebung der Strecke zwischen dem Betriebspunkt im oberen Brennkammerteil und dem Betriebspunkt B1 in der Weise, daß der Punkt B1 auf die Austragskurve zu liegen kommt, ergibt sich schließlich die absolute Lage des Betriebspunktes im oberen Teil der Brennkammer und damit die Lage der für diesen Teil der zirkulierenden Wirbelschichtfeuerung geltenden Kennlinie für den Feststoffaustrag.

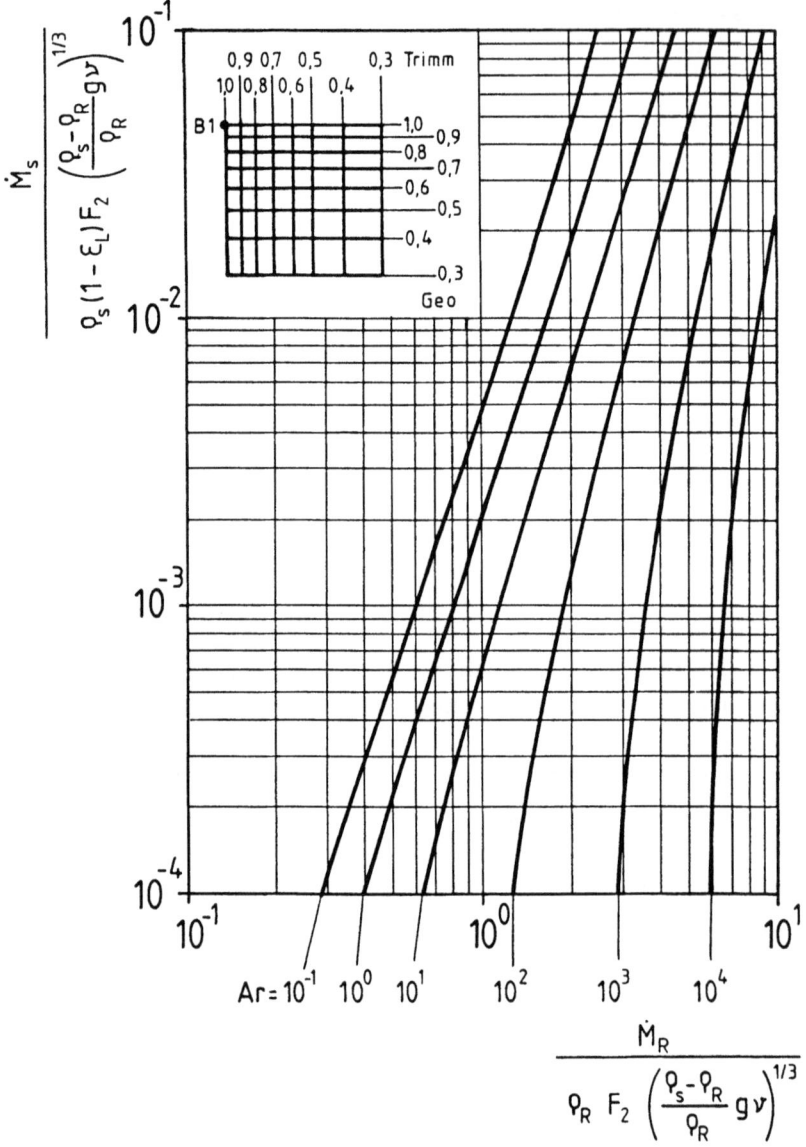

Bild 15.2: Austragskurven und Hilfslinien zur Bestimmung der Betriebspunkte im unteren und im oberen Teil der Brennkammer

Die Archimedes-Zahl in zirkulierenden Wirbelschichtfeuerungen beträgt typischerweise Ar = 10. Für dieses Gas-Feststoff-System ist in Bild 15.3 die Lage der Betriebspunkte in den beiden Teilen einer zirkulierenden Wirbelschicht dargestellt. Parameter ist das Vertrimmungsverhältnis. Die Betriebspunkte im oberen Bereich der zirkulierenden Wirbelschicht sind durch die dick eingezeichneten Kurven festgelegt. Auf der dünn gezeichneten Austragskurve befinden sich die Betriebspunkte im unteren Teil der Anlage, wenn der Abszissen- bzw. Ordinatenwert mit den in diesem Brennkammerbereich gültigen Massenströmen und Querschnittsflächen gebildet wird. Gleichzeitig stellt diese Kurve aber auch eine Begrenzung für die Betriebspunkte im oberen Teil der Brennkammer dar. Sie gibt an, welcher Feststoffmassenstrom maximal von der Gasströmung getragen werden kann (Kap. 5). Betriebspunkte auf der linken Seite der Austragskurve können im oberen Bereich der Brennkammer nicht eingestellt werden. Eine Zunahme des Vertrimmungsluftverhältnisses hat bei den hier zugrunde gelegten Randbedingungen eine Verschiebung der Kennlinie der Betriebspunkte im oberen Teil der Brennkammer zur Austragskurve hin zur Folge. Somit wird bei konstant gehaltenem Rauchgasdurchsatz ein erhöhter Feststoffmassenstrom durch die Brennkammer transportiert.

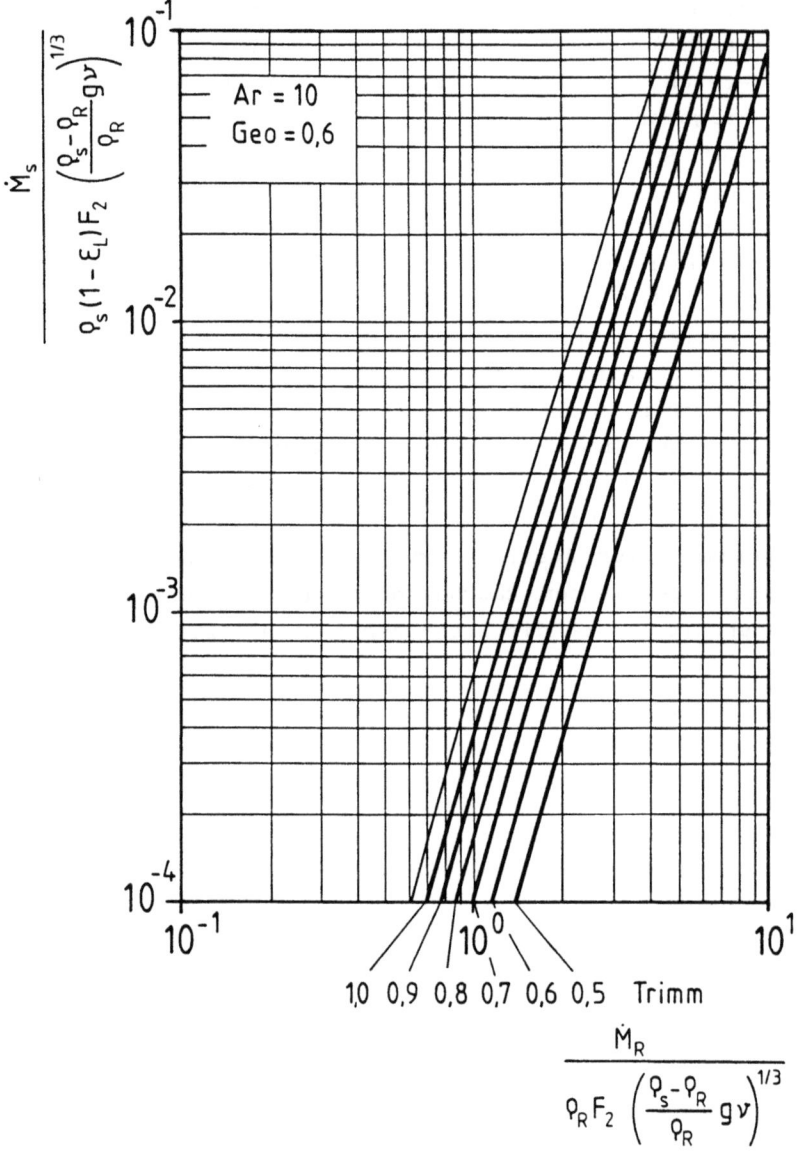

Bild 15.3: Durch den Strömungszustand bedingte Betriebspunkte im oberen Teil der Brennkammer. Parameter ist das Vertrimmungsverhältnis

16 Betriebsvehalten von zirkulierenden Wirbelschichtfeuerungen

Im stationären Betrieb muß der zur Aufrechterhaltung eines bestimmten wärmetechnischen Zustandes der zirkulierenden Wirbelschichtfeuerung erforderliche, zirkulierende Feststoffmassenstrom durch den in der Brennkammer vorhandenen Strömungszustand bereitgestellt werden. Für die Diskussion des Betriebsverhaltens zirkulierender Wirbelschichtfeuerungen ist deshalb das wärmetechnische Zustandsdiagramm (Kap. 14) mit dem strömungsmechanischen Zustandsdiagramm (Kap. 15) zu vergleichen.

16.1 Überprüfung des wärmetechnischen Modells zirkulierender Wirbelschichtfeuerungen

Die Überprüfung des wärmetechnischen Modells zirkulierender Wirbelschichten kann nur in Verbindung mit dem strömungsmechanischen Zustandsdiagramm an einer Großanlage überprüft werden. In der Literatur ist sehr ausführlich die zirkulierende Wirbelschichtfeuerung mit externem Fließbettkühler der BAYER AG in Leverkusen beschrieben worden [69, 72]. Es handelt sich hierbei um eine Anlage mit einer Feuerungsleistung von 105 MW, wobei an den Wasser-Dampf-Kreislauf 98 MW übertragen werden. Mit den in Kap. 12.4 angegebenen Wärmeübergangskoeffizienten in der Brennkammer und im Fließbettkühler, den in Kap. 13.1 aufgelisteten, typischen Stoffdaten und den in [69, 72] mitgeteilten Querschnitts- und Wärmetauscherflächen ergibt sich für die Apparatekennziffer der Brennkammer Gl. (12.70) $5,9 \cdot 10^{-4}$ und für die Apparatekennziffer des Fließbettkühlers Gl. (12.67) $3 \cdot 10^{-3}$. Die Siedetemperatur des Wassers und damit die Wandtemperatur der Verdampferheizflächen beträgt $T_w = 360^\circ C$.

Die zugeführte Verbrennungsluft wird auf ca. $T_L = 250°C$ vorgewärmt. Der Auslegungsbrennstoff hat einen Heizwert von 20 MJ/kg. Mit Gleichung (13.1) ergibt sich damit ein stöchiometrischer Luftbedarf von 6,9 kg Luft pro kg Brennstoff. Die Anlage wird mit einem Luftüberschuß von 1,2 und einem Primärluftverhältnis von ca. 0,4 gefahren. Mit diesen Daten kann mit den Gleichungen (12.45), (12.55), (12.56), (12.64), (12.66), (12.78), (12.69) bzw. (12.73) mit (12.74) bzw. (12.76) mit (12.77) - je nachdem welche der Randbedingungen (12.71), (12.72), (12.75) erfüllt sind - das wärmetechnische Zustandsdiagramm der Anlage berechnet werden (Bild 16.1). Es ist ähnlich dem in Bild 14.7 dargestellten Zustandsdiagramm.

Zur Bestimmung des Betriebspunktes der Anlage benötigt man noch den vom Strömungszustand in der Brennkammer abhängigen zirkulierenden Feststoffmassenstrom. Analog zu dem in Kap. 15 beschriebenen Vorgehen ist in Bild 16.1 zusätzlich die Kennlinie für den vom Rauchgas transportierbaren Feststoffmassenstrom als dicker Kurvenzug eingezeichnet. Hierbei wurde für die Archimedes-Zahl des in der Brennkammer vorhandenen Gas-Feststoff-Systems Ar = 10, für das Geometrieverhältnis Geo = 0,6 und für das Vertrimmungsverhältnis Trimm = 0,8 eingesetzt.

Bei Vollast wird 98 MW an den Wasser-Dampf-Kreislauf übertragen. Mit (12.64) ergibt sich damit bei Bezug auf die im oberen Teil der Brennkammer vorhandene Querschnittsfläche eine Rauchgaskennziffer von

$$\frac{\dot{M}_R}{\rho_R F_2 \left(\frac{\rho_s - \rho_R}{\rho_R} g \nu\right)^{1/3}} = 2,75 \ .$$

Aus Bild 16.1 erhält man somit einen zirkulierenden Feststoffmassenstrom von 1625 t/h. Bei diesem Betriebspunkt tritt eine Temperaturzunahme in der Brennkammer von 28°C auf. Die Temperatur des Rauchgases beim Austritt aus der Brennkammer beträgt damit 878°C. Für die Temperatur des Feststoffes nach dem Verlassen des Fließbettkühlers ergeben sich 553°C. Hierzu muß 34 % des zirkulierenden Feststoffmassenstromes, d.h. 553 t/h über den Fließbettkühler geführt werden.

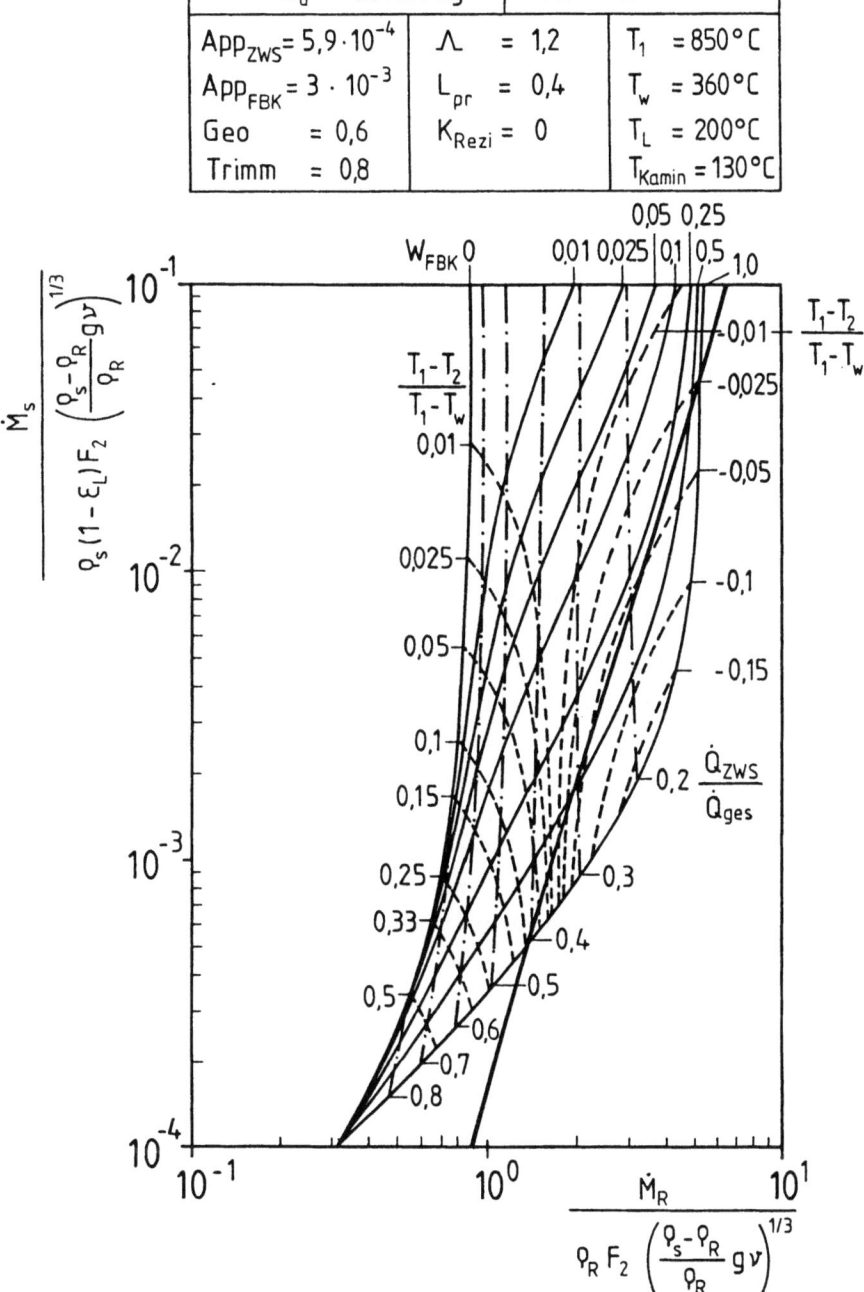

Bild 16.1: Kennlinien der zirkulierenden Wirbelschichtfeuerungen der BAYER AG/Leverkusen

In der Brennkammer werden 21,8 MW, im Fließbettkühler 42,4 MW und in den Nachschaltheizflächen 33,8 MW an den Wasser-Dampf-Kreislauf übertragen. In [69] bzw. [72] wird für die Rauchgastemperatur im Zyklon 850 - 860°C, für die Feststofftemperatur nach Verlassen des Fließbettkühlers 519°C, für die an den Wasser-Dampf-Kreislauf übertragenen Wärmeströme - in der Brennkammer 20,1 MW, im Fließbettkühler 44,5 MW und in den Nachschaltheizflächen 34,4 MW - angegeben. Aus Messungen wurde für den zirkulierenden Feststoffmassenstrom eine Spanne von 1200 t/h bis 1500 t/h und für den Anteil des zirkulierenden Feststoffmassenstromes, der über den Fließbettkühler geführt wird, ein Wert von ca. 30 % erhalten [74]. Die doch recht gute Übereinstimmung der berechneten Daten mit den in [69, 72, 74] mitgeteilten Betriebsdaten kann als Bestätigung der vorgeschlagenen Modelle zur Berechnung des Strömungszustandes und des wärmetechnischen Zustandes zirkulierender Wirbelschichtfeuerungen angesehen werden. Dies umso mehr, da nur sehr pauschal die Wärmeübergangskoeffizienten in der Brennkammer und im Fließbettkühler, sowie die Korngröße des zirkulierenden Feststoffmassenstromes bei den Berechnungen berücksichtigt wurden. Bei den Berechnungen ist weiterhin davon ausgegangen worden, daß sowohl in der Brennkammer als auch im Fließbettkühler nur Verdampferheizflächen untergebracht sind und der Fließbettkühler nur aus einer Kammer besteht (Kap. 12). In der zirkulierenden Wirbelschichtfeuerung der BAYER AG ist hingegen der Fließbettkühler in drei Kammern unterteilt. Neben Verdampferheizflächen sind auch Überhitzerheizflächen untergebracht. Dies hat im Vergleich zu den Rechnungen mit einer Kammer zur Folge, daß der Anteil des zirkulierenden Feststoffmassenstromes, der über den Fließbettkühler geführt werden muß, kleiner ist und der Feststoff im Fließbettkühler stärker abgekühlt wird. Die mitgeteilte und berechnete Austrittstemperatur des Feststoffes aus dem Fließbettkühler bestätigt diesen Sachverhalt.

16.2 Zirkulierende Wirbelschichtfeuerungen mit Fließbettkühler

Das Betriebsverhalten zirkulierender Wirbelschichtfeuerungen mit Fließbettkühler bei geänderten Lastzuständen kann anhand Bild 16.1 diskutiert werden.

Im wesentlichen aus Verschleißgründen beschränkt man die Leerrohrgasgeschwindigkeit im oberen Bereich der Brennkammer auf ca. 6 m/s. Der zugehörige Rauchgasmassenstrom in dimensionsloser Form beträgt ca. 2,7. Damit können in zirkulierenden Wirbelschichtfeuerungen nur Betriebspunkte mit einem kleineren Abszissenwert als 2,7 eingestellt werden. Reduziert man von dem bei einem Abszissenwert von 2,7 vorliegenden Vollastzustand ausgehend die Last, d.h. den zugeführten Brennstoffmassenstrom, so ist bei konstant gehaltenem Luftüberschuß gleichzeitig der zugeführte Luftmassenstrom zu verringern. Dies führt dazu, daß entsprechend Gleichung (12.64) mit abnehmender Last auch der Rauchgasmassenstrom und damit in Bild. 16.1 der Abszissenwert immer kleiner wird. Wie anhand der Kennlinie für den Feststoffaustrag zu entnehmen, tritt bei Lastreduzierung eine überproportinal starke Verringerung des zirkulierenden Feststoffmassenstromes auf. Um die Temperatur im unteren Bereich der Brennkammer weiterhin auf 850°C konstant zu halten, muß mit abnehmender Last der relative Anteil des zirkulierenden Feststoffmassenstromes, der über den Fließbettkühler geführt wird, ständig erhöht werden (Bild 16.2). Bei der Bild 16.1 zugrundeliegenden Anlage kann bis zu einer Teillast von ca. 50 % der Lastzustand geändert werden, ohne daß z.B. eine Änderung des Luftüberschusses oder des Primärluftverhältnisses durchgeführt werden muß. Bei einer Teillast von ca. 50 % müßte der gesamte zirkulierende Feststoffmassenstrom über den Fließbettkühler geführt werden.

Bei der in Bild 16.1 dargestellten Anlage bleiben über einen weiten Lastbereich die Wärmeströme, die in den einzelnen Anlageteilen ausgekoppelt werden müssen - bezogen auf den insgesamt an den Wasser-Dampf-Kreislauf übertragenen Wärmestrom - nahezu konstant (Bild 16.2). Bei konstanter Temperatur im unteren Bereich der Anlage (850°C) nimmt die Temperatur am Brennkammerausgang und am Ausgang des Fließbettkühlers mit abnehmender Last ab (Bild 16.3). Dabei nimmt von Vollast ausgehend mit abnehmender Last die Temperatur am Brennkammeraustritt zunächst nur sehr moderat ab mit der Folge, daß sich die Temperaturdifferenz über der Brennkammer mit abnehmender Last nur geringfügig ändert. Erst bei kleineren Teillastzuständen ist ein stärkerer Temperaturabfall am Brennkammeraustritt vorhanden. Mit der Fließbettkühleraustrittstemperatur verhält es sich gerade umgekehrt. Sie nimmt vom Vollastzustand ausgehend bei Reduzierung der Last zunächst relativ stark ab, um sich dann bei kleineren Teillasten der Temperatur der Verdampferheizflächen $T_W = 360°C$ anzunähern.

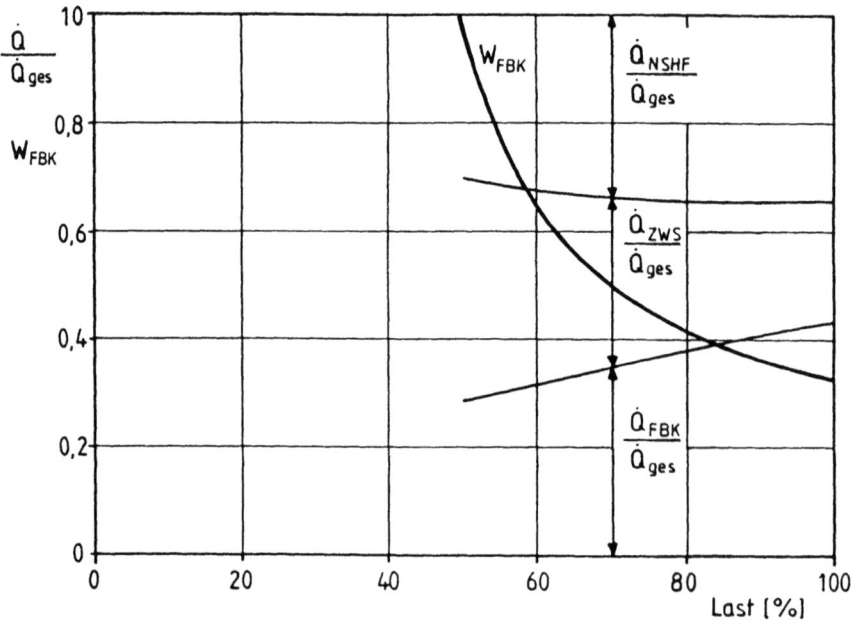

Bild 16.2: Teillastverhalten der zirkulierenden Wirbelschichtfeuerung nach Bild 16.1 hinsichtlich der auszukoppelnden Wärmeströme und des über den Fließbettkühler zu führenden Anteils des zirkulierenden Feststoffmassenstromes

Werden in einer zirkulierenden Wirbelschichtfeuerung mit Fließbettkühler Brennstoffe mit unterschiedlichem Heizwert eingesetzt, so hat dies kaum Auwirkungen auf die Fahrweise der Anlage. Die in den einzelnen Anlageteilen auszukoppelnden Wärmeströme hängen allerdings vom Heizwert des eingesetzten Brennstoffes ab.

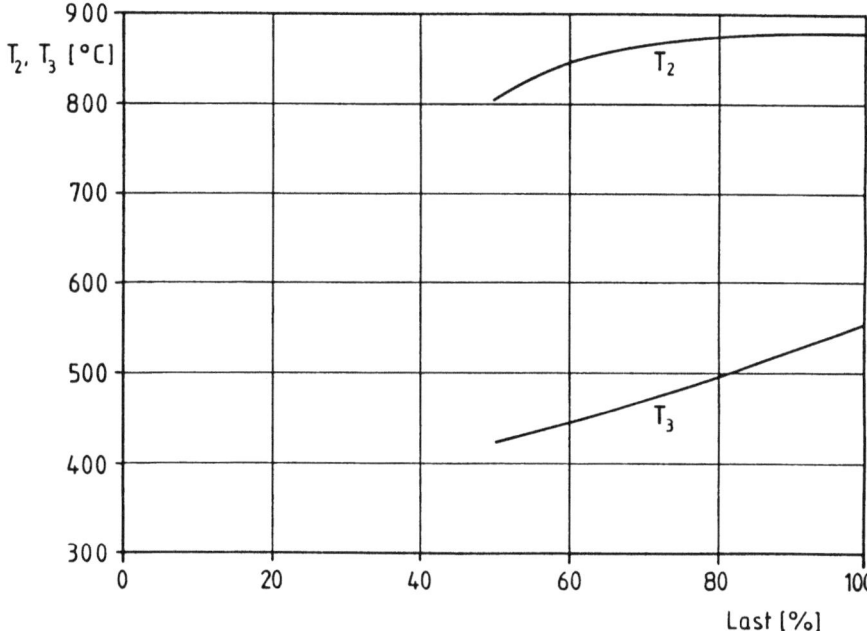

Bild 16.3: Teillastverhalten der zirkulierenden Wirbelschichtfeuerung nach Bild 16.1 hinsichtlich der Feststofftemperatur am Brennkammer- und am Fließbettkühleraustritt

16.3 Zirkulierende Wirbelschichtfeuerungen ohne Fließbettkühler

Zirkulierende Wirbelschichtfeuerungen werden wärmetechnisch durch die Apparatekennziffer App_{ZWS} charakterisiert. Diese Kennzahl ist im wesentlichen ein Maß für das Verhältnis von Wärmetauscherfläche in der Brennkammer zur Wirbelschichtquerschnittsfläche im oberen Teil der Brennkammer (12.70). Für verschiedene Apparatekennziffern sind die wärmetechnisch bedingten Kennlinien für den zirkulierenden Feststoffmassenstrom für zwei Brennstoffe in den Bildern 14.1 und 14.2 dargestellt. Welche Kennziffer die zirkulierende Wirbelschichtfeuerung aufweisen sollte, hängt von der angestrebten Betriebsweise ab. Hierbei sind insbesondere die Temperaturdifferenz in der Brennkammer, die Leerrohrgasgeschwindigkeit im oberen Teil der

Brennkammer und der Heizwert des eingesetzten Brennstoffes von
Bedeutung. Ein weiterer Gesichtspunkt bei der Auswahl ist, ob
die Feuerung bei einem bestimmten Lastzustand oder auch im
Teillastbetrieb gefahren werden soll. In Verbindung mit dem
strömungsmechanisch bedingten, zirkulierenden Feststoffmassenstrom, der im wesentlichen von der Korngrößenverteilung des
Bettmaterials in der Brennkammer und den im unteren und oberen
Teil der Brennkammer vorhandenen Leerrohrgasgeschwindigkeit
abhängt, kann schließlich die Apparatekennziffer der zirkulierenden Wirbelschichtfeuerung ausgewählt werden.

Bei den weiteren Überlegungen zum Betriebsverhalten zirkulierender Wirbelschichten ohne Fließbettkühler wird davon ausgegangen, daß die Feuerung im Teillastbetrieb arbeiten soll und
daß die maximale Rauchgasgeschwindigkeit bzw. der maximale
Rauchgasmassenstrom im oberen Teil der Brennkammer in dimensionsloser Form

$$\frac{\dot{M}_R}{\rho_R F_2 \left(\frac{\rho_s - \rho_R}{\rho_R} g \nu \right)^{1/3}} = 2,75 \ . \tag{16.1}$$

beträgt. Die Kennzahl entspricht einer Leerrohrgasgeschwindigkeit im oberen Teil der Brennkammer von ca. 6 m/s. Geht man
weiterhin davon aus, daß bei Vollast eine möglichst geringe
Temperaturdifferenz in der Brennkammer auftreten soll, so ergibt sich durch Interpolation aus Bild 14.1 für einen Brennstoff mit einem Heizwert von 28 800 KJ/kg eine Apparatekennziffer der zirkulierenden Wirbelschichtfeuerung von $2 \cdot 10^{-3}$.
Bei einem Heizwert des Brennstoffes von 12 400 KJ/kg ergibt
sich aus Bild 14.2 für die Apparatekennziffer $1,5 \cdot 10^{-3}$.

Für einen heizwertreichen Brennstoff mit H_u = 28 800 KJ/kg
sind in Bild 16.4 für drei unterschiedliche Temperaturen im
unteren Teil der Brennkammer die wärmetechnischen Kennlinien
eingezeichnet. Diese Kennlinien geben an, wie groß der zirkulierende Feststoffmassenstrom sein muß, um die Temperatur im
unteren Teil der Brennkammer konstant zu halten.

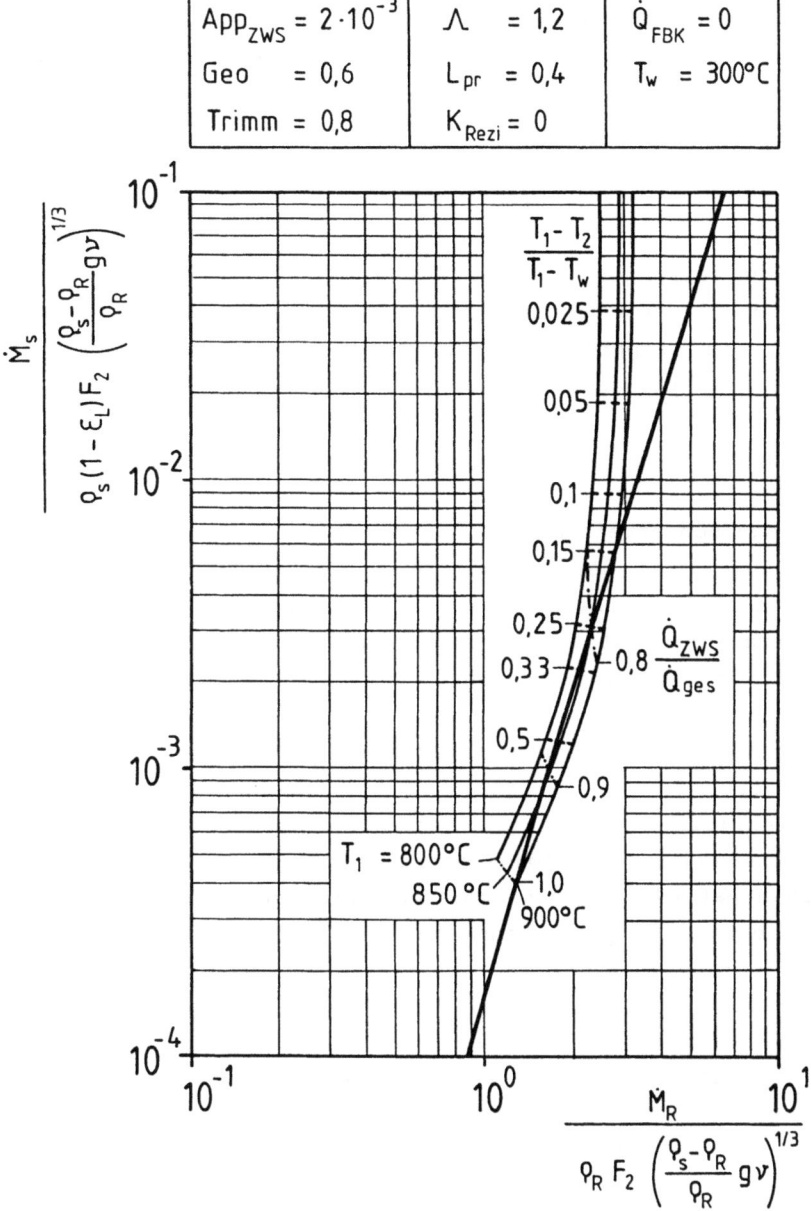

Bild 16.4: Kennlinien der zirkulierenden Wirbelschichtfeuerung ohne Fließbettkühler bei Verwendung eines heizwertreichen Brennstoffes

Zusätzlich sind wiederum Kurven für konstante Temperaturdifferenzen und für konstante Anteile des Wärmestromes, der in der Brennkammer an den Wasser-Dampf-Kreislauf übertragen wird, eingezeichnet. Die durch den Strömungszustand in der Brennkammer bedingte Kennlinie für den Feststoffaustrag ist als dicke Kurve in Bild 16.4 dargestellt. Hierbei wird angenommen, daß die in der zirkulierenden Wirbelschichtfeuerung vorliegende Gas-Feststoff-Strömung durch die Archimedes-Zahl Ar = 10 charakterisiert werden kann. Für das Geometrieverhältnis wurde bei den Berechnungen Geo = 0,6 und für das Vertrimmungsverhältnis Trimm = 0,8 gesetzt. Aus Bild 16.4 kann entnommen werden, daß die Temperatur im unteren Teil der Brennkammer in einem großen Teillastbereich nahezu konstant ist. Im vorliegenden Fall treten Temperaturänderungen von max. 50°C um die i.a. angestrebte Temperatur von 850°C auf.

Die Korngrößenverteilung des zirkulierenden Feststoffmassenstromes und damit der zirkulierende Feststoffmassenstrom ändern sich mit abnehmender Last. Die Korngrößenverteilung des zirkulierenden Feststoffmassenstromes verschiebt sich ins Feine. Damit ist eine Erhöhung des zirkulierenden Feststoffmassenstromes relativ zum zirkulierenden Feststoffmassenstrom, der sich mit der Korngrößenverteilung bei Vollast ergeben würde, verbunden (Bild 15.2). Der Wärmeübergangskoeffizient wird ebenfalls von der geänderten Korngrößenverteilung des zirkulierenden Feststoffmassenstromes bei Teillast beeinflußt. Weiterhin hat die bei kleinen Lastzuständen niedrige Temperatur im oberen Teil der Brennkammer über die Strahlung Einfluß auf den Wärmeübergangskoeffizienten. Die Korngrößenverteilung des zirkulierenden Feststoffmassenstromes hängt ab von der Korngrößenverteilung des Wirbelbettmaterials unmittelbar oberhalb des Anströmbodens. Eine Vorausberechnung der letztgenannten Korngrößenverteilung ist bislang nicht möglich [60]. Dies alles ist jedoch nur bei kleinen Lastzuständen in der zirkulierenden Wirbelschichtfeuerung von Bedeutung. Bei größeren Teillasten kann näherungsweise mit einem konstanten Sauterdurchmesser des Wirbelbettmaterials, d.h. mit einer konstanten Archimedes-Zahl, gerechnet werden (Kap. 7.5). Der Wärmeübergangskoeffizient kann bei diesen Teillasten ebenfalls als konstant betrachtet werden.

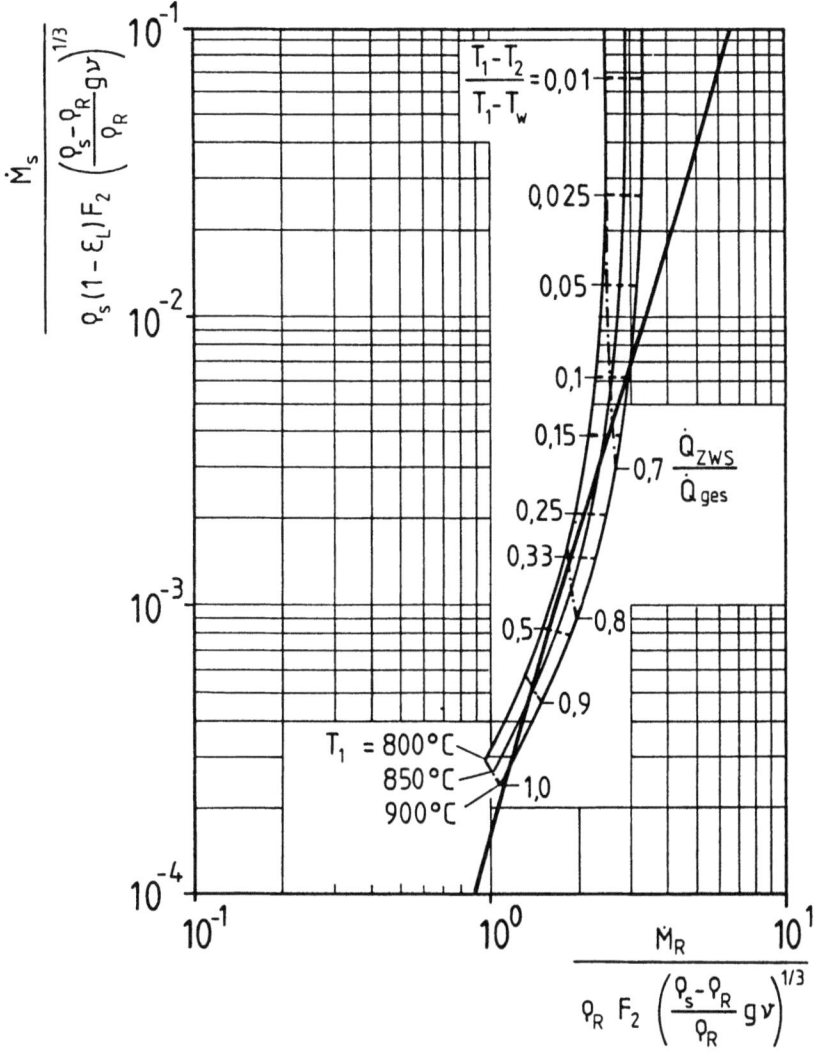

Bild 16.5: Kennlinien der zirkulierenden Wirbelschichtfeuerung ohne Fließbettkühler bei Verwendung eines heizwertarmen Brennstoffes

Bei zirkulierenden Wirbelschichtfeuerungen mit Fließbettkühler ist der Anteil des Wärmestromes, der in der Brennkammer an den Wasser-Dampf-Kreislauf abgegeben wird, i.a. deutlich kleiner als bei gleichem Lastzustand in einer Anlage ohne Fließbettkühler. Der Wärmeübergangskoeffizient im Fließbettkühler ist praktisch unabhängig vom Lastzustand der Anlage. Damit ist auch die Apparatekennziffer des Fließbettkühlers praktisch unabhängig vom Lastzustand. Eine Änderung des Wärmeübergangskoeffizienten in der Brennkammer und - damit verbunden - der Apparatekennziffer der Brennkammer hat dann einen bedeutend kleineren Einfluß auf das Betriebsverhalten der Anlage, als im Falle einer zirkulierenden Wirbelschichtfeuerung ohne Fließbettkühler.

Für einen heizwertarmen Brennstoff (H_u = 12 400 KJ/kg) sind für eine zirkulierende Wirbelschichtfeuerung mit einer Apparatekennziffer von App_{ZWS} = 1,5 · 10^{-3} und für eine Archimedes-Zahl des zirkulierenden Feststoffmassenstromes von Ar = 10 analog der Darstellung in Bild 16.4 in Bild 16.5 die entsprechenden Kennlinien dargestellt.

Das Teillastverhalten der Feuerung ist ähnlich dem in Bild 16.4 dargestellten. Wiederum treten nur geringe Änderungen der Temperatur im unteren Bereich der Brennkammer auf, wenn die Last zurückgenommen wird.

16.4 Einsatz von Brennstoffen mit unterschiedlichem Heizwert in einer zirkulierenden Wirbelschichtfeuerung ohne Fließbettkühler

In einer zirkulierenden Wirbelschicht können Brennstoffe mit unterschiedlichem Heizwert zum Einsatz kommen [59]. Die Auslegung der Anlage muß dann dem ins Auge gefaßten Brennstoffband angepaßt werden.

Bei gleicher Feuerungsleistung ist in einer zirkulierenden Wirbelschichtfeuerung gegebener Geometrie nach Gleichung (12.64) und (13.1) die Rauchgasgeschwindigkeit im oberen Teil der Brennkammer umso größer, je kleiner der Heizwert des Brennstoffes ist. Soll nun in einer zirkulierenden Wirbelschichtfeuerung beim Einsatz unterschiedlicher Brennstoffe immer die gleiche Feuerungsleistung erzielt werden, ist weiterhin eine Begrenzung der Rauchgasgeschwindigkeit im oberen Teil der Brennkammer gefordert und soll bei Vollast eine möglichst geringe Temperaturdifferenz in der Brennkammer auftreten, dann muß die Anlage für den Brennstoff mit dem kleinsten Heizwert ausgelegt werden.

Als Beispiel wird im weiteren das Betriebsverhalten einer zirkulierenden Wirbelschicht beim Einsatz zweier, hinsichtlich des Heizwertes unterschiedlicher Brennstoffe näher betrachtet. Zum einen soll ein Brennstoff mit einem Heizwert von 12 400 KJ/kg und zum anderen ein Brennstoff mit einem Heizwert von 28 800 KJ/kg eingesetzt werden. Die Auslegung für den heizwertarmen Brennstoff wurde in Kap. 16.3 erläutert. Es ergeben sich die in Bild 16.5 dargestellten Kennlinien. Unterschiedliche Lastzustände können durch simultane Änderung des zugeführten Brennstoff- und Verbrennungsluftmassenstromes - d.h. keine Änderung des Luftüberschusses - eingestellt werden. Die Temperatur im unteren Bereich der Brennkammer ändert sich hierbei nur unwesentlich.

Wird nun in der gleichen zirkulierenden Wirbelschichtfeuerung ein heizwertreicher Brennstoff mit einem Heizwert von 28 800 KJ/kg eingesetzt, so wird der Vollastzustand bei einer deutlich geringeren Leerrohrrauchgasgeschwindigkeit im oberen Teil der Brennkammer erreicht. Liegt in der Brennkammer weiterhin das gleiche Gas-Feststoff-System, d.h. die gleiche Archimedes-Zahl wie bei Verwendung des heizwertarmen Brennstoffes vor, dann können nicht mehr allein durch gleichzeitiges Ändern des Brennstoff- und Verbrennungsluftmassenstromes unterschiedliche Lastzustände eingestellt werden, ohne daß sich die Temperatur im unteren Teil der Brennkammer signifikant ändern würde. Eine Erhöhung dieser Temperatur ist z.B. dadurch zu verhindern, daß zur Kühlung der Brennkammer Rauchgas primärseitig rezirkuliert wird. Die sich dabei einstellenden Kennlinien sind in Bild 16.6 dargestellt. Die dünn gezeichneten Kurven kennzeichnen den wärmetechnisch, bei unterschiedlichen Rauchgasrezirkulationsverhältnissen notwendigen, zirkulierenden Feststoffmassenstrom. Zusätzlich sind wiederum Kurven für konstante Temperaturdifferenzen in der Brennkammer und für konstante Anteile des an den Wasser-Dampf-Kreislauf übertragenen Wärmestromes, der in der Brennkammer ausgekoppelt wird, eingetragen. Die durch den Strömungszustand in der Brennkammer bewirkten Kennlinien für den Feststoffaustrag sind als dicke Kurven in Bild 16.6 eingezeichnet. Diese Kurven erhält man analog dem in Kap. 15 beschriebenen Vorgehen. Das Vertrimmungsverhältnis bei primärseitig rezirkuliertem Rauchgas erhält man aus einfachen Massenbilanzen zu

$$\text{Trimm} = \frac{1}{\text{Geo}} \frac{\text{Trimm}_o \text{ Geo} + K_{Rezi}}{1 + K_{Rezi}} \quad .$$

Trimm_o ist dabei das Vertrimmungsverhältnis ohne Rauchgasrezirkulation.

Geht man wieder von einer Beschränkung der Leerrohrgasgeschwindigkeit im oberen Teil der Brennkammer von ca. 6 m/s aus, so ergibt sich, daß im zugehörigen Vollastpunkt 20 % des durch Verbrennung entstandenen Rauchgases primärseitig rezirkuliert werden muß. Um die Temperatur im unteren Teil der Brennkammer auch bei abnehmender Last auf 850°C halten zu können, muß immer ein kleinerer Anteil des durch Verbrennung entstandenen Rauchgases primärseitig rezirkuliert werden. Bei mittleren Teillasten kann unter Umständen auf eine Rauchgasrezirkulation verzichtet werden. Die Folge wäre ein Ansteigen der Temperatur im unteren Teil der Brennkammer. Bei kleinen Teillasten muß schließlich die Rauchgasrezirkulation wieder eingesetzt werden, um ein übermäßiges Ansteigen der Temperatur im unteren Teil der Brennkammer zu verhindern.

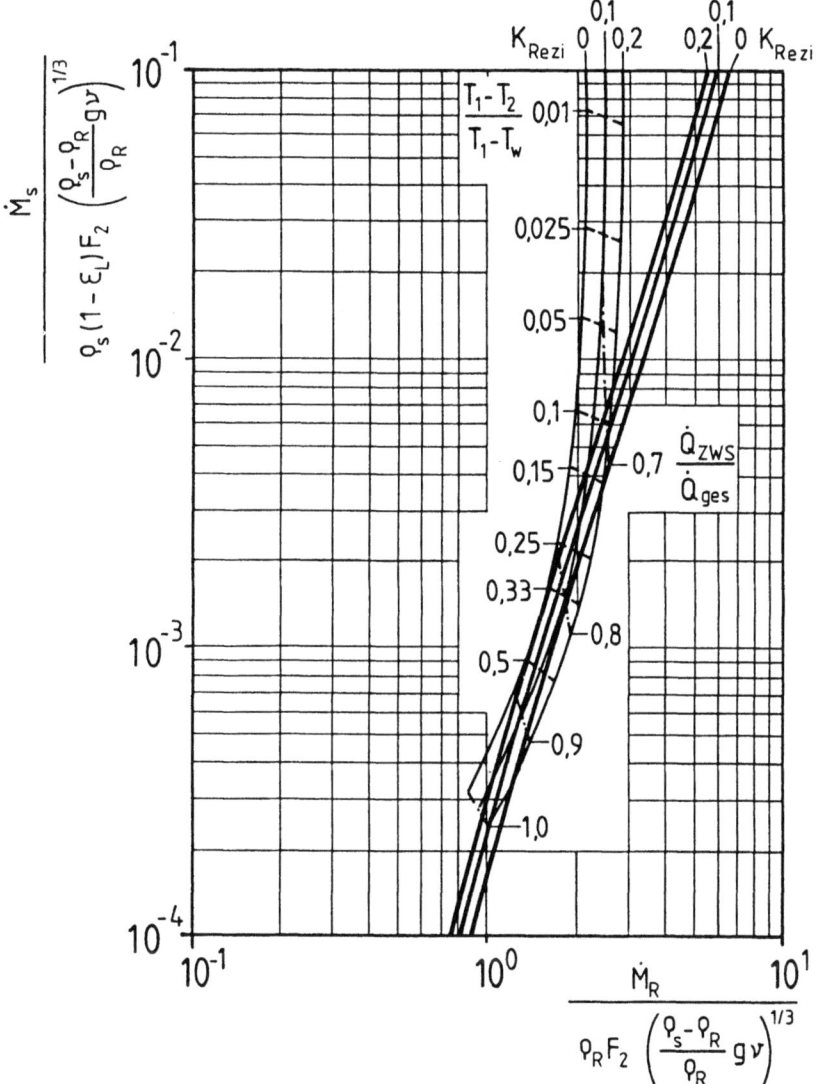

Bild 16.6: Kennlinien einer zirkulierenden Wirbelschichtfeuerung - ohne Fließbettkühler - mit Rauchgasrezirkulation bei Verwendung eines heizwertreichen Brennstoffes

Neben einer Rauchgasrezirkulation beim Einsatz eines heizwertreichen Brennstoffes in einer für einen heizwertarmen Brennstoff ausgelegten zirkulierenden Wirbelschichtfeuerung können auch noch andere Maßnahmen ergriffen werden, um die Temperatur im unteren Teil der Brennkammer bei unterschiedlichen Lastzuständen konstant auf 850°C zu halten. Eine Möglichkeit bestände darin, beispielsweise die Korngrößenverteilung des Bettmaterials und damit die des zirkulierenden Feststoffmassenstromes zu verändern. Eine Verschiebung der Korngrößenverteilung des Bettmaterials ins Feine hätte eine Verkleinerung des Sauterdurchmessers des zirkulierenden Feststoffmassenstromes und damit eine Verkleinerung der für den Feststoffaustrag charakteristischen Archimedes-Zahl zur Folge. Dies würde bedeuten, daß die durch den Strömungszustand in der Brennkammer bewirkten Kennlinien für den Feststoffaustrag in Bild 16.6 nach links verschoben würden. Unterschiedliche Lastzustände könnten dann wieder durch gleichzeitige Änderung des Brennstoff- und Verbrennungsluftmassenstromes eingestellt werden.

Literaturverzeichnis

[1] Schytil, F.: Wirbelschichttechnik.
Springer-Verlag Berlin 1961.

[2] Kröll, K.: Trockner und Trocknungsverfahren.
Springer-Verlag Berlin 1978.

[3] Yerushalmi, J., High-Velocity-Fluidization.
Avidan, A.: in Davidson, J.F.; Clift, R.;
Harrison, D.: Fluidization.
Academic Press New York 1985.

[4] Beißwenger, H., Die Verbrennung ballastreicher,
Daradimos, G., schwefelhaltiger Brennstoffe in
Jansen, K., der zirkulierenden Wirbelschicht.
Petersen, K.: Aufbereitungstechnik 21 (1980) 12,
S. 453 - 458.

[5] Steven, H.: Entwicklung und Ausführung fortgeschrittener Wirbelschicht-Dampferzeugertechnik.
Brennstoff-Wärme-Kraft 35 (1983) 11,
S. 453 - 458.

[6] Wein, W.: Auslegung und Disposition des Heizkraftwerkes I der Stadtwerke Duisburg AG mit "Zirkulierender Atmosphärischer Wirbelschichtfeuerung (ZAWSF)".
VGB Kraftwerkstechnik 63 (1983) 6,
S. 678 - 684.

[7] Reh, L.: Strömungs- und Austauschverhalten von Wirbelschichten. Chemie-Ingenieur-Technik 46 (1974) 5, S. 180 - 189.

[8] Geldart, D.: Types of Gas Fluidization. Powder Technology 7 (1973), S. 285 - 292.

[9] Reh, L.: Das Wirbeln von körnigem Gut im schlanken Diffusor als Grenzzustand zwischen Wirbelschicht und pneumatischer Förderung. Dissertation TH Karlsruhe 1961.

[10] Yerushalmi, J.; Turner, D.H.; Squires, A.M.: The Fast Fluidized Bed. Ind. Eng. Process Des. Der. 15 (1976) 1, S. 47 - 53.

[11] Yerushalmi, J.; Cankurt, N.G.; Geldart, D.; Liss, B.: Flow Regimes in Vertical Gas Solid Contact Systems. AIChE Symp. Ser. No. 176, Vol 74 (1978), S. 1 - 13.

[12] Cankurt, N.T.; Yerushalmi, J.: Gas Backmixing in High Velocity Fluidized Beds. Proceedings of the Engineering Foundation Conf. 2nd (1978), S. 387 - 393.

[13] Yersuhalmi, J.; Cankurt, N.T.: High Velocity Fluid Beds. CEMTECH 8 (1978), S. 564 - 572.

[14] Yerushalmi, J.; Cankurt, N.T.: Further Studies of the Regimes of Fluidization. Powder Technology 24 (1979), S. 187 - 205.

[15] Avidan, A.A.;
Yerushalmi, J.:
Bed Expansion in High Velocity Fluidization.
Powder Technology 32 (1982), S. 223 - 232.

[16] Weinstein, H.;
Graff, R.A.;
Meller, M.;
Shao, M.J.:
The Influence of the Imposed Pressure Drop Across a Fast Fluidized Bed.
Fourth International Conference on Fluidization 1983, Kashikogima, Japan.

[17] Kwauk, M.:
Towards a Unified Hypothesis for Fluidized Systems.
Eighth National Chemical Engineering Conference 1980, Melbourne, Australien, S. 98 - 108.

[18] Li, Y.;
Cheng, B.;
Wang, F.;
Wang, Y.; Guo, M.:
Rapid Fluidization.
International Chemical Engineering 21 (1981) 4, S. 670 - 678.

[19] Li, Y.;
Kwauk, M.:
The Dynamics of Fast Fluidization.
in Grace, R.; Matsen, M.:
Fluidization.
Plenum Press, New York 1980.

[20] Li, Y.;
Chen, B.;
Wang, F.;
Wang, Y.:
Hydrodynamic Correlations for Fast Fluidization.
Fluidization-Science and Technology, China-Japan Symposium on Fluidization, Hangzhou, Peoples R. China, April 1982,
New York, Gordon and Breach 1982, S. 124 - 134.

[21] Li, Y.;　　　　　　Flow Behaviour of Fast Fluidization.
　　　Wang, F.:　　　　　Seminar-Chemical Reaction
　　　　　　　　　　　　Engineering, Laboratory for Extrac-
　　　　　　　　　　　　tive Metallurgy at Institute of
　　　　　　　　　　　　Chemical Metallurgy,
　　　　　　　　　　　　Academia Sinica, Beijing, China 1985,
　　　　　　　　　　　　S. 185 - 201.

[22] Hartge, E.U.;　　　Strömungsstrukturen in zirkulierenden
　　　Werther, J.:　　　Wirbelschichten.
　　　　　　　　　　　　Synopse 1517
　　　　　　　　　　　　Chemie-Ingenieur-Technik 58 (1986) 8,
　　　　　　　　　　　　S. 688 - 689.

[23] Yerushalmi, J.;　　High Velocity Fluidization.
　　　Avidan, A.:　　　　in Davidson, J.F.; Clift, R.;
　　　　　　　　　　　　Harrison, D.: Fluidization.
　　　　　　　　　　　　2. Auflage, Academic Press, New York
　　　　　　　　　　　　1985.

[24] Zenz, F.A.;　　　　A Theoretical-Empirical Approach to
　　　Weil, N.A.:　　　　the Mechanism of Particle Entrain-
　　　　　　　　　　　　ment from Fluidized Beds.
　　　　　　　　　　　　AIChE Journal (1958), S. 472 - 479.

[25] Lewis, W.K.;　　　 Entrainment from Fluidized Beds.
　　　Gilliland, E.R.;　Chemical Engineering Progress
　　　Lang, P.M.:　　　　Symposium
　　　　　　　　　　　　Series Vol. 58, No. 38 (1982),
　　　　　　　　　　　　S. 65 - 78.

[26] Geldart, D.;　　　 Fluidization of Cohesive Powders.
　　　Harnby, N.;　　　　Powder Technology 37 (1984),
　　　Wong, A.C.:　　　　S. 25 - 37.

[27] Jianghong, Y.;　　 Development of a Relationship for
　　　Schügerl, K.:　　　Solid Recirculation in a Highly
　　　　　　　　　　　　Expanded (Fast) Circulating Fluidized
　　　　　　　　　　　　Bed.
　　　　　　　　　　　　Chem. Eng. Process. 19 (1983),
　　　　　　　　　　　　S. 297 - 301.

[28] Matsen, J.M.: Entrainment Research: Achievements and Opportunities.
Fluidization and Fluid-Particle-Systems Research Needs and Priorities. Rensselaer Polytechnic Institute, New York, Oct. 1979.

[29] Matsen, J.M.: Mechanisms of Choking and Entrainment.
Powder Technology 32 (1982), S. 21 - 33.

[30] Molerus, O.: Fluid - Feststoff - Strömungen.
Springer - Verlag, Berlin 1982.

[31] Werther, J.: Experimentelle Untersuchungen zur Hydrodynamik in Gas/Feststoff-Wirbelschichten.
Dissertation Universität Erlangen-Nürnberg 1972.

[32] Muschelknautz, E.; Krambrock, W.: Vereinfachte Berechnung horizontaler pneumatischer Förderleitungen bei hoher Gutbeladung mit feinkörnigen Produkten.
Chemie-Ingenieur-Technik 41 (1969)21, S. 1164 - 1172.

[33] Bohnet, M.: Experimentelle und theoretische Untersuchung über das Absetzen, das Aufwirbeln und den Transport feiner Staubteilchen in pneumatischen Förderleitungen.
VDI - Forschungsheft 507 (1965).

[34] Levich, V.G.: Physiochemical Hydrodynamics.
Prentice - Hall 1962.

[35] Schnitzlein, M.: The Hydrodynamics of a Fast Fluidized Bed Characterized by its Pressure Signals.
Ph. D. Thesis, City University of New York, 1987.

[36] Brauer, H.: Grundlagen der Einphasen- und Mehrphasenströmungen.
Verlag Sauerländer, Frankfurt am Main 1971.

[37] Belin, F.;
James, D.E.;
Walker, D.J.;
Warrick, R.J.: Waste Wood Combustion in Circulating Fluidized Bed Boilers.
2nd International Conference on Circulating Fluidized Beds, Compiegne, 1988.

[38] Schweinzer, J.: Druckverlust in und gaskonvektiver Wärmeübergang an Festbetten und Wirbelschichten.
Dissertation Universität Erlangen - Nürnberg 1987.

[39] Geldart, D.: Gas Fluidization Technology.
John Wiley, Chichester 1986.

[40] Tung, Y.;
Kwauk, M.: Fast Fluidization - a Growing Technology.
Multi-Phase Reaction Laboratory
Institute of Chemical Metallurgy
Academia Sinica, Beijing, China 1988.

[41] Rohdes, M.J.: High Velocity Circulating Fluidized Bed.
Ph.D. Thesis, University of Bradford, 1986.

[42] Li, J.; Tung Y.; Kwauk, M.: Method of Energy Minimization in Multi-Scale Modelling in Particle Fluid Two-Phase Flow.
2nd International Conference on Circulating Fluidized Beds, Compiegne 1988.

[43] Rhodes, M.J.; Hirama, T.; Cerutti, G.; Geldart, D.: Non-Uniformities of Solids Flow in the Riser of Circulating Fluidizeds Beds.
Proceedings of Fluidization VI, Banff, Canada, 1989.

[44] Weinstein, H.; Li, J.; Bandlamudi, E.; Feindt, H.J.; Graff, R.A.: Gas Backmixing of Fluidized Beds in Different Regimes and Different Regions.
Proceedings of Fluidization VI, Banff, Canada, 1989.

[45] Werther, J.: Grundlagen der Wirbelschichttechnik. Prprints "Technik der Gas/Feststoff-Strömung",
VDI-Gesellschaft Verfahrenstechnik und Chemieingenieurwesen, 1986.

[46] Brereton, C.; Grace, J.R.: The Intermittency Index and its Significance for the Fast Fluidization.
Abstract of the Free Forum Poster Sessions;
International Fluidization Conference, Banff, Canada 1989.

[47] Ruottu, S.;
Sarkomaa, P.;
Tammilehto, R.:
Development of a CFB Reactor with a Horizontal Cyclone.
International Conference on "Fluidized Bed Combustion", Boston, 1987.

[48] Bruchhaus, R.;
Weinzierl, K.;
Croonenbrock, R.;
Thielen, W.:
Modifizierte Wirbelschichtfeuerung als Baustein von Kombi-Prozessen mit integrierter Kohlevergasung.
VGB-Konferenz "Wirbelschichtfeuerung und Dampferzeugung 1988", VGB, Essen, 1988.

[49] Zelkowski, J.:
Kohleverbrennung-Brennstoff, Physik und Theorie, Technik.
VGB-Kraftwerkstechnik GmbH, Essen, 1986.

[50] Leithner, R.:
Einfluß unterschiedlicher Wirbelschichtfeuerungssysteme auf Auslegung, Konstruktion und Betriebsweise derDampferzeuger.
VGB-Konferenz "Wirbelschichtfeuerung und Dampferzeugung 1988", VGB, Essen, 1988.

[51] Schaub, G.;
Hirschfelder, H.;
Bandel, G.:
Möglichkeiten zur Minderung von Schadstoff-Emissionen bei der Verbrennung fester Brennstoffe in der zirkulierenden Wirbelschicht.
VDI-Bericht Nr. 765 (1989), S. 415 - 424.

[52] Nottenkämper, R.: Dampferzeuger mit atmosphärischer Wirbelschichtfeuerung der Gruppe Deutsche Babcock.
Firmenmitteilung, Deutsche Babcock Werke AG.

[53] Bonn, B.: Umweltschutzaspekte von Wirbelschichtfeuerungssystemen.
VBG-Konferenz "Wirbelschichtfeuerung und Dampferzeugung 1988",
VGB, Essen, 1988.

[54] Schuler, J.; Baumann, H.; Klein, J. Heterogene NO-Reduktion an Pyrolyse-Koks.
VDI-Berichte Nr. 645 (1987), S. 56 - 66.

[55] Schmolling, G.; Kühle, K.: Auslegungskriterien für die Entstaubung von Kraftwerken auf der Basis zirkulierender Wirbelschichtfeuerung - Betriebserfahrungen mit Elektro- und Gewebefiltern.
VGB-Konferenz "Wirbelschichtfeuerung und Dampferzeugung 1988",
VGB, Essen, 1988.

[56] Dolezal, R.: Dampferzeugung - Verbrennung, Feuerung, Dampferzeuger.
Springer Verlag, Berlin, 1985.

[57] Bellgardt, D.: Zur Quervermischung des Feststoffes in Gas-/Feststoff-Wirbelschichten.
Dissertation, TU Hamburg-Harburg 1985.

[58] Bellgardt, D.;　　Untersuchung des Reaktions- und Ver-
　　　Schößler, M.;　　mischungsverhaltens bei der Kohle-
　　　Werther, J.:　　　verbrennung in niedrig expandierten
　　　　　　　　　　　　Wirbelschichten - Möglichkeiten zur
　　　　　　　　　　　　Beeinflussung der Schadstoff-
　　　　　　　　　　　　emissionen.
　　　　　　　　　　　　VDI-Berichte Nr. 645 (1987),
　　　　　　　　　　　　S. 169 - 184.

[59] Hafke, C.;　　　　Kraftwerke auf der Basis der zir-
　　　Plass, L.;　　　　kulierenden Wirbelschichtfeuerung.
　　　Bierbach, H.:　　Chemie-Ingenieur-Technik 60
　　　　　　　　　　　　(1988) 9, S. 686 - 690.

[60] Herbertz, H.-A.;　Die zirkulierende Wirbelschicht als
　　　Vollmer, H.;　　　Feuerungssystem für Brennstoffe mit
　　　Albrecht, J.;　　hohen und schwankenden Aschegehalten
　　　Schaub, G.:　　　 - Möglichkeiten zur Kontrolle des
　　　　　　　　　　　　Korngrößenhaushaltes.
　　　　　　　　　　　　VGB-Konferenz "Wirbelschicht-
　　　　　　　　　　　　feuerung und Dampferzeugung 1988",
　　　　　　　　　　　　VGB, Essen, 1988.

[61] Lappä, O.:　　　　Review of the State-of-the-Art of
　　　　　　　　　　　　FBC-technology in Finnland.
　　　　　　　　　　　　VGB-Konferenz "Wirbelschicht-
　　　　　　　　　　　　feuerung und Dampferzeugung 1988",
　　　　　　　　　　　　VGB, Essen, 1988.

[62] Chambert, L.A.:　Swedish Development and
　　　　　　　　　　　　Experience in the FBC Area.
　　　　　　　　　　　　VGB-Koferenz Wirbelschicht-
　　　　　　　　　　　　feuerung und Dampferzeugung 1988",
　　　　　　　　　　　　VGB, Essen, 1988.

[63] Poersch, W.;　　Ausbrand und Emissionen bei der Ver-
　　　Bahnen, R.:　　brennung von niederflüchtigen
　　　　　　　　　　Brennstoffen in einer Circofluid-
　　　　　　　　　　Wirbelschichtfeuerung.
　　　　　　　　　　VGB-Koferenz "Wirbelschicht-
　　　　　　　　　　feuerung und Dampferzeugung 1988",
　　　　　　　　　　VGB, Essen, 1988.

[64] Martin, H.:　　　Wärme- und Stoffübertragung in der
　　　　　　　　　　Wirbelschicht.
　　　　　　　　　　Chemie-Ingenieur-Technik 52 (1980) 3,
　　　　　　　　　　S. 199 - 209.

[65] Langner, H.;　　Zirkulierende atmosphärische
　　　Wein, W.;　　　Wirbelschichtfeuerung.
　　　Hell, E.:　　　in "Jahrbuch der Dampferzeugungs-
　　　　　　　　　　technik", Band 1, Ausgabe 1985/86,
　　　　　　　　　　Vulkan-Verlag, Essen, 1985.

[66] Daradimos, G.;　　Betriebs- und Inbetriebnahmeer-
　　　Hirschfelder, H.;　fahrungen aus zwei Dampferzeuger-
　　　Eickenberg, L.;　anlagen mit ZWS-Feuerung der Stadt-
　　　Laging, J.;　　werke Flensburg GmbH.
　　　Trost, M.:　　　VGB-Konferenz "Wirbelschicht-
　　　　　　　　　　feuerung und Dampferzeugung 1988",
　　　　　　　　　　VGB, Essen, 1988.

[67]　　　　　　　　VDI-Wärmeatlas, Berechnungsblätter
　　　　　　　　　　für den Wärmeübergang.
　　　　　　　　　　4. Auflage, VDI-Verlag, Düsseldorf,
　　　　　　　　　　1984.

[68] Harz, K.;
Petersen, V.:
Betriebserfahrungen mit dem Dampferzeuger mit zirkulierender Wirbelschicht-Feuerung der Papierfabrik August Köhler AG in Oberkirch.
VGB-Konferenz Wirbelschichtfeuerung und Dampferzeugung 1988", VGB, Essen, 1988.

[69] Gestermann, F.;
Kral, R.;
Stein, U.:
Inbetriebnahme und erste Betriebsergebnisse des Dampferzeugers mit zirkulierender Wirbelschichtfeuerung bei der Bayer AG Leverkusen.
VGB-Koferenz "Wirbelschichtfeuerung und Dampferzeugung 1988", VGB, Essen, 1988.

[70] Reidick, H.;
Rizk, A.:
Erste Betriebserfahrungen an einem 100 t/h-Dampferzeuger mit zirkulierender Wirbelschichtfeuerung.
Vortrag auf dem 13. deutschen Flammentag, 7. - 8. Oktober 1987 in Göttingen.

[71] Ehr v., H.;
Helmers, M.;
Richter, H.:
Planung und Bau einer zirkulierenden Wirbelschichtfeuerung als Teilersatz für ein bestehendes Heizkraftwerk.
VGB-Koferenz "Wirbelschichtfeuerung und Dampferzeugung 1988", VGB, Essen, 1988.

[72] Steffens, W.;
Börner, C.:
Ersatz von Altanlagen durch Dampferzeuger mit zirkulierender Wirbelschichtfeuerung in der chemischen Industrie.
VGB-Koferenz "Wirbelschichtfeuerung und Dampferzeugung 1988", VGB, Essen, 1988.

[73] Reidick, H.; Fritz, P.: Betriebserfahrungen und Betriebsergebnisse an zirkulierenden Wirbelschichtfeuerungen beim Einsatz von Stein- und Braunkohlen.
VDI-Berichte Nr. 765, 1989, S. 355 - 373.

[74] Sunder, E.: Bekohlungs- und Entaschungssysteme der zirkulierenden Wirbelschichtanlage der BAYER AG Leverkusen.
VGB-Konferenz "Bekohlung und Entaschung 1989", 1989, VGB Essen, 1989.

Symbolverzeichnis

A	Auftrieb	kg m s^{-2}
a	Kantenlänge der quadratischen Wirbelschichtquerschnittsfläche	m
b	def. d. Gl. (12.44)	-
C	Konstante def. d. Gl. (3.14)	-
c_{pL}	Wärmekapazität der Luft	kJ kg^{-1} °K^{-1}
c_{pR}	Wärmekapazität des Rauchgases	kJ kg^{-1} °K^{-1}
c_{ps}	Wärmekapazität des Feststoffes	kJ kg^{-1} °K^{-1}
$c_{r\,1}$	Konstante def. d. Gl. (3.15 a)	-
$c_{r\,2}$	Konstante def. d. Gl. (3.15 b)	-
$c_{r\,3}$	Konstante def. d. Gl. (3.15 c)	-
c_w	Widerstandsbeiwert der Partikelumströmung	-
D	Rohrdurchmesser	m
d_p	Partikeldurchmesser	m
F	Rohrquerschnittsfläche	m^2

F_1	Querschnittsfläche im Bilanzraum 1	m^2
F_2	Querschnittsfläche im Bilanzraum 2	m^2
F_{FBK}	Wärmetauscherfläche im Fließbettkühler	m^2
F_{ZWS}	Wärmetauscherfläche in der Brennkammer	m^2
G	Gewichtskraft	$kg\ m\ s^{-2}$
H_u	unterer Heizwert	$kJ\ kg^{-1}$
g	Erdbeschleunigung	$m\ s^{-2}$
H	Höhe	m
H_L	Höhe der Feststoffschicht im Zustand der Minimalfluidisation	m
H_{ZWS}	Höhe der zirkulierenden Wirbelschicht	m
h_1	Höhe der unteren Beharrungsstrecke	m
ΔI	Impulsänderung	$kg\ m\ s^{-1}$
$\Delta \dot{I}$	Impulsstrom pro Flächeneinheit	$kg\ m^{-1}\ s^{-2}$
K_a	def. d. Gl. (12.28)	-
$K_{Kalkstein}$	def. d. Gl. (12.3)	-
K_{Rezi}	def. d. Gl. (12.15)	-
K_{Lo}	def. d. Gl. (12.7)	-
ΔL	Länge des Rohrelementes	m
L_{pr}	Primärluftverhältnis	-
m	Masse eines Partikels	kg
M	Feststoffmasse	kg

$\dot{M}$	Massenstrom	kg s^{-1}
$\dot{m}$	Massenstrom pro Flächeneinheit	kg m^{-2} s^{-1}
$\dot{N}$	Partikelanzahlstrom	s^{-1}
n	Anzahl der Korngrößenintervalle	-
$\dot{n}$	Partikelanzahlstrom pro Flächeneinheit	m^{-2} s^{-1}
O_{St}	Oberfläche der Strähnen	m^2
P	Druck	kg m^{-1} s^{-2}
ΔP	durch Feststofftransport bedingter Druckverlust	kg m^{-1} s^{-2}
ΔP_{ges}	Gesamtdruckverlust	kg m^{-1} s^{-2}
ΔP_{ZWS}	Gesamtdruckverlust der zirkulierenden Wirbelschicht	kg m^{-1} s^{-2}
$\dot{Q}$	Wärmestrom	kJ s^{-1}
Q_3	Massenanteilsumme	-
ΔQ_3	Massenanteil	-
R_{pr}	def. d. Gl. (12.9)	-
S	Strähnenantriebskraft	kg m s^{-2}
T	Temperatur	$^{\circ}$K
T'	Temperatur zu Beginn des log. Temperaturprofils	$^{\circ}$K
u_{mf}	Lockerungsgeschwindigkeit	m s^{-1}
u_{rel}	Relativgeschwindigkeit des Gases in den Strähnen	m s^{-1}

U_{St}	Umfang der Strähnen	m
v	Leerrohrgasgeschwindigkeit	m s^{-1}
v_G	Gasgeschwindigkeit in der feststoffarmen Gasphase	m s^{-1}
v_r	Schwankungsgeschwindigkeit	m s^{-1}
v_s	Feststoffgeschwindigkeit	m s^{-1}
w	Strähnengeschwindigkeit	m s^{-1}
w_f	Einzelkornsinkgeschwindigkeit	m s^{-1}
w_{FBK}	Anteil des zirkulierenden Feststoffmassenstromes, der über den Fließbettkühler geführt wird	-

Griechische Symbole

α	Wärmeübergangskoeffizient	W m^{-2} °K^{-1}
ε	Porosität	-
ε_L	Lockerungsporosität	-
η	dynamische Viskosität	kg m^{-1} s^{-1}
λ	Strähnenantriebskraft	-
Λ	Luftüberschuß	-
ν	kinematische Viskosität	m^2 s^{-1}
ρ	Dichte	kg m^{-3}
σ	volumenbezogene Strähnenantriebskraft	kg m^{-2} s^{-2}
τ	Eintauchtiefe der Falleitung	m
Φ	relativer freier Rohrquerschnitt	-

Indizes

A	Betriebspunkt
A_1	Betriebspunkt
A_2	Betriebspunkt
A_{22}	Betriebspunkt
A_{23}	Betriebspunkt
aus_i	ausgetragen, i-te Kornklasse
B	Betriebspunkt
B_1	Betriebspunkt
B_2	Betriebspunkt
Brennst	Brennstoff
C_1	Betriebspunkt
C_2	Betriebspunkt
f	Gas
FBK	Fließbettkühler
G	feststoffarme Gasphase
ges	gesamt
hom	axiale Gleichverteilung des Feststoffes
i	i-te Kornklasse
L	Luft
Lo	Luft, stöchiometrischer Zustand

L pr	Primärluft
L sek	Sekundärluft
M	minimal
max	maximal
NSHF	Nachschaltheizflächen
oB	obere Beharrungsstrecke
oBi	obere Beharrungsstrecke, i-te Kornklasse
r	radial
R	Rauchgas
R1	Rauchgas im Bilanzraum 1
Rezi	Rauchgasrezirkulation
Rezi pr	primärseitige Rauchgasrezirkulation
Rezi sek	sekundärseitige Rauchgasrezirkulation
s	Feststoff
si	Feststoff, i-te Kornklasse
St	Strähne
Stoß	auf Strähne stoßend
T	Transport
uBi	untere Beharrungsstrecke, i-te Kornklasse
V	Verbrennung
V1	Verbrennung in Bilanzraum 1

V2	Verbrennung in Bilanzraum 2
W	Wand, Siedezustand
ZWS	Brennkammer
0	Umgebung
1	Bilanzraum 1
2	nach Bilanzraum 2
3	nach Bilanzraum 3

dimensionslose Kennzahlen

App_{FBK} — Apparatekennziffer des Fließbettkühlers def. d. Gl. (12.67)

App_{ZWS} — Apparatekennziffer der Brennkammer, def. d. Gl. (12.70)

$$Ar = \frac{(\rho_s - \rho_f) d_p^3 g}{\rho_f \nu^2}$$ Archimedeszahl

$$Fr = \frac{v^2}{d_p g}$$ Froude-Zahl

$$Fr_p = \frac{v}{\sqrt{\frac{\rho_s - \rho_f}{\rho_f} d_p g}}$$ Partikel-Froude-Zahl

$$Fr_{p\,wf} = \frac{w_f}{\sqrt{\frac{\rho_s - \rho_f}{\rho_f} d_p g}}$$ mit der Einzelkornsinkgeschwindigkeit gebildete Partikel-Froude-Zahl

$$Fr_{p\,umf} = \frac{u_{mf}}{\sqrt{\frac{\rho_s - \rho_f}{\rho_f} d_p g}}$$ mit der Lockerungsgeschwindigkeit gebildete Partikel-Froude-Zahl

G — G-Zahl, def. d. Gl. (5.15)

$$Geo = \frac{F_1}{F_2}$$ Geometrieverhältnis

$$Re = \frac{v\, d_p}{\nu}$$ Reynolds-Zahl

$$Re_{wf} = \frac{w_f\, d_p}{\nu}$$ mit der Einzelkornsinkgeschwindigkeit gebildete Reynolds-Zahl

Tr   Tr-Zahl, def. d. Gl. (5.16)

$$Trimm = \frac{v_1}{v_2}$$ Vertrimmungsverhältnis

$$\mu = \frac{\dot{M}_s}{\dot{M}_f}$$ Beladung

$$\frac{\rho_f}{\rho_s\,(1-\varepsilon_L)}\,\mu$$ Volumenstromverhältnis

$$\frac{v_G - w}{w_f}$$ Relativgeschwindigkeitsverhältnis

$$\Omega = \frac{\rho_f\, v^3}{(\rho_s - \rho_f)\,\nu\, g}$$ Ω - Zahl

Sachverzeichnis

Abstromteil 59, 67, 121, 133

Abwärtsförderung 171

Anströmboden 5, 50, 52, 55, 62, 92, 97, 100, 108, 114, 153, 171, 185, 193, 227, 233, 251

Arbeitsbereich → Arbeitsgebiet

Arbeitsgebiet 10, 55, 155, 168, 170, 234

Asche 198, 204, 210, 211

Aufstrom → Aufstromteil

Aufstromteil 12, 59, 60, 67, 87, 102, 103, 110, 121, 133, 158, 163, 164, 178, 189, 190, 210

Aufwärtsförderung 144ff, 168

Austragsdiagramm 13, 74ff, 127

Austragskurve 72ff, 116, 124ff, 131, 139, 252ff

Beharrungsstrecke 58, 59, 61, 62, 63, 64, 66, 67, 69, 70, 72, 74, 77, 81, 92, 94, 108, 110, 114, 119, 122, 124, 126, 129

Beladung 25

Beschleunigung 7, 19, 20

Beschleunigungsdruckverlust 56, 66, 69, 107, 110

Betriebspunkt 3, 41, 79, 118, 148, 168, 170, 171, 254
-, Kategorien von 41ff, 149ff, 161

Betriebsstörung 40ff, 148ff

Betriebsverhalten 65, 69, 192, 259ff, 262

Betriebszustand 11

Blasenphase 6

Bufferwirbelschicht 67

Cluster 11, 12, 14, 15, 16, 52

Dampferzeuger 178, 212, 222, 240

Doppelschnecke 56, 103, 109, 153, 158, 163, 164, 166

Dosiereinrichtung 55, 59, 67, 79, 103, 125

Druckabsperrung 190

Druckprofil 106ff, 114, 163

Druckschleuse 55, 57, 103, 125, 158, 164, 166

Druckverlustdiagramm
-, der entmischten, vertikalen Abwärtsförderung 140ff
-, der entmischten, vertikalen Aufwärtsförderung 29ff
-, der entmischten, vertikalen Gas-Feststoff-Strömung 168ff

Einkornfraktion 6, 86ff, 93, 104

Einschleussystem 102ff, 130, 163, 164, 166

Einzelkornsinkgeschwindigkeit 6, 10, 17, 31, 32ff, 36, 73, 81, 92, 118, 136, 138, 139, 162
-, dimensionslos 31, 140

Elektrofilter 179, 185, 186

Emission 179, 183ff, 246

Entmischung 14, 16, 97, 118

Entschwefelung 177, 182, 183, 197

Fahrweise 64
-, auslaufkontrolliert 149, 155
-, einlaufkontrolliert 149, 150, 155, 158, 160, 161, 167

Falleitung 3, 58, 102, 103, 158ff

Fallfilm 13

Fangrinne 190

Festbett 5, 8, 69, 92, 179, 186

Feststoffabscheidung 113, 122, 158

feststoffarme Gasphase 16, 17, 18, 29

feststoffarme Phase → feststoffarme Gasphase

Feststoffaustrag 13, 72ff, 104, 116ff, 138

Feststoffeinwaage 59ff, 64, 66, 74, 121, 131

Feststoffgeschwindigkeit 17, 19, 30, 118, 141

Feststoffmassenstrom
-, eingespeist 41, 149
-, ausgeschleust 149

feststoffreiche Phase   16

Feststoffrückführleitung   2, 11, 55ff, 74, 95, 109, 121, 134,
    158ff, 186, 187, 190, 193, 197

Feststoffschleuse   55, 57

Feststoffsträhne   14, 15, 16, 18, 23, 27, 30, 35, 52, 57, 62,
    72, 79, 86, 97

Feststofftransport   35, 37, 49

Fließbettkühler   178, 187, 188, 192, 194, 195, 197, 200, 201,
    203, 204, 209, 210, 213, 220, 222, 225, 226, 228, 229, 230,
    233, 234, 239, 248ff, 261, 263, 270

Fluidisationsversuch   33, 36

Füllhöhe   61, 64, 74, 110, 122, 131, 133

Gasgeschwindigkeit, in der feststoffarmen Gasphase   30, 81,
    141, 161

Gasrückvermischung   12

Gegenstrom   171, 172

Gegenströmung   15, 145, 160

Geometrieverhältnis   255ff

Geschwindigkeit, kritische   57

Gewebefilter   179, 185, 186

Gleichgewichtszustand   40ff, 147, 149, 198, 200

Gleichstrom   171, 172

Gleichströmung   15, 160

Gleichungssystem
-, vertikale Abwärtsförderung   144
-, vertikale Aufwärtsförderung   34

Grenzkurve   45ff, 56, 57, 61, 63, 67, 72, 168, 174

Grenzlinie   155

Heizwert   223ff, 239, 260, 264, 270

Impuls   19

Impulsaustausch   17, 18, 19, 21, 31, 82, 143

Impulsaustauschzone   21

Kennzahlen, praxisorientierte 87ff

Kernströmung 112, 119, 129

Kornverteilung 7, 17, 86ff, 104, 134ff

Kurzschluß 103ff, 109, 130, 166

L-Valve 68, 158, 189

Lastzustand 88, 213, 235, 236, 239, 253, 262, 266, 271

Leistung, thermische 181

Lockerungsgeschwindigkeit, dimensionslose 33, 140

Lockerungshöhe 60, 120

Luftüberschuß 193, 198, 224, 240ff, 260, 263

Mehrdeutigkeit 46, 156

Nachschaltheizflächen 210, 220, 222, 224, 226, 228, 230, 231, 232, 233, 239, 240, 262

Phasenentmischung 1, 118, 162

Pneumatische Förderung 8, 10, 17, 56, 57

Primärluft 178, 185, 193, 195, 203, 204

Primärluftverhältnis 224, 242ff, 260, 263

Querschnittsbelastung, thermische 179, 182

Querschnittserweiterung 252

Querschnittsgestalt 15, 102, 114ff, 126

Rauchgasrezirkulation 193, 194, 195, 198, 200, 202, 203, 204, 207, 224, 244ff, 271

Reh-Diagramm 8

Relativgeschwindigkeit 3, 17, 20, 23, 39, 81ff, 99, 118, 141, 161

Relativgeschwindigkeitsdiagramm 161, 162

Relativgeschwindigkeitsverhältnis 39, 81ff, 147, 161

Rohrleitungssystem 49ff, 150, 153, 170ff

Rohrquerschnitt 35, 102, 147

Rohrwandeinfluß 17, 26

Rostfeuerung   179, 191

Rückführleitung → Feststoffrückführleitung

Rückvermischung   195

Rührkessel   194, 195, 225

Sauterdurchmesser   104, 134, 135, 137, 139

Schwankungsgeschwindigkeit, radiale   19, 21ff, 29, 30, 140, 142

Sekundärluft   178, 187, 193, 194, 195, 198, 200, 207

Sinkgeschwindigkeit → Einzelkornsinkgeschwindigkeit

Siphon   55, 58, 74, 103, 130, 158, 165, 178, 197, 203, 204

Siphonwirbelschicht   67, 77, 79

Speicherwirbelschicht   103ff, 109, 119, 130, 164, 166

Spieß   187

Stabilität → Stabilitätsdiskussion

Stabilitätsdiskussion   40ff, 148ff, 168

Standpipe   68, 79, 189

Staubfeuerung   182, 191

Stickoxide   177, 179ff

Störung   152

Strähnenantriebskoeffizient   30, 31, 36, 133, 140, 142

Strähnenantriebskraft   18ff, 27, 30, 141

Strähnengeschwindigkeit   18, 19, 29, 81, 141, 161

Strömung, turbulente   19

Strömumgsphänomene   10

Strömungsrichtung   145

Strömungszustand   8, 12, 13, 35, 72, 129, 158, 201, 213, 215, 251ff

Tauchtopf   158, 178, 188, 189, 197

Teillast   3, 214, 235, 244, 246, 263, 266, 268

Temperaturprofil   215ff

Transport-Disengaging-Height   13, 61, 108, 124

Transportreaktor 194, 225

Transportrichtung 140, 143

Trennlinie 154, 155, 161

U-Beam-Abscheider 189

Überhitzer 188, 213, 215, 222

Verdampfer 187, 188, 213, 215, 222, 239

Vertrimmungsverhältnis 255ff, 260

Vollast 181, 214, 215, 235, 260, 271

Wandbereich 112, 119, 123, 129, 133

Wärmeauskopplung 187, 222, 223, 224

Wärmekapazität 202

Wärmetauscher 178, 215

Wärmeübergang 192, 213, 235

Wärmeübergangskoeffizient 213, 214, 222, 236, 268, 270

Wirbelschicht
-, blasenbildende 7, 6, 10, 62, 103, 180, 201, 213
-, homogene 10

Wirbelschichtfeuerungssysteme 186ff

Zellenradschleuse 56, 158

Zustandsdiagramm
-, der entmischten, vertikalen Abwärtsförderung 147ff
-, der entmischten, vertikalen Aufwärtsförderung 40ff
-, der entmischten, vertikalen Gas-Feststoff-Strömung 168ff

Zyklon 2, 7, 8, 55, 67, 100, 110, 158, 187, 188, 189, 190, 197, 227, 229, 233

If you have any concerns about our products,
you can contact us on
ProductSafety@springernature.com

In case Publisher is established outside the EU,
the EU authorized representative is:
**Springer Nature Customer Service Center GmbH
Europaplatz 3, 69115 Heidelberg, Germany**

Printed by Libri Plureos GmbH
in Hamburg, Germany